U0801007

新一代信息科学与技术

Principles and Applications of Wireless Sensor Networks

无线传感器网络原理与应用

WUXIAN CHUANGANQI WANGLUO YUANLI YU YINGYONG

姚向华　杨新宇　易劲刚　韩九强

高等教育出版社·北京
HIGHER EDUCATION PRESS　BEIJING

图书在版编目(CIP)数据

无线传感器网络原理与应用/姚向华等编著. —北京：高等教育出版社,2012.4(2018.7 重印)
ISBN 978-7-04-034177-5

Ⅰ.①无… Ⅱ.①姚… Ⅲ.①无线电通信-传感器 Ⅳ.①TP212

中国版本图书馆 CIP 数据核字(2012)第 027535 号

策划编辑 陈红英 责任编辑 陈红英 封面设计 张 楠 版式设计 于 婕
插图绘制 尹 莉 责任校对 窦丽娜 责任印制 耿 轩

出版发行 高等教育出版社
社 址 北京市西城区德外大街 4 号
邮政编码 100120
印 刷 北京市白帆印务有限公司
开 本 787mm×1092mm 1/16
印 张 19.5
字 数 360 千字
购书热线 010-58581118
咨询电话 400-810-0598
网 址 http://www.hep.edu.cn
http://www.hep.com.cn
网上订购 http://www.landraco.com
http://www.landraco.com.cn
版 次 2012 年 4 月第 1 版
印 次 2018 年 7 月第 2 次印刷
定 价 49.00 元

物 料 号 34177-00

前言

无线传感器网络最初应用于军事侦查和入侵检测，随着相关技术的成熟和成本的降低，逐渐扩展到环境监测和工业信息获取等领域。科学界对无线传感器网络的研究兴起于20世纪90年代，多家媒体和科研机构都预言，该项技术将会改变人们的生活方式。近年来，随着物联网概念的兴起，无线传感器网络作为主要的支撑技术之一再次成为人们的研究热点。

无线传感器网络集成了计算机、通信和信息感知三大学科中众多的科学知识。无线传感器网络的布设目的是为了获取信息，因此，其应用场景决定了无线传感器网络所采用的网络形式。无线传感器网络不同于以往网络以传输速度和服务质量作为主要研究方向，它是针对复杂情况下如何可靠获得信息而展开研究的。由于无线传感器网络需要应用于各种复杂情况，例如野外、工业现场，甚至敌对方控制区，因此很多传统网络包括无线网络的技术很难适用。研究人员针对这些不同的应用，设计了网络协议栈和相关技术标准。

2003年我开始关注无线传感器网络技术，并于2006年获国家自然科学基金支持对无线传感器网络节点配置算法进行研究，2009年获得国家留学基金委资助，前往美国罗格斯新泽西州立大学继续从事相关领域的研究。2003年至今，我与西安交通大学自动化系、计算机系的多位老师进行合作，承担或参与了包括国家自然科学基金、国家863计划、国家973计划在内的多项科研工作，在相关领域积累了一定的经验。随着对无线传感器网络技术认识的不断加深，我感觉到该技术在工业和民用领域巨大的应用前景。在工业现场，大量的传感器依靠电缆连接，其连接成本甚至超出了传感器本身，因此以基于无线传感器网络技术的监控系统取代传统的总线式监控系统是新的趋势。在民用领域，智能家居、物联网等新兴领域都需要以无线传感器网络作为技术基础。

基于上述观点以及多年的相关教学和研究，我们编写了本书。由于无线传感器网络的应用相关性非常强，不同的应用对技术的要求完全不同。因此，本书并未就原理与基础技术做过多的展开，而是针对具体的应用场景，结合相关技术详细介绍如何构成可以实际使用的无线传感器网络。此外,还分别就无线传感器网络在工业监控系统、矿井安全监控的应用以及智能家居、远程测控中的技术实现做了详细介绍。对所涉及的技术进行了进一步的讲解。我们希望,通过本书能够为无线传感器网络技术在我国的应用与推广尽绵薄之力。

本书在编写过程中得到西安交通大学电信学院的大力支持,被列为学院的重点规划教材,同时自动化系领导在各个方面也给予了关心和支持在此表示感谢。特别需要感谢郑辑光老师所提供的部分素材和实例。

无线传感器网络是新兴的研究领域,目前的研究仍在不断深入中,作者能与全国众多的专家学者共同参与讨论感到非常荣幸。由于水平有限,本书难免存在不足,恳切希望得到广大读者的指正。

姚向华
2011 年 10 月
于西安

目录

第1章　无线传感器网络概述

本章介绍无线传感器网络(Wireless Sensor Network,WSN)的基本概念以及与传统网络尤其是Ad hoc网络的区别;无线传感器网络的体系结构,包括网络的组成模式以及协议栈的模型;无线传感器网络节点的构造,包括传感器、无线通信、处理器以及电源模块;无线传感器网络的典型应用,主要是在军事、环境监测、工业以及民用领域的应用;无线传感器网络的发展过程与研究热点。

1.1　无线传感器网络基本概念

无线传感器网络是由静止或移动的传感器以自组织和多跳的方式构成的无线网络,其目的是感知、采集、处理和传输网络覆盖区域内感知对象的信息,并发送给用户。

1.1.1　无线传感器网络的研究内容

无线传感器网络是集成了计算机、通信和信息感知三大学科中众多科学知识的新兴领域,对无线传感器网络的认识,随着大量的相关研究而不断深入。简单来说,无线传感器网络就是由传感器节点组成的,通过无线通信方式形成的一个多跳自组织网络。

从信息感知的研究来看,无线传感器网络的布设目的是为了获取信息,因此,其应用场景决定了无线传感器网络所采用的传感器形式。如果用于野外环境信息的采集,则希望传感器节点尽量廉价,因为需要大量的传感器以便对整个监测区域进行采样;如果是用于战场环境,则希望节点尽量微型化,这样不会被敌对方发现;如果用于工业环境下,传感器的精度和可靠性就成为首要考虑的问题,而通常需要重点强调的能量问题则不再是关键。

从通信方式来看,无线传感器网络采用的是无线的通信方式,其优势在于可以省去大量的数据线。当然,由于是无线连接,供电问题必须依靠其自身所携带的电池来解决。尤其是在条件恶劣的野外环境,通过更换电池的方式来接续供电是不现实的,所以到目前为止,如何为无线传感器网络节点省能量一直是这一领域内的研究热点。

从计算机科学的角度来看，无线传感器网络是典型的自组织多跳网络。所谓自组织网络是一种无中心的网络形式，每个节点都可以作为中继节点为其他节点传递信息。这种网络可以在节点布设之后按照某种机制自动地形成一个功能网络。而多跳则是区别于单跳（指网络中的每一个节点都必须和其他所有节点直接连接才能互相通信）的网络连接方式。在多跳网络中，网络中的各个节点不需要直接连接，而是通过中继的方式在两个距离很远而无法直接通信的节点之间传送信息[1-4]。

1.1.2　无线传感器网络与 Ad hoc 网络的区别

这里之所以强调两者的区别，是因为这两种网络都是典型的无线自组织多跳网络，从某种意义上来说，可以认为无线传感器网络的形式源自 Ad hoc。

Ad hoc 是拉丁语，意思是“特别的”。IEEE802.11 标准委员会采用了“Ad hoc 网络”一词来描述自组织对等式多跳移动通信网络。Ad hoc 网络是一种特殊的无线移动网络。网络中所有节点的地位平等，无须设置任何的中心控制节点。网络中的节点不仅具有普通移动终端所需的功能，而且具有报文转发能力。与普通的移动网络和固定网络相比，它具有无中心、自组织、多跳路由、动态拓扑等特点[5]。

无线传感器网络与 Ad hoc 网络的区别体现在如下几个方面：

（1）移动性：Ad hoc 网络是移动通信网络，主要用于支持手持式的移动设备，如个人数字处理（Personal Digital Assistant，PDA）等设备的无线连接。因此，对于 Ad hoc 网络来说，必须能够很好地处理这些可移动节点间的组网问题；而无线传感器网络中的传感器节点虽然也可以移动，但是这并非为其主要的设计目的。因为一般情况下，传感器节点在布设后几乎不移动，或很少移动。

（2）能量问题：无线传感器网络的设计初衷是解决在野外恶劣环境下工作的能量补给困难的问题，因此能量的利用效率往往关系到整个网络的生存周期，是十分关键的问题。而 Ad hoc 网络虽然也要考虑能量问题，但是并非为关键问题。

（3）网络规模：无线传感器网络的应用往往是大型网络，具有大量的网络节点，相比 Ad hoc 网络可能会高出若干个数量级，因此，无线传感器网络一般情况下并不支持识别码（Identification Code，ID）。

（4）通信方式：无线传感器网络采用的是广播式的通信方式，而 Ad hoc 一般采用点对点方式。

（5）无线传感器网络的节点由于能量有限或者工作于野外恶劣环境下，经常容易失效，这导致其网络拓扑结构频繁变化，而 Ad hoc 网络则基本不考虑这一问题。

1.2　无线传感器网络的体系结构

无线传感器网络采用的是无线通信模式，在体系结构方面借鉴了传统无线网络的一些方式，例如开放式系统互连(Open System Interconnect,OSI)的协议栈模型。但是，由于在规模、能量利用、通信方式以及工作环境方面的特殊要求，无线传感器网络具有区别于其他网络形式的特殊体系结构。

1.2.1　无线传感器网络的组成

无线传感器网络是由传感器节点组成的网络，这些节点既是采集信息的终端节点，又是传递信息的中继节点。节点以各种方式大量部署在被监测的区域后，通过自组织方式构成无线网络，以协作的方式感知、采集和处理网络覆盖区域中特定的信息。一种典型的传感器网络的结构如图 1.1 所示，包括分布式传感器节点、汇聚节点、互联网等。

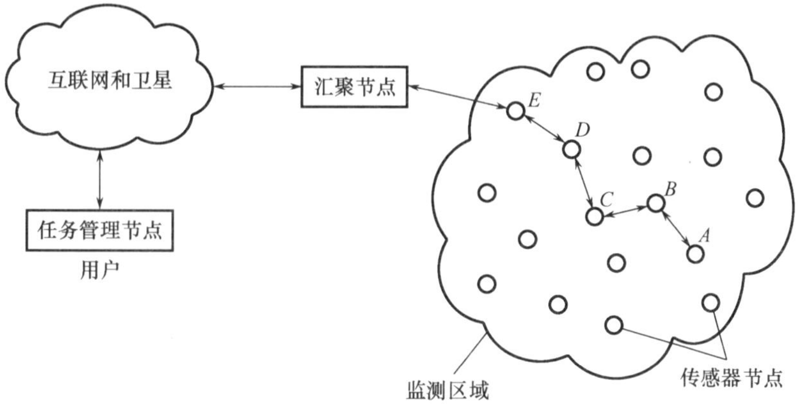

图 1.1　传感器网络结构

传感节点之间可以相互通信，自己组织成网并通过多跳的方式连接至汇聚节点，汇聚节点收到数据后，通过网关完成和公用因特网(Internet)的连接。整个系统通过任务管理器来管理和控制。

汇聚节点用于沟通无线传感器网络与外部网络的联系，将采集到的信息进行通信协议的转换后送到监测者或管理者，同时接受来自管理者的指令，并向整个无线传感器网络进行发布。一般情况下，汇聚节点较之传感器节点具有更强的处理和存储能力[6-8]。

1.2.2 无线传感器网络的通信结构

图 1.2 示出了无线传感器网络中的协议栈。这个协议栈包括物理层、数据链路层、网络层、传输层和应用层，与传统协议栈国际标准化组织(International Orgnization for Standardization, ISO) OSI 中的五层协议相对应。另外，协议栈还包括能量管理平台、移动管理平台和任务管理平台。各层协议和平台如下[9-10]：

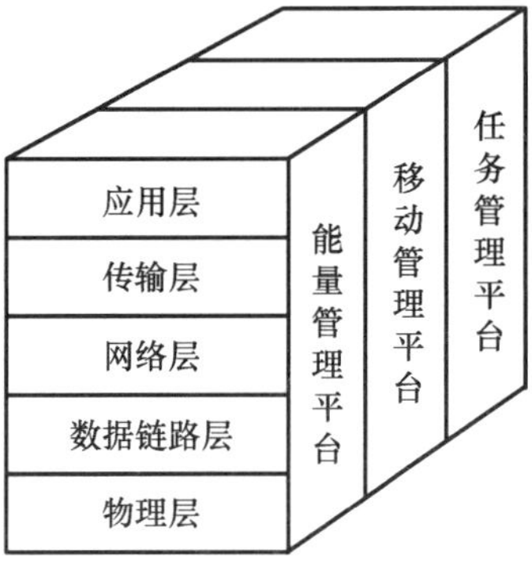

图 1.2 传感器网络协议栈

(1) 物理层：负责数据传输的介质规范。针对无线传感器网络，物理层规定了工作频率、工作温度、数据调制、信道编码、定时、同步等标准，其目标是降低节点的成本、功耗和体积。

(2) 数据链路层：负责数据成帧、帧检测、媒体访问和差错控制。在无线传感器网络中，需要在该层设计介质访问控制层(Medium Access Control, MAC)，其作用是，在与物理层紧密结合的基础上减小网络的能量消耗。

(3) 网络层：主要负责路由生成与路由选择。传统的网络层主要是将网络地址翻译成对应的物理地址，并决定如何将数据从发送方路由到接收方。在无线传感器网络中，网络层需要自动寻找路由、选择路由并维护路由，使得传感器节点之间可以进行有效的通信。

(4) 传输层：负责数据流的传输控制。在传统的网络模型中，传输层可以说是最重要的一层协议，如传输控制协议/Internet 协议(Transmission Control Protocol/Internet Protocol, TCP/IP)，负责进行流量控制和数据打包。但是，在无线传感器网络中，如果信息只在网络内部传递，传输层并不是必需的，而如果需要通过 Internet 或卫星直接与外部网络进行通信，则传输层是必不可少的。目前关于传输层的研究还处于初期阶段。

(5) 应用层：包括一系列基于监测任务的应用层软件。目前，应用层的研究也相对较少。

(6) 能量管理平台：负责传感器节点的能源使用管理。在无线传感器网络中，每个协议层都要增加能量控制的功能，以便操作系统进行能量分配的决策。

(7) 移动管理平台：检测并管理传感器节点的移动，维护整个网络的路由，使得传感器节点能够动态感知到邻近节点的位置。

(8) 任务管理平台：在一个给定的区域内平衡和调度监测任务。

协议栈改进模型如图 1.3 所示。除了传统的五层协议栈之外，对原先的 3

个管理平台进行了进一步的细化。

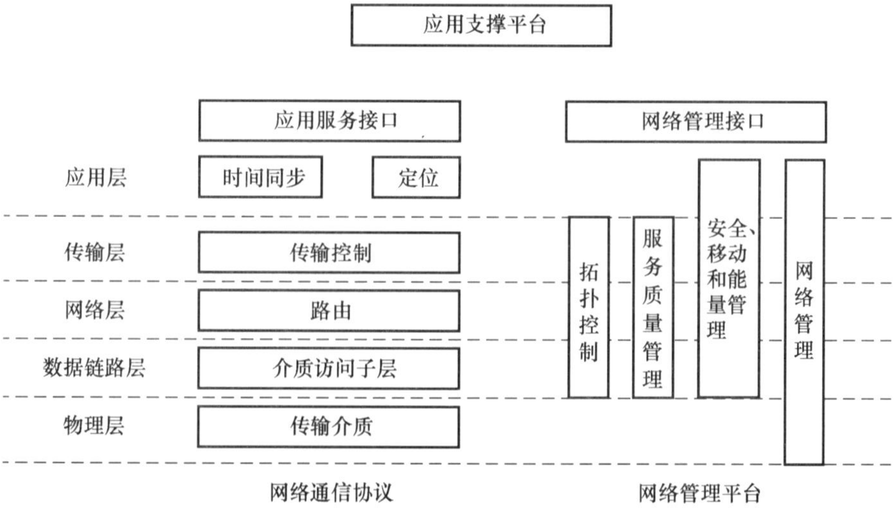

图 1.3 无线传感器网络协议栈改进模型

网络管理平台由四部分组成:

(1) 拓扑控制:用于控制由于节点位置或状态变化导致的拓扑结构改变。

(2) 服务质量管理:设计各协议层的队列和优先级等机制,保证无线传感器网络向用户提供足够的资源,满足用户要求的性能指标。

(3) 安全、移动和能量管理:其中能量管理和移动管理与原模型功能基本相同,安全管理主要指的是网络安全机制,即身份认证和数字加密等。

(4) 网络管理:负责对所有节点进行监视、控制、诊断和测试,并协调物理层到应用层各组件的运行[11-13]。

应用支撑平台包括四部分:

(1) 时间同步:保证所有节点在统一同步的时钟节拍指挥下工作,使得所有节点能够协调有序地协同工作。

(2) 定位:用于确定每个节点的相对位置或绝对位置。

(3) 应用服务接口:针对不同的应用环境定义应用层协议。

(4) 网络管理接口:负责将传感器采集到的数据传递到应用层。

1.3 无线传感器网络节点

无线传感器网络的功能是将物理世界中的信息通过采集、传输、处理、存储等过程,最终提交给对该信息感兴趣的数据接收者。围绕这一基本功能,无线传感器节点应包括:传感器模块,用于信息的采集;处理模块用于信息的处理和存储;无线通信模块用于信息的传输;此外,还需要能量供应模块等其他必要组成部分。如图1.4所示[14-15]。

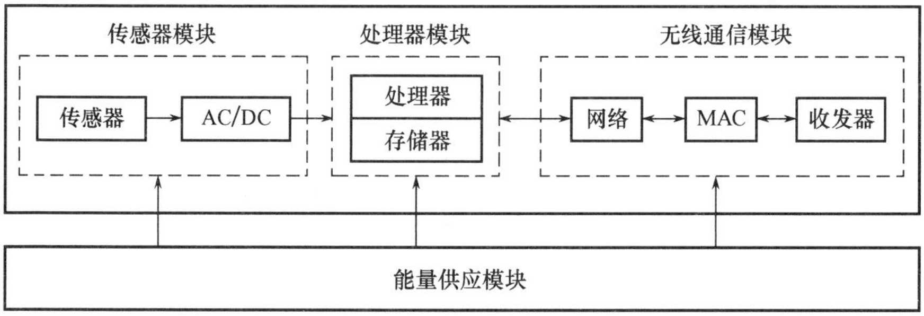

图1.4 无线传感器节点结构

1.3.1 传感器模块

传感器指的是能感受规定的被测量并按照一定的规律转换成可用信号的器件或装置,通常由敏感元件和转换元件组成。

传感器按照工作原理可分为物理传感器和化学传感器两大类。物理传感器应用的是物理效应,诸如压电、伸缩、热电、光电、磁电等。被测信号量的变化将转换成电信号。化学传感器包括以化学吸附、电化学反应等现象为因果关系的传感器,被测信号量的变化也被转换成电信号。

此外,传感器还可以按照其他方式进行进一步的分类。

按用途分类,包括压力敏和力敏传感器、位置传感器、液面传感器、能耗传感器、速度传感器、加速度传感器、射线辐射传感器、热敏传感器、雷达传感器等。

按原理分类,包括振动传感器、湿敏传感器、磁敏传感器、气敏传感器、真空度传感器、生物传感器等。

按输出信号分类,包括模拟传感器和数字传感器。

按材料分类,包括金属、聚合物、陶瓷、混合物,导体、绝缘体、半导体、磁性材料,以及单晶、多晶、非晶材料,等等。

按制造工艺分类,包括集成传感器、薄膜传感器、厚膜传感器、陶瓷传感器等。

网络技术的引入为现有的基于传感器的测量系统提供了新的解决办法。在传统的测量系统中,测量结果完全依赖于敏感元件和变送器的精度,而传感器网络则可以通过放置冗余传感器的方式来改善。首先,冗余传感器可以保证在单个传感器出现故障时信息点的数据不会丢失。其次,多个传感器共同检测一个信息点,可以利用信息融合技术,剔除测量值明显有偏差的问题节点,然后利用取平均值等统计方法消除误差,提高测量精度。

应用于无线传感器网络的传感器，出于体积或功率的考虑，需要进行小型化或微型化，将整个传感器单元构成一个微机电系统（Micro-Electro-Mechanical Systems，MEMS）。而传感器本身的工艺水平和成本制约了传感器网络的应用。目前，美国的NI、Honeywell、Motorala以及日本的KOA、Semitec等公司，在这方面的产品性能方面处于领先地位[16]。

1.3.2 无线通信模块

无线通信模块主要处理网络层、链路层（介质访问层）和物理层的相关问题。传感器网络与应用的联系非常紧密，不同的应用往往对通信指标有不同的要求，所以即使要对各个层次的协议进行标准化，也不太可能为所有的应用统一使用相同的协议。

目前广泛应用的无线局域网通信标准包括IEEE 802.11和IEEE 802.15。

1）IEEE 802.11

IEEE 802.11为美国电气和电子工程师协会1997年公布的无线区域网标准，适用于有线站台与无线用户或无线用户与无线用户之间的沟通连接。

IEEE 802.11包括IEEE 802.11a到IEEE 802.11m等，其中常用的标准如下：

（1）IEEE 802.11a：IEEE 802.11的修订标准，采用了与原始标准相同的核心协议。工作频率为5 GHz，最大数据传输速率为54 Mb/s。如果需要的话，数据率可降为48 Mb/s、36 Mb/s、24 Mb/s、18 Mb/s、12 Mb/s、9 Mb/s或者6 Mb/s。由于采用5 GHz的频带，所以IEEE 802.11a具有更少冲突的优点。但是，高载波频率也使得IEEE 802.11a几乎被限制在直线范围内使用。

（2）IEEE 802.11b：工作频率为2.4 GHz，可提供1 Mb/s、2 Mb/s、5.5 Mb/s及11 Mb/s的传输速率。

（3）IEEE 802.11g：工作频率为2.4 GHz，数据传输速率为54 Mb/s，净传输速率约为24.7 Mb/s。IEEE 802.11g的设备向下与IEEE 802.11b兼容。

（4）IEEE 802.11i：IEEE 802.11i是IEEE为了加强IEEE 802.11的安全性而制定的修正标准。定义了基于AES的加密协议（CTR with CBC-MAC Protocol，CCMP）以及向下兼容RC4的临时密钥完整性协议（Temporal Key Integrity Protocol，TKIP）。

（5）IEEE 802.11n：传输速率理论值为300 Mb/s，比IEEE 802.11b快50倍，而且比目前的无线网络传送距离更远。

2）IEEE 802.15

IEEE 802.15是无线个人区域网（Wireless Personal Area Network，WPAN）标准，主要应用于小范围的无线网络。其中包括IEEE 802.15.1、IEEE 802.15.2、

IEEE 802.15.3、IEEE 802.15.4。

(1) IEEE 802.15.1:又称蓝牙(Bluetooth),为固定、便携以及移动的设备在个人工作区范围内或进入个人工作区建立无线连接而制定的标准,工作频率为2.4 GHz。

(2) IEEE 802.15.2:主要解决蓝牙和无线局域网兼容的问题。

(3) IEEE 802.15.3:主要考虑高速 WPAN,支持多媒体方面的应用。

(4) IEEE 802.15.4:应用于低速率无线个人局域网,传输速率为 250 Kb/s,工作频率为 2.4 GHz。

目前,常见的可用于无线传感器网络的商用无线通信模块主要有 Chipcon 公司的 CC1000 和 CC2420,此外 Nordic、Atmel 公司也有相关产品。

1.3.3 处理器模块

目前在无线传感器网络中常用的处理器如下:

(1) Atmel 公司的 AVR 系列单片机。采用 Harvard 结构(程序存储器和数据存储器相互独立的处理器结构)和精简指令集(Reduced Instruction Set CPU, RISC)。

(2) TI 公司的 MSP430 系列单片机。除了采用 Harvard 结构和精简指令集外,其功耗非常适合无线传感器网络的应用。RAM 保持模式下耗电 0.1 μA,实时时钟模式下耗电 0.7 μA,工作模式下耗电 200 μA,可以在 6 μs 之内快速从待机模式唤醒。

(3) ARM 公司的 ARM 系列单片机。ARM(Advanced RISC Machines)是 32 位的嵌入式处理器,但由于成本方面的限制,目前在传感器网络领域应用不是很广泛。

在存储器的选择上,目前主要使用的是闪存(Flash Memory)和磁性随机存储器(Magnetic Random Access Memory, MRAM)。如果需要进一步增强存储能力,可以考虑采用微型硬盘作为存储介质。具体选择要根据无线传感器网络的应用场合来确定。

1.3.4 能量供应模块

能量供应是无线传感器网络的一个最重要的约束条件,尤其是在野外恶劣环境下应用。由于必须采用电池供电,因此如何使得每个传感器节点尽量耗费最低的电能是十分关键的问题[17]。

理论上说,一个传感器节点如果一直处于工作状态,那么电池的寿命大约只能维持若干个小时。因此,除了在节电方面采取措施外,还可以通过改进电池的蓄电量和采用太阳能电池等方案来改进能耗状况。

1.4　无线传感器网络的典型应用

无线传感器网络最初的应用是在军事领域,即使用声学或震动传感器来检测敌对目标的存在。目前无线传感器网络的应用非常广泛,包括军事、环境、医疗、家庭、工业等方面。

1.4.1　国防军事领域中的应用

无线传感器网络具有部署快速、可自组织、容错性好等特点,非常适合在军事上应用。利用传感器网络能够实现战场信息获取、敌方兵力和装备的监视、目标定位、战场评估、核攻击和生物化学攻击监测等功能。

(1) 战场信息获取:主要针对本方状态、装备、火力配置等信息进行收集,如果有必要,可以对每台装备、每台车辆,甚至每个士兵的状态进行采集,在最短的时间内融合汇总到指挥部,作为战场决策的依据,并可反馈给基层的指挥员。此外,还可以通过采用无线传感器网络来对战场地形进行探测,并对关键地形进行监控,探测可能的入侵。

(2) 敌方兵力和装备的监视:由于是向敌对方播撒传感器节点,因此会遭到敌方的拦截。这种网络的生存周期都很短,几乎不需要考虑能量的问题。必须首要考虑的问题是如何尽快地组成网络,将各个节点采集到的信息传送回来。

(3) 目标定位:主要是对打击目标进行瞄准。传感器网络拥有定位功能,可以对感兴趣的目标进行定位。

(4) 战场评估:指在攻击前后分别收集数据,然后进行对比,评估打击效果。

(5) 核攻击和生物化学攻击监测:无线传感器网络用作战场预警系统,对可能遭到核攻击和生物化学攻击发布警告。

1.4.2　环境监测

无线传感器网络可以在任意环境下对自然环境进行检测和监视,大到海洋、土壤、大气,小到飞鸟、昆虫都可以作为观察的目标。目前比较可行的应用包括火灾监测、环境污染监测,以及应用于现代农业生产。

(1) 森林火灾监测:使用化学或温度传感器能够精确地探测火灾的发生,并在火势蔓延之前通知管理者。同时,由于传感器网络的定位功能,可以迅速准确地找出火源,并随时报告蔓延的趋势。但在森林中布设无线传感器网络需要充分考虑障碍物对网络通信的影响。

(2) 环境污染监测:在可能排放污染物的重点地区通过布设无线传感器网络来监测污染物的含量。使用不同种类的传感器网络可以对土壤、水源和空气中的各种物质进行检测、分析、处理和汇总。

（3）现代化精细农业监测：管理者需要随时了解农作物生长的环境信息，土壤、空气和灌溉用水的详细成分，此外还要随时监控农作物生长环境的温度、湿度等信息，随时据此进行调节。

1.4.3 工业及民用的无线传感器网络

无线传感器网络在医疗系统、家庭及工商业方面都有广泛的应用[18-20]。

1）医疗系统监视：无线传感器网络在医疗系统的应用可以体现在对病患者的生命体征进行监视，对医生和病患者进行定位，对监控医疗设备、药品的使用和流通情况的监控，等等。

（1）医院内部监视：可以为病患者和医生配置无线传感器节点，用于监视病患者的心跳、血压等数据；定位医生，方便管理者随时联系。

（2）远程医疗系统：可以远程跟踪已经出院但尚需观察的病患者，或者为社区内的老人以及有心脏病等病患者建立远程医疗监护系统。

2）家庭应用：家庭应用对于无线传感器网络而言是一个巨大的消费市场，将为每个家庭的生活带来方便。

（1）智能遥控：可以在家中的电器、照明、门窗等装置上安装传感器节点，通过无线的方式接受遥控器的指令，并在需要时对电器、照明、门窗的状况进行反馈和报警。

（2）以个人电脑为核心的家庭智能系统：为家用电器、家用设施等安装传感器节点，将数据传送至个人电脑进行储存和分析，并可以设定程序对其进行控制。

（3）无线玩具遥控装置、入侵监测报警、智能环境监测等可以作为无线传感器网络的应用，进而进行商业开发。

3）工业控制与监测：工业控制领域需要大量使用传感器，这些传感器即使是采用总线方式与中心监控室连接，也需要大量的电缆，而且为了防止工业现场的干扰，这些电缆大多要采用屏蔽电缆，其造价往往会超过传感器本身。因此，在工业控制领域使用无线传感器网络可大大降低成本。

（1）无线监控系统：大型生产线和大型工业设备生产状况的监控需要使用大量的传感器和执行器，在采用有线方式进行通信时需要大量的屏蔽电缆来进行连接。由于数量巨大，这些电缆的开销往往会超过现场仪表和执行器。应用无线传感器网络技术将所有连接改为无线连接，可降低成本。由于工业现场处理的大多是变化缓慢的状态量信息，对数据的传输速度要求不高，因此特别适合无线传感器网络的应用。

(2) 工业安全:在化工、生物、制药等工业领域,往往会涉及一些有害物质,采用无线传感器网络可以实时监测这些物质的泄漏情况。此外,对于易燃易爆的情况,一旦产生爆炸,由于无线传感器网络具有自组织的功能,可以在部分节点损坏的情况下仍能保持网络的联通。

(3) 移动或旋转设备监测:对于旋转或移动的装置安装有线传感器是非常困难的,而采用无线的方式则很容易实现。例如,在汽车轮胎的监控中,需要随时监测轮胎的压力、温度以及形变情况,通过使用压电传感器可以监测压力和形变情况,然后将这些传感器的信号通过无线传输装置传回监控设备。

(4) 环境监控系统:无线传感器网络可以应用于大型的室内环境监控,如温度和湿度的调节系统等。在大空间环境,温度和湿度的分布往往很不均匀,需要大量的传感器进行测量,无线传感器网络可以很好地满足这一应用。

(5) 仓库管理:为货物配置传感器节点,可以为每件货物进行定位,同时还可以统计并管理所有货物的库存情况。

(6) 博物馆系统、交通管理系统、车辆跟踪与定位系统、楼宇控制系统等可以使用无线传感器网络作为解决方案。

1.5 无线网络的发展与现状

无线传感器网络的研究起步于20世纪90年代末期。在此之前,已经有一些类似的应用。包括美国早期的军用无线通信网(Army-Amateur Radio System, AARS)和无线电计算机通信网 Aloha。

1.5.1 无线数据通信网

1. 无线局域网

无线局域网(Wireless Local Area Networks, WLAN)是用无线通信技术将计算机设备互联起来,构成可以互相通信和实现资源共享的网络体系。由 IEEE 802.11 协议定义其无线数据传输系统,可以通过红外、2.4 GHz 或 5 GHz 的信号标准进行通信。数据的传输速率可以为 1 Mb/s、2 Mb/s、11 Mb/s 或 54 Mb/s。

2. 无线个人区域网

无线个人区域网(Wireless Personal Area Network, WPAN)是一种采用无线连接的个人区域网。可以用在电话、计算机和其附属设备所组成的小范围(一般在 10 m 以内)网络内部的通信。无线个人区域网的通信方式包括蓝牙、ZigBee、红外和射频,其中蓝牙技术在无线个人区域网中广泛使用。无线个人区域网的通信协议由 IEEE 802.15 定义。

1.5.2 无线传感器网络

1. 早期的军用传感器网络

早期的军用传感器网络包括声学监视系统(Sound Surveillance System, SOSUS)以及机载报警控制系统(Airborne Warning and Control System, AWACS),分别用于潜艇和飞行器的监视,采用分层的网络结构。

2. 分布式传感器网络

分布式传感器网络(Distributed Sensor Networks, DSN)是美国国防部高级研究计划局(Defense Advanced Research Projects Agency, DARPA)的一个开发计划,包括卡内基梅隆大学(CMU)和麻省理工学院(MIT)在内的多所大学和实验室参与其中,对传感器技术、通信技术、数据处理技术以及分布式操作系统进行了研究[21]。

3. 军用传感器网络

军事用途始终是传感器网络的重要应用领域,其中最著名的是C4KISR计划:C4表示指挥(Command)、控制(Control)、通信(Communications)和计算机(Computer);K表示杀伤(Kill)、I表示情报(Intelligence);R表示侦察(Reconnaissance);S表示监视(Surveillance)。其主要作用是对目标进行搜索、发现、跟踪、监视和识别,在此基础上进行决策,对打击目标以及战斗损伤评估。

C4KISR系统在传感器及传感器信息利用方面进行了深入的研究和探索,重点研究可随处布设的、用于可进行目标探测的多频段感知装备以及可进行精确目标识别的传感器。

4. 无线传感器网络在物联网中的应用

物联网(Internet of Things, IOT)是新一代信息技术的重要组成部分,其核心和基础是互联网,并在此基础上进行了延伸和扩展。这种延伸和扩展最终可以到达任何物品。物联网是通过射频识别(Radio Frequency IDentification, RFID)、红外感应器、全球定位系统(Global Positioning System, GPS)、激光扫描器等信息传感设备,按约定的协议把物品与互联网相连接,进行信息交换和通信,以实现对物品的智能化识别、定位、跟踪、监控和管理的一种网络[22]。

从技术架构上来看,物联网可分为三层:感知层、网络层和应用层。

感知层由传感器以及传感器网关构成,包括各种传感器、二维码标签、射频识别标签和读写器、摄像头、全球定位系统等感知终端。感知层的作用相当于人的眼、耳、鼻、喉和皮肤等的神经末梢,它是物联网获取数据和信息的来源,其主要功能是识别物体,采集信息。

网络层由各种私有网络、互联网、有线和无线通信网、网络管理系统等组成,相当于人的神经中枢和大脑,负责传递和处理感知层获取的信息。

应用层是物联网和用户的接口,与行业需求结合,实现物联网的智能应用。

物联网的行业特性主要体现在其应用领域内。目前,绿色农业、工业监控、公共安全、城市管理、远程医疗、智能家居、智能交通和环境监测等行业均有物联网应用的尝试,某些行业已积累了一些成功的案例。

根据物联网的实质用途可以归结为三种基本应用模式:

(1) 智能标签:通过二维码、射频识别等技术标识特定的对象,用于区分对象个体。例如在人们日常生活中使用的各种智能卡,条码标签的基本用途就是用来获得对象的识别信息。此外,通过智能标签还可以获得对象物品所包含的扩展信息,例如智能卡上的金额、二维码中所包含的网址和名称等。

(2) 环境监控和对象跟踪:利用多种类型的传感器和分布广泛的传感器网络,可以实现对某个对象实时状态的获取和特定对象行为的监控。例如通过分布在市区的噪声探头监测噪声污染,通过二氧化碳传感器监控大气中二氧化碳的浓度,通过全球定位系统标签跟踪车辆位置,通过交通路口的摄像头捕捉实时交通流程等。

(3) 对象的智能控制:物联网基于智能网络,可以依据传感器网络所获取的数据进行决策,通过控制和反馈等方式改变对象的行为。例如,根据光线的强弱自动调整路灯的亮度,根据车辆的流量自动调整红绿灯间隔等。

小结

无线传感器网络通常工作于相对恶劣的环境,例如野外或工业现场。在这种情况下工作的网络主要考虑的是能量的供给的持续性、鲁棒性、安全性等问题。围绕这一基本特征,在后面的章节中将从技术标准、节点结构、支撑技术等方面阐述。

思考题

1. 什么是无线传感器网络?
2. 无线传感器网络与传统的无线网络有哪些区别?
3. 试说明图 1.3 所示的协议栈模型对传统网络协议栈模型做了哪些改进。
4. 传感器节点由哪几部分组成? 各部分的功能是什么?
5. 无线传感器网络有哪些典型的应用(除了书中提到的应用,讨论其他潜在应用)。

参考文献

[1] Pottie G J. Wireless sensor networks. IEEE Information Theory Workshop,1998

[2] Blumenthal J,Handy M, Golatowski F, et al. Wireless sensor networks: new challenges in software engineering. Proceedings of IEEE Conference on Emerging Technologies and Factory Automation,2003

[3] 任丰原,黄海宁,林闯. 无线传感器网络. 软件学报,2003,14 (7):1282-1291

[4] 马祖长,孙怡宁,梅涛. 无线传感器网络综述. 通信学报,2004,25(4):114-124

[5] Safwat A M,Guizani M. W01: wireless Ad hoc and sensor networks. Proceedings of Global Telecommunications Conference Workshops,2004

[6] Roedig U. Session introduction: wireless sensor networks, Proceedings of 30th Euromicro Conference,2004

[7] Estrin D, Girod L, Pottie G, Srivastava M. Instrumenting the world with wireless sensor networks. Proceedings of International Conference on Acoustics, Speech, and Signal Proceedings,2001

[8] Allen B. Ultra wideband wireless sensor networks. Processing of IEEE International Conference on Ultra Wideband Communications Technologies and System Design,2004

[9] Bhuvaneswaran R S,Bordim J L,Jiangtao Cui,et al. Fundamental protocols for wireless sensor networks. Proceedings of International Conference on 15th Parallel and Distributed Processing Symposium,2001

[10] Ahmed A A,Shi H,Shang Y. A survey on network protocols for wireless sensor networks. Proceedings of International Conference on Information Technology: Research and Education,2003

[11] Ulema M. Wireless sensor networks: architectures, protocols, and management. Proceedings of IEEE Conference on Network Operations and Management Symposium,2004

[12] Hurler B,Hof H J, Zitterbart M. A general architecture for wireless sensor networks: first steps. Proceedings of International Conference on Distributed Computing Systems Workshops,2004

[13] Havinga P,Hou J C,Zhao Feng. Wireless sensor networks. IEEE Wireless Communications, 2004,11(6):4-5

[14] Vieira M A,Coelho C,Silva D,et al. Survey on wireless sensor network devices. Proceedings of Conference on Emerging Technologies and Factory Automation,2003

[15] Wang Y,Sivansen K, Arslan T. Node and network architecture for wireless pico systems [wireless sensor networks]. Proceedings of IEEE International Conference on Systems-on-Chip,2003

[16] Torfs T,Sanders S,Winters C,et al. Wireless network of autonomous environmental sensors. Proceedings of IEEE Sensors,2004

[17] Min R, Bhardwaj M, Cho S H, et al. Low-power wireless sensor networks. Proceedings of IEEE International Conference on 14th VLSI Design, 2001

[18] Rajaravivarma V, Yi Yang, Teng Yang. An overview of Wireless Sensor Network and applications. Proceedings of the 35th Southeastern Symposium System Theory, 2003

[19] Shen X, Wang Z, Sun Y. Wireless sensor networks for industrial applications. Proceedings of 5th World Congress on Intelligent Control and Automation, 2004

[20] Brooks T. Wireless technology for industrial sensor and control networks. Proceedings of the First ISA/IEEE Conference on Sensor for Industry, 2001

[21] Zhao Feng. Wireless sensor networks: a new computing platform for tomorrow's Internet. Proceedings of the IEEE 6th Circuits and Systems Symposium, 2004

[22] Choi S H, Kim B K, Park J. An implementation of wireless sensor network. IEEE Transactions on Consumer Electronics, 2004, 50(1): 236-244

[23] 孙利民,李建中,陈渝,等. 无线传感器网络. 北京:清华大学出版社,2005

[24] 王殊,阎毓,胡富平,等. 无线传感器网络的理论及应用. 北京:北京航空航天大学出版社,2007

[25] 李善仓,张克旺. 无线传感器网络原理与应用. 北京:机械工业出版社,2008

[26] 李晓维,徐勇军,任丰原. 无线传感器网络技术. 北京:北京理工大学出版社,2007

[27] 崔逊学,左从菊. 无线传感器网络简明教程. 北京:清华大学出版社,2009

[28] 陈林星. 无线传感器网络技术与应用. 北京:电子工业出版社,2009

第 2 章　物理层及 MAC 层协议 ——IEEE 802.15.4

无线传感器网络的节点通常的有效通信范围在几十米到几百米之间,研究人员和设计者需要考虑在有限的通信能力的情况下,在尽可能广阔的范围内探测到更多的信息。无线传感器网络的协议栈研究如何基于无线通信系统,为用户提供准确和全面的信息。本章介绍无线传感器网络的物理层和介质访问层以及 IEEE 802.15.4 标准。

2.1　无线传感器网络物理层协议

物理层位于 OSI 参考模型的最底层,直接面向实际承担数据传输的物理介质。物理层的传输单位为比特(bit)。实际的比特传输必须依赖于传输设备和物理连接。由于无线传感器网络的信息获取对象一般都是状态量信息,因此对带宽的要求较低,通常情况下只需要几十比特甚至几个比特。对无线传感器网络物理层的要求主要体现在降低成本和延长网络生存周期方面。

2.1.1　无线传感器网络的通信介质

无线传感器网络是以无线方式进行通信的,包括电磁波、红外线、声波等都可以作为传输介质,其中比较常用的通信方式有四种[1]:

1. 红外方式

目前广泛采用的红外通信标准是红外数据组织(Infrared Data Association,IrDA)提出的。在红外通信标准的物理层中,将数据通信按发送速率分为四类:串行红外(Serial InfraRed,SIR)、中速红外(Medium InfraRed,MIR)、高速红外(Fast InfraRed,FIR)和甚高速红外(Very Fast InfraRed,VFIR)。串行红外的传输速率为 9 600 b/s ~ 1 152 Kb/s。中速红外可支持 0.576 Mb/s 和 1.152 Mb/s 的传输速率;高速红外通常用于 4 Mb/s 的传输速率;而甚高速红外可以支持 16 Mb/s 的传输速率。

2. 射频方式

(1) 无线局域网:由 IEEE 802.11 系列标准定义。无线局域网采用射频技术(Radio Frequency,RF),在局域网络环境中使用未授权(也称 ISM 频段,即 Industrial Scientific Medical)的 2.4 GHz 或 5.3 GHz 射频波段进行无线连接。由于 2.4 GHz 的 ISM 频段被世界大多数国家所使用,因此采用 2.4 GHz 的 IEEE 802.11b 得到了最为广泛的应用。1999 年,工业界成立了 Wi-Fi 联盟(Wireless Fidelity Alliance),致力于解决符合 IEEE 802.11 标准产品的生产和设备兼容性问题,而 Wi-Fi 也成了 IEEE 802.11b 的别称。IEEE 802.11b 在实际通信时,将 2.4 ~2.5 GHz 划分为 14 个频段,每个频段的带宽为 22 MHz(信道间可以相互交叠)。各国可以根据具体情况开放使用其中若干频段。

(2) 蓝牙:1998 年,由爱立信、诺基亚、IBM 等公司共同推出的无线个人区域网技术,主要用于通信和信息设备的无线连接。它采用跳频扩频方式,以美国标准为例,可以在 79 个 1 MHz 的信道上以 1 600 跳/s 的速度随机跳频。蓝牙的传输速率可达 1 Mb/s,工作频率的 2.4 GHz,有效范围在半径 10 m 内。蓝牙技术已列入 IEEE 802.15.1。

(3) 超宽带(Ultra Wide Band,UWB)无线通信技术:一种短距离无线传输技术,当前主要应用于高速无线个人区域网。由于采用了载波调制技术,因此不需要混频、过滤和射频/中频转换模块,实现了低成本、低功耗和高带宽性能。目前有两大技术阵营竞争技术标准,预期的通信距离为 5 ~10 m,传输速率可高达 1 Gb/s,非常适合家庭多媒体应用,如家庭影院等。

(4) ZigBee:一种近年来兴起的短距离无线网络通信技术,被业界认为是最有可能应用在工控场合的技术。它同样使用 2.4 GHz,采用跳频技术和扩频技术。另外,它可与 254 个节点联网,节点可以包括仪器和家庭自动化应用设备。它本身的特点使得其在工业监控、无线传感器网络、家庭监控、安全系统等领域有很大的发展空间。图 2.1 给出了常用无线传输方式的传输距离和传输速率的范围。

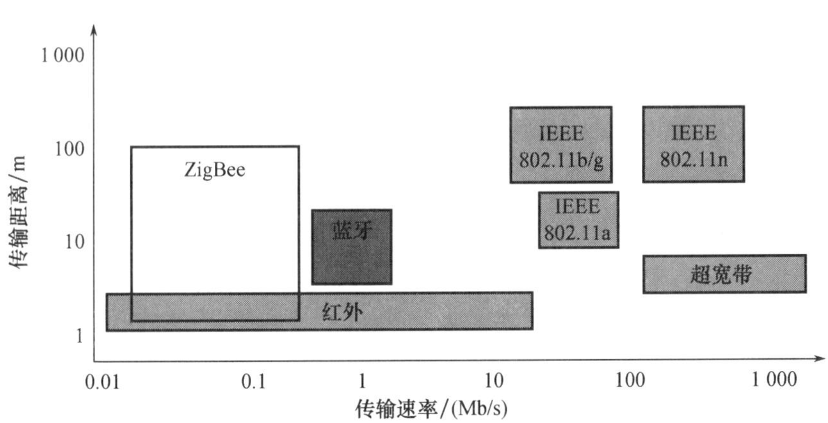

图 2.1 常用无线传输方式的传输距离与速率

2.1.2 无线传感器网络物理层的研究现状

无线传感器网络中物理层的研究主要集中在两个方面:传输介质和调制机制[2,3]。

1. 传输介质

上面介绍了几种主要的无线传输介质,其中红外线的使用由于受发射和接受角度的影响,实用性受到了极大限制,因此无线电波通信成为主要选择。尤其是ISM频段,由于无需注册,是无线传感器网络主要采用的通信方式。目前比较常见的节点通常选择2.4 GHz或916 MHz。选择ISM频段的主要问题是由于其为自由频段,相应的干扰会比较多,例如无线传感器网络会与无线局域网或无线个人区域网的设备产生冲突。

2. 调制机制

由于受传感器节点的大小限制,无线传感器网络中采用的天线一般都会尽量短,这就为无线信号的调制带来了难度。由于天线较短且靠近地面,节点将信号发射到相同距离所需的能量就会增加,而能量问题却是无线传感器网络中较为突出的一个问题。因此,合理地选择调制机制对于物理层的设计至关重要。目前有大量研究就此问题展开。

超宽带技术由于采用基带传输,无需载波,因此具有较低的传输功率和简单的收发电路,这些都使得超宽带技术成为无线传感器网络中研究的热点问题。

2.1.3 无线传感器网络物理层设计的主要问题

无线传感器网络物理层的设计需要首要考虑的两个问题是成本和耗电[4]。

1. 成本

在无线传感器网络的一般应用情况下,往往需要大量布设传感器节点,这种大规模的布设只有在节点成本很低的情况下才有可能实现。提高系统的集成度无疑可以明显降低节点的成本。但是,由于天线、电池和晶体振荡器很难被集成到芯片中,因此它们的性能和成本需要单独计算。同时,为了降低成本,在设计时要尽量降低信道的选择性,以减少滤波器极点的数量。由于2.4 GHz频段在天线效率和功耗方面的性能优势,目前的无线传感器网络大多选择该频段。

使用2.4 GHz频段的主要问题是避免受到同频段信号的干扰,如Wi-Fi和蓝牙,需要在物理层做抗干扰设计。此外,还可以采用超宽带频段来避免干扰。

2. 耗电

如果节点收发机始终处于工作状态,那么一般情况下采用电池供电仅能支持几小时到十几小时。因此,为了延长无线传感器网络的使用寿命,必须降低无线收发机的占空比。举例来说:假设电池可以维持收发机工作一天时间,那么如果设计寿命为一年,则占空比就是1:365。如此低的占空比就要求较高的数据传输速率,而提高传输速率必然带来工作电流的增大,为了解决这一矛盾,必须对调制解调方式进行改进。目前该领域依然是无线传感器网络技术中的研究热点。

2.2 无线传感器网络数据链路层

数据链路层的功能是提供透明的和可靠的数据传送服务。透明性是指该层上传输的数据内容、格式及编码没有限制,也不需要解释信息结构的意义。可靠性指的是避免和纠正在物理层中可能出现的丢失信息以及顺序不正确等情况。数据链路层是对物理层传输功能的加强,将物理层提供的物理连接改造成为逻辑上无差错的数据链路。

2.2.1 数据链路协议

由于无线传感器网络具有数据吞吐量低、多跳传输、信道共享以及能量有限等特点,因此对数据链路层的研究主要集中在介质访问控制和差错控制等问题。目前广泛使用的差错控制方法是自动重发请求(Automatic Repeat reQuest, ARQ),其基本原理是通过接收方请求发送方重传出错的数据报文来恢复出错的报文。关于无线传感器网络差错控制的研究相对比较成熟,因此无线传感器网络数据链路层的主要研究内容集中在介质访问控制层协议[5]。

2.2.2 介质访问控制层协议

1. 无线传感器网络中介质访问控制层协议的主要研究内容

当前应用于无线传感器网络的介质访问控制层协议主要面对的问题有三类:能量问题、多跳网络问题、自组织网络问题[6]。

1) 能量问题

能量问题是无线传感器网络各层协议都要面对的问题。对于介质访问控制层而言,通过如下方式来处理能量问题。

(1) 侦听/休眠交替策略:无线传感器网络节点的工作状态按照能量消耗大小排序依次为发送、接受、侦听和休眠,能量消耗依次递减。四种状态中,休眠状态的能量消耗与发送或接受状态相比相差很大,因此,从能量角度考虑,希望尽可能使网络节点处于休眠状态。但是,为了保证整个网络能够接受并传递数据,必须设置一定的侦听时间。侦听与休眠时机的选择对网络的能耗有很大的影响。

(2) 介质访问控制层本身应采用尽量简化的协议,避免协议本身的开销带来能耗的增加。

2）多跳网络问题

由于无线传感器网络采用多跳方式来组成网络，相互之间没有覆盖关系的网络节点可以共享相同的信道进行通信。由此带来的问题是，多个节点发送的数据有可能会产生碰撞，即由于同时采用相同信道发送数据，导致相互干扰而破坏数据包。因此，对介质访问控制层协议来说，需要一定的机制来避免碰撞冲突。

此外，多跳网络中节点接收到的信息往往不是发给自己的，这就造成所谓的“串音”现象。串音会造成不必要的能量消耗，需要通过节点之间的协调来降低发生串音的概率。

3）自组织网络问题

无线传感器网络中，旧节点由于损坏而退出网络，新节点通过布设加入网络，有些节点还会移动。这些都将改变网络的结构，因此无线传感器网络是典型的自组织网络。自组织网络的最大特征就是无中心，由此带来的问题是由于没有中心节点，很难赋予每个节点完全公平的信道使用权利。这对于能量的控制非常不利[7]。

2. 无线传感器网络中的介质访问控制层协议

现有的介质访问控制层协议大体可以分为固定分配类和基于竞争类[8]。以下分别介绍其中的一些典型协议。

1）固定分配类介质访问控制层协议

传统的固定分配类介质访问控制层协议主要有频分多址接入（Frequency Division Multiple Access，FDMA）、时分多址接入（Time Division Multiple Access，TDMA）、码分多址接入（Code Division Multiple Access，CDMA）三种。

频分多址是将频带分成多个信道，不同节点可以同时使用不同的信道。时分多址是将一个时间段内的整个频带分给一个节点使用。相对于频分多址，时分多址通信时间较短，但网络时间同步的开销增加。码分多址是固定分配方式和随机分配方式的结合，具有零信道接入时延、带宽利用率高和统计复用性好的特点，并能降低隐藏终端问题的影响。但其完全集中式的信道分配和基站的高复杂性，使其不适用于全分布的无线传感器网络中。针对无线传感器网络特点，主要介绍几种基于固定分配类的介质访问控制方案。

（1）自组织无线传感器网络介质访问控制/监听与登录（Self-Organizing Medium Access Control for Sensor networks/Eavesdrop and Register，SMACS/EAR）协议：其为分布式的协议，无需任何全局或局部主节点就能发现邻节点并建立传输/接收调度表。链路由随机选择的时隙和固定的频率组成。虽然各子网内邻节点通信需要时间同步，但全网并不需要同步。在链接阶段使用一个随机唤醒机制,在空闲时关掉无线收发装置来达到节能的目的。EAR 算法用来为静止和移动的节点提供不间断的服务。SMACS 的缺点是从属于不同子网的节点可能永远得不到通信的机会。EAR 算法作为 SMACS 协议的补充,但 EAR 算法只适用于那些整体上保持静止,且个别移动节点周围有多个静止节点的网络。

(2) 时分复用-频分复用(Time Division Multiplexing-Frequency Division Multiplexing,TDM-FDM):其为时分复用和频分复用的混合方案。在节点上维护着一个特殊的结构帧,类似于时分多址中的时隙分配表,节点据此调度它与相邻节点间的通信。频分多址技术提供的多信道,使多个节点之间可以同时通信,有效地避免了冲突。由于预先定义的信道和时隙分配方案限制了对空闲时隙的有效利用,使得在业务量较小时信道利用率较低。

(3) 分布式能量唤醒介质访问控制(Distributed Energy-aware MAC,DE-MAC)协议:其主要思想是让节点交换能级信息。它执行一个本地选举程序来选择能量最低的节点为“赢者”,使得这个“赢者”比其邻节点具有更多的睡眠时间,以此实现在节点间的能量平衡,延长网络的生命周期。将这个选举程序与时分多址时隙分配集成到一起不会影响系统的吞吐量。DE-MAC 用选举包和无线收发装置的能量状态包来交换能量信息,节点由能量信息来决定占有传输时隙的数量。各节点为每个邻节点维持一个表明其无线收发装置能量状态的变量,此信息用来设定其接收器接收邻节点的数据包。当一节点比原来的“赢者”能量值低时进入选举阶段。处于选举阶段的节点向所有邻节点发送它的当前能量值,并收集它们的投票。如果邻节点的能量值都比此节点高,它将收到所有邻节点的正选票,此节点占有当前时隙,或者发送数据,或者进入睡眠。协议的缺点是传感器节点只在其占有时隙且无传输时才能进入睡眠。而其在邻节点占有的时隙内即使没有数据传输,也必须处于活动状态。

(4) 流量自适应介质访问(Traffic-Adaptive Medium Access,TRAMA);使用两种技术实现节能:使用基于流量的传输调度表来避免可能在接收端发生的数据包冲突;使节点在无接收要求时进入低能耗模式。TRAMA 将时间分成时隙,用基于各节点流量信息的分布式选举算法来决定哪个节点可以在某个特定的时隙传输,以此来达到一定的吞吐量和公平性。仿真显示,由于节点睡眠最多可以占时间的 87%,所以 TRAMA 节能效果明显。在与基于竞争类的协议比较时,TRAMA 也达到了更高的吞吐量(比S-MAC和 CSMA 高约 40%,比 IEEE 802.11 高约 20%),因为它有效地避免了隐藏终端引起的竞争。但 TRAMA 的延迟较长,更适用于对延迟要求不高的应用。

2) 基于竞争类介质访问控制层协议

基于竞争类的介质访问控制协议一般使用广播式信道,连接到这条信道上的节点都可以向信道发送广播信息。想要通信的节点遵循某种规则竞争信道,得到使用权的节点可以发送信息。传统的基于竞争类的介质访问控制协议包括 Aloha 协议和带有冲突检测的载波侦听多路访问（Carrier Sense Multiple Access，CSMA）协议等。

（1）传感器介质访问控制（Sensor-MAC，S-MAC）协议采用三种方式来减少能耗并支持自组织。节点定期睡眠以减少空闲监听造成的能耗；邻近的节点组成虚拟簇，使睡眠调度时间自动同步；用消息传递的方法来减少时延。S-MAC 采用类似 IEEE 802.11 中的方式来避免冲突，包括虚拟和物理的载波监听和 RTS/CTS 交换。与 IEEE 802.11 相比，S-MAC 具有很好的节能特性，并且可以根据流量情况在能量和时延之间折中。然而，每个节点的占空比都相同，没有对能量较少的节点给予保护。另外，虚拟簇技术还有待深入研究，同步调度会对能耗有很大的影响。

（2）超时介质访问控制（Timeout-MAC，T-MAC）协议：在 S-MAC 的基础上引入适应性占空比来应付不同时间和位置上负载的变化。它动态地终止节点活动，通过设定细微的超时间隔（fine-grained timeouts）来动态地选择占空比。减少了闲时监听浪费的能量，但仍保持合理的吞吐量。T-MAC 通过仿真，与典型无占空比的 CSMA 和占空比固定的S-MAC比较，发现不变负载时 T-MAC 和S-MAC 节能相仿（最多节约 CSMA 的 98%）；但在简单的可变负载的场景，T-MAC则优于 S-MAC。仿真中存在早睡（early sleeping）问题，虽然提出了一些解决办法，但仍未在实践中得到验证。

（3）仲裁设备（Mediation Device，MD）协议：对于许多应用，运行能耗远大于待机能耗，故 Edgar H. Callaway 提出通过减少占空比来获得低能耗和高电池寿命的仲裁设备协议。其中，节点在 99.9% 的时间处于睡眠，在醒来时发出询问信标。仲裁设备作为一个不停活动的仲裁者，通过接收由信息传输节点发出的请求发送信号和目标节点的询问信标，协调两个节点暂时同步来传输数据。出于节能的考虑，又提出了分布式仲裁设备协议，即节点随机成为仲裁设备。这样每个节点的平均占空比仍可保持低，整个网络属于保持低功耗、低成本的异步网络。优点是仲裁设备的功能是在所有网络节点中随机分布的，无需精确布置某种专用的仲裁设备来保护网络分割。缺点是节点必须等待临近的节点为仲裁设备才能传输，时延将会增加。对于一些要求低信息时延的应用，可采用及时设置邻节点成为仲裁设备的方法来最小化时延，不过这增加了能耗。另外，由于占空比低，没有过于考虑通道访问。

总的来说，基于固定分配类协议提供了可公平使用的信道，并且如果配备一个适当的调度算法，也可以很好地避免冲突。但许多协议需要使用全局信息来进行调度，这使得它们在大多数无线传感器网络中不可用。基于竞争的协议可以大幅度减少冲突的机会，从而节约了能源。但它们通常很难保证实时性要求，只适用于一些对可预见性要求不高的网络。

2.3 IEEE 802.15.4 标准

IEEE 802.15 工作组成立于 1998 年,专门从事无线个人局域网的标准化工作。其任务是开发一套适用于短程无线通信的标准。

在 IEEE 802.15 工作组内有四个任务组,分别制定适合不同应用的标准。这些标准在传输速率、功耗和支持的服务等方面存在差异。其中任务组 4 负责制定 IEEE 802.15.4 标准。

IEEE 802.15.4 标准最初是针对低速无线个人区域网络(Low-rate Wireless Personal Area Network,LR-WPAN)制定的标准。该标准把低能量消耗、低速率传输、低成本作为重点目标,是个人或者家庭范围内不同设备之间的低速互联的统一标准。IEEE 802.15.4 标准已经成为 ZigBee、无线可寻址远程传感器高速通道开放通信协议(Wireless Highway Addressable Remote Transducer,Wireless HART,用于工业现场的开放式的无线通信标准,可满足工业现场对可靠性、稳定性和安全性的需求)和 MiWi(一种低速率、短距离、低成本网络设计的简单协议,主要针对网络规模相对较小,节点间路程段较少的小型网络)规范的基础[9]。

2.3.1 物理层

IEEE 802.15.4 协议的物理层主要负责最底层的数据收发工作,其中最重要的是定义数据通信采用的频段和信道。

IEEE 802.15.4 在 3 个频段上定义了 27 个信道,不同频带的扩频和调制方式虽然都使用了直接序列扩频(Direct Sequence Spread Spectrum,DSSS)的方式,但从信道传输速率到调制方式都有较大的差别。

868 MHz 频段有 1 个信道,传输速率为 20 Kb/s,信道带宽 0.6 MHz,采用双相移相键控(Binary Phase Shift Keying,BPSK)的调制方式,主要用于欧洲。

915 MHz 频段有 10 个信道,传输速率为 40 Kb/s,信道带宽 2 MHz,调制方式采用双相移相键控,主要用于美国。

2.4 GHz 频段有 16 个信道。传输速率为 250 Kb/s,信道带宽 5 MHz,调制方式为偏移四相相移键控(Offset-Quadrature Phase Shift Keying,O-QPSK),全球通用。

1. 物理层载波调制

IEEE 802.15.4 标准采用直接序列扩频技术,按图 2.2 所示步骤对数据进行处理。

二进制数据首先通过位-符号转换,将一个字节(byte)的信息转换为两个符

图 2.2　调制过程

号(symbol),即 4 位(bit)对应一个符号。之后再通过符号－码片(chip)转换,将符号数据映射为 32 位的伪随机序列。扩展后的数据称为码元数据。最后,用偏移四相相移键控方法将码元数据调制到载波上。

在数字信号的无线通信过程中,为了保证传输的数据安全可靠地到达接收端,往往需要对信号的频谱进行扩频。由于信息码的每一个数字都是携带了信息的,具有一定带宽。扩频通信就是用一串有规则的、频率比信息码流高很多的码流来调制信息码,也就是说,原来的“1”或“0”被一串码所代替。常用的扩频形式是用一个伪随机噪声(Pseudo random Noise,PN)序列对信号进行处理。一个伪随机噪声序列是一个有序的由 1 和 0 构成的二元码流,其中的 1 和 0 由于不承载信息,因此不称为位(bit)而称为码片(chip)。

相移键控(Phase-Shift Keying,PSK)是一种用载波信号相位表示输入信号信息的调制技术。移相键控分为绝对移相和相对移相两种。以未调载波的相位作为基准相位的调制叫做绝对移相。以二进制调相为例,调制后载波信号与未调载波信号同相,表示码元为“1”;调制后载波信号与未调载波信号反相,表示码元为“0”。即“1”和“0”调制后载波相位差为 180°。

正交相移键控(Quadrature Phase Shift Keying,QPSK)也叫做四相相移键控,四相相移调制是利用载波的四种不同相位差来表征输入的数字信息。四种载波相位分别为 45°、135°、225°、315°。调制器输入的数据是二进制数字序列,为了能和四进制的载波相位配合起来,需要把二进制数据变换为四进制数据,把二进制数字序列中每两个比特分成一组,共有四种组合,即 00、01、10、11,其中每一组称为双比特码元。每一个双比特码元由两位二进制信息比特组成,它们分别代表四进制四个符号中的一个符号。正交相移键控(QPSK)中每次调制可传输 2 个信息比特,这些信息比特是通过载波的四种相位来传递的。正交相移键控(QPSK)的调制可以用“星座图”来描述,星座图中定义了调制技术的两个基本参数:信号分布以及映射关系。解调器根据星座图及接收到的载波信号的相位来判断发送端发送的信息比特。

IEEE 802.15.4 协议标准采用的调制技术是偏移四相相移键控,是四相相移键控的改进型[9]。其与四相相移键控有同样的相位关系,也是把输入码流分成两路,然后进行正交调制。其不同点在于将同相和正交两支路的码流在时间上错开了半个码元周期。这样可以克服四相相移键控中的相位跳变,改善性能,因此目前被广泛采用。

2. 物理层的帧结构

图 2.3 描述了 IEEE 802.15.4 标准物理层数据帧格式,包括如下几个部分:

4 字节	1 字节	1 字节		变长
前导码	帧起始分隔符	帧长度(7 位)	保留位(1 位)	物理服务数据单元
同步头		物理帧头		物理帧负载

图 2.3 物理帧结构

(1) 前导码:由 4 个字节组成,收发器在接收前导码期间,进行片同步和符号同步。

(2) 帧起始分隔符(Start of Frame Delimiter,SFD):8 位,其值固定为 0xA7,表示物理帧的开始。其与前导码共同构成同步头,接收端通过同步头的同步,准确地接收信息。

(3) 帧长度(frame length):由 7 位二进制信息位表示,其值为物理帧负载的长度。另一位为保留位。

(4) 物理服务数据单元(PHY Service Data Unit,PSDU):传输的具体数据,长度随传输内容而改变。

2.3.2 介质访问层

在 OSI 七层协议中,数据链路层分为上层逻辑链路控制(Logical Link Control,LLC)和下层的介质访问控制,介质访问层主要负责连接物理层。在发送数据时,介质访问层协议事先判断是否可以发送数据,如果可以发送,就给数据加上控制信息,将数据以及控制信息以规定的格式发送到物理层;在接收数据时,介质访问层协议首先判断输入的信息是否发生传输错误,如果没有错误,则去掉控制信息发送至逻辑链路控制层[10]。

IEEE 802.15.4 的介质访问层主要负责对共享信道的访问控制和保证数据可靠收发。由于无线传感器网络的很多资源受到限制,使得传统的无线网络介质访问层协议无法直接应用,而无线信道的合理高效共享又是保证数据可靠传输所必须解决的问题。为此 IEEE 802.15.4 的介质访问层使用了带有冲突避免的载波侦听多路访问方法进行传输控制。这种方法要求介质访问层在发送数据前,必须对信道进行监听,以避免与正在发送的其他数据产生冲突。

除了上述两个主要功能外,IEEE 802.15.4 介质访问层还包括以下功能:

(1) 关联(association)和取消关联(disassociation):关联操作是指一个设备加入一个网络。取消关联操作指退出该网络。

(2) 安全控制。

(3) 产生信标帧(beacon)和确认帧(ACK)。

(4) 保障时槽(Guaranteed Time Slot,GTS)管理:保障时槽机制可以为有收发请求的设备分配时槽(Time Slot)。使用保障时槽机制需要设备间的时间同步,在IEEE 802.15.4中,时间同步需要通过超帧(Superframe)机制来实现。

IEEE802.15.4的拓扑结构主要采取两种形式:

(1) 星型结构:在星型结构的中心,有一个完整功能设备(Full Functional Device,FFD)作为网络协调器来连接其他的完整功能设备和精简功能设备(Reduced Function Device,RFD)。星型网络一般适用于覆盖范围较小且延时短的应用情况。在这种拓扑结构中,网络协调器将作为整个网络的管理者,对所有设备的通信过程进行控制。

(2) 点对点结构:点对点的结构允许设备间直接进行通信,且任何两个设备间可以有多条通信路径可供选择。这种结构一般适用于覆盖范围较大,且对网络延时没有严格要求的应用情况。

1. 超帧

无论采用哪种拓扑结构,对设备的区分都依靠两种地址形式。64位地址用于唯一地标识单一设备,16位地址则由网络协调器来进行分配,并仅限于网内使用。

在通信模式方面,对应不同的信道访问机制,IEEE 802.15.4定义了两种通信模式:信标使能(beacon-enabled mode)和信标不使能(non beacon-enabled mode)方式。

1) 信标不使能方式

非分时的CSMA/CA方式的整个传输过程依靠随机的延时重传机制(backoff)来避免信道争用。具体传输过程需要通过两个变量NB(Number of Backoff)和BE(Backoff Exponent)来实现。NB是重传的次数,在0到最大值NB_{max}之间取值,初始值为0。BE是重传指数,在最小值BE_{min}到最大值BE_{max}之间取值。在具体通信时,BE初始化为BE_{min},延时$2^{BE}-1$个单位的随机时间,之后对信道进行检测,如果信道空闲,则发送数据,传输完成;否则,重传次数NB和重传指数BE加1,并保证BE的取值小于或等于BE_{max},判断重传次数NB是否到达上限NB_{max},如果没有到达上限,延时$(2^{BE}-1)$个单位的随机时间后再检测信道;如果已经超过上限值,则传输失败。具体算法如图2.4所示。

2) 信标使能方式

在信标使能方式中,信道的访问控制必须由超帧来管理,如图2.5所示。超帧以网络协调器发送的信标帧作为起始标志,包括活跃时段和不活跃时段两部分。在不活跃时段允许节点进行休眠,以节省电能。活跃时段包括竞争访问时段(Contention Access Period,CAP)和非竞争访问时段(Contention Free Period,CFP)两部分。

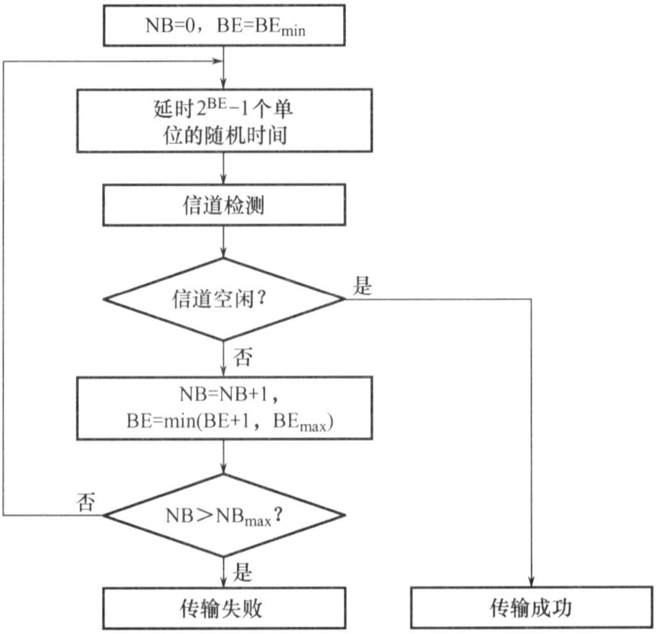

图 2.4 信标不使能方式下 CSMA/CA 算法

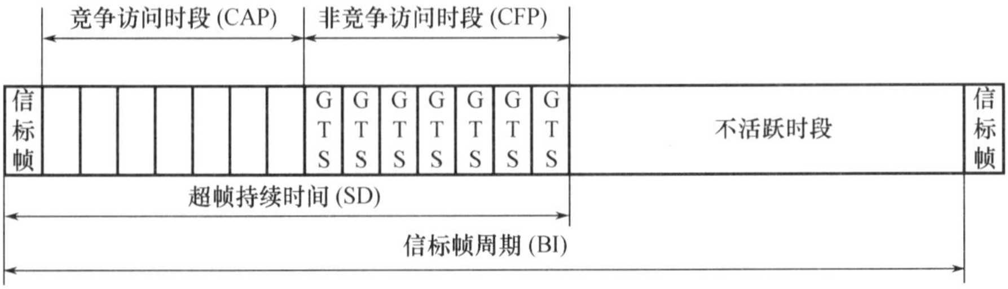

图 2.5 信标使能方式下 IEEE 802.15.4 超帧结构

超帧的活跃时段也称为超帧持续时间 SD,可以通过下式进行计算:

$$SD = 16 \times 60 \times 2^{SO} T_s \tag{2-1}$$

其中,参数 SO 称为超帧阶数(superframe order),其值为 0 ~ 14 的整数,T_s 为符号时间(symbol time)。以 2.4 GHz 频段为例,其符号速率为 62.5 k symbol/s,则符号时间为其倒数,即 16 μs。

两个相邻信标帧之间的间隔称为信标帧周期 BI,其长度可由下式计算:

$$BI = 16 \times 60 \times 2^{BO} T_s \tag{2-2}$$

其中,参数 BO 称为信标阶数(beacon order),其值为 0 ~ 14 的整数。显然,BO 的值应该大于等于 SO。

在超帧的非竞争访问时段，由网络协调器将时槽分配给需要的设备，因而不需要去竞争信道。而在竞争访问时段，则与信标不使能方式类似，采用带有冲突避免的载波侦听多路访问机制。与信标不使能方式不同的是，需要一个变量CW来记录和表示竞争窗口的尺寸，即当设备检测到信道空闲后，需要等待多长才能进行数据传输。CW的初始值为2。在每次检测到信道空闲后将CW递减1，判断CW是否为零，如果不为零则经过延时后再判断信道是否空闲，否则开始传送数据。具体算法如图2.6所示。

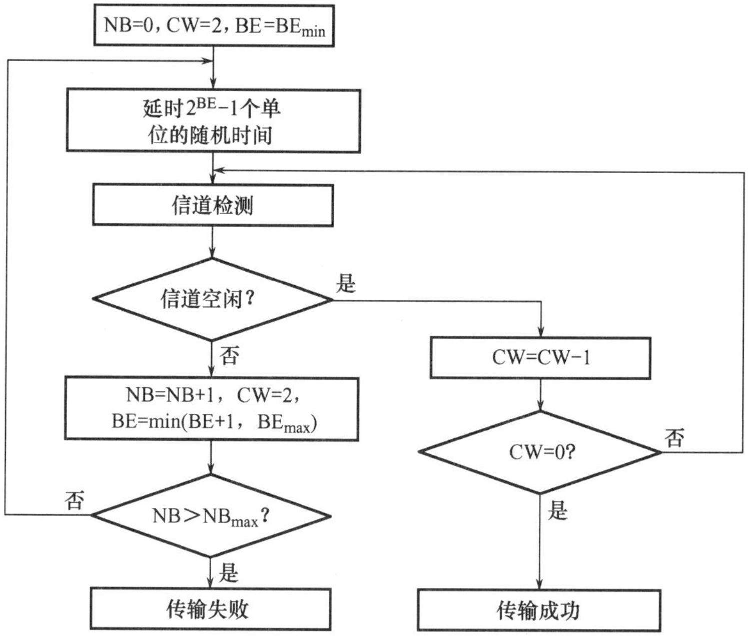

图2.6 信标使能方式下CSMA/CA算法

2. 介质访问层帧结构

IEEE 802.15.4的介质访问层有信标帧、数据帧、确认帧和命令帧四种帧结构，分别对应不同的功能。这些由介质访问层形成的信息帧将被填入物理帧的物理服务数据单元(PSDU)，由物理层负责发送。

介质访问层的帧由帧头、负载和帧尾三部分组成。帧头由帧控制信息、帧序列号和地址信息组成。介质访问层负载具有可变长度，具体内容由帧类型决定。帧尾是校验序列。

1) 信标帧(beacon frame)

信标帧的负载数据单元由超帧描述字段、保障时槽(GTS)分配字段、待转发数据目标地址(pending address)字段和信标帧负载等组成，如图2.7所示。

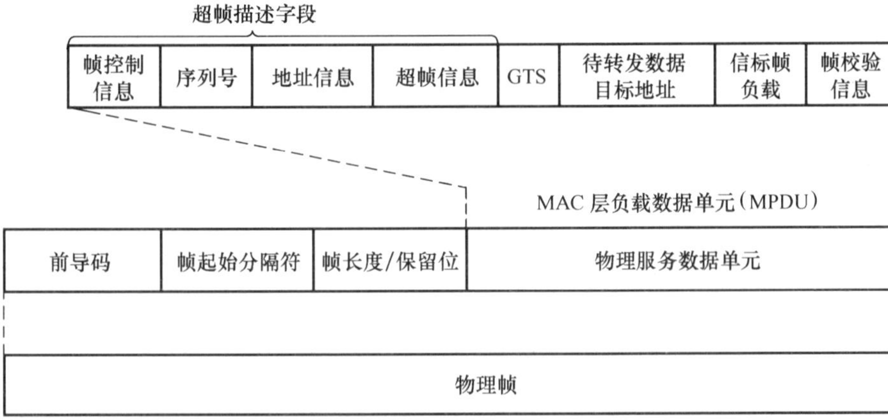

图 2.7 信标帧的格式

(1) 超帧描述字段:规定了超帧的持续时间、活跃部分持续时间以及竞争访问时段持续时间等信息。

(2) 保障时槽(GTS)分配字段:将无竞争时段划分为若干个保障时槽(GTS),并把每个保障时槽(GTS)具体分配给某个设备。

(3) 待转发数据目标地址:列出了与协调者保存的数据相对应的设备地址。一个设备如果发现自己的地址出现在待转发数据目标地址字段里,则意味着协调器存有属于它的数据,就会向协调器发出请求传送数据的介质访问层命令帧。

(4) 信标帧负载数据:为上层协议提供数据传输接口。例如在使用安全机制时,负载数据根据通信设备设定的安全通信协议填入相应的信息。通常情况下,这个字段可以忽略。

在信标不使能网络里,协调器在其他设备的请求下也会发送信标帧。此时信标帧的功能是辅助协调器向设备传输数据,整个帧只有待转发数据的目标地址字段有意义。

2) 数据帧(data frame)

数据帧用来传输上层协议发到介质访问层的数据,其中数据帧负载字段包含了上层需要传送的数据。数据负载传送至介质访问层时被称为介质访问层服务数据单元。它的首尾分别附加了介质访问层头信息(MAC Header,MHR)和介质访问层尾信息(MAC Footer,MFR)构成介质访问层帧,如图 2.8 所示。

介质访问层数据帧传送至物理层后就成为物理帧的负载(PSDU)。其前面增加了同步信息(Synchronization Header,SHR)和物理帧头(Physical Header,PHR)字段。同步信息包括用于同步的前导码和帧起始分隔符字段,它们都是固定值。物理帧头包括整个物理帧负载部分的长度,即介质访问层数据帧的长度,为 1 个字节长而且只有其中的 7 位是有效位,所以介质访问层数据帧的长度不会超过 127 个字节。

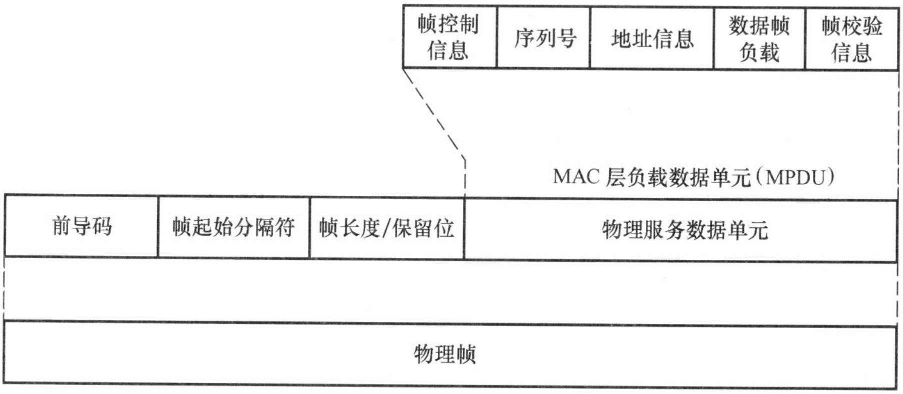

图 2.8　数据帧的格式

3) 确认帧(ACK frame)

如果节点设备收到的介质访问层数据帧或命令帧的目的地址与该设备地址相符,并且帧的控制信息字段的确认请求位为 1,该设备需要回应一个确认帧。确认帧的序列号应该与被确认帧(介质访问层数据帧或命令帧)的序列号相同,并且负载长度应为零。确认帧紧接着被确认帧发送,不需要使用 CSMA-CA 机制竞争信道,如图 2.9 所示。

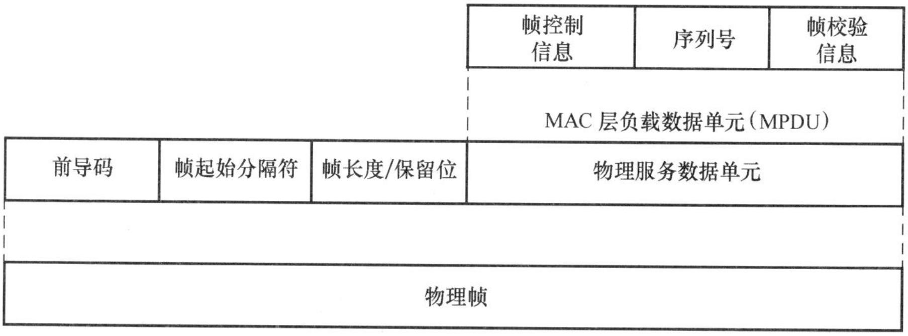

图 2.9　确认帧的格式

4) 命令帧(MAC command frame)

介质访问层命令帧用于组建网络,传输同步数据等。目前定义好的命令帧有九种类型,主要完成三方面的功能:把设备关联到网络,与协调器交换数据,分配保障时槽(GTS)。命令帧在格式上和其他类型的帧没有太大区别,只是帧控制字段的帧类型位有所不同。帧头的帧控制字段的帧类型为 011b(b 表示二进制数据),表示这是一个命令帧。命令帧的具体功能由帧的负载数据表示。负载数据是一个变长结构，所有命令帧负载的第 1 个字节是命令类型字节，后面的数据针对不同的命令类型有不同的含义，如图 2.10 所示。

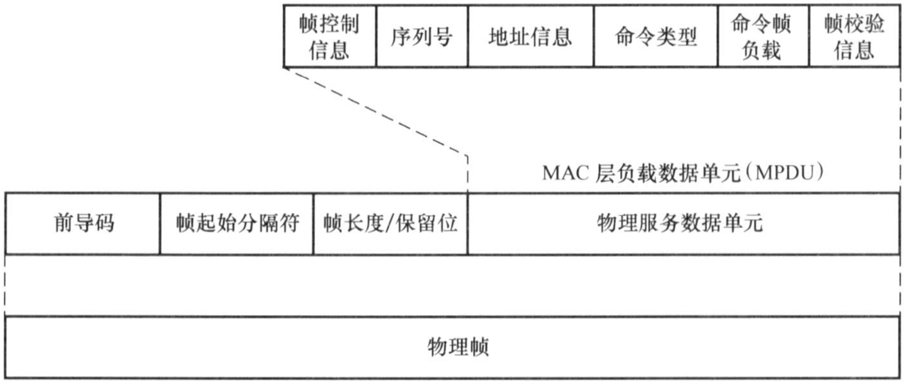

图 2.10　命令帧的结构

3. 数据传输模型

IEEE 802.15.4 定义了三种数据传输方式，用以处理不同的拓扑结构以及实现信标使能或信标不使能的通信模式。这三种数据传输方式是：设备发送数据给协调器，协调器发送数据给设备，对等设备之间的数据传输。星型拓扑网络中只存在前两种数据传输方式，因为数据只在协调器和设备之间交换；点对点拓扑网络中三种数据传输方式都存在。

1）信标使能的星型拓扑网络

（1）网络设备发送数据给网络协调器：首先必须监听信标帧。如果信标帧显示没有可用的保障时槽（GTS）可以分配给设备，网络设备将通过 CSMA/CA 方式在超帧的竞争访问时段（CAP）竞争时槽。如果有保障时槽（GTS）可以分配给该设备，则在分配的保障时槽（GTS）时段发送数据帧，网络协调器在接到网络设备发送的数据帧后返回确认帧。传输过程如图 2.11 所示。

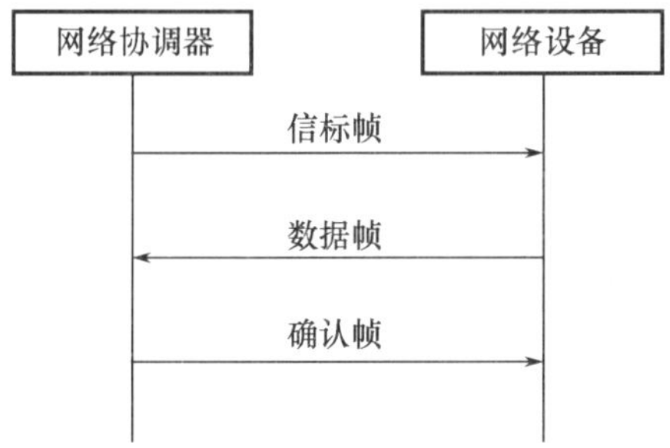

图 2.11　在信标使能网络中网络设备发送数据给协调器

(2) 网络协调器发送数据给网络设备:当协调器需要传送数据给某个网络设备时,便会在信标帧中设置一个特殊的标志位。当需要接收数据的网络设备监听到该信息后,便会发送给协调器数据请求信息作为回复。协调器接到回复后,发送确认帧确认通信,并紧跟着发送数据帧,最后网络设备接收完数据后发送确认帧。具体传输过程如图 2.12 所示。

2) 信标不使能的星型拓扑网络

(1) 网络设备到网络协调器:信标不使能方式下,网络设备向协调器发送数据可以采用 CAMS/CA 方式直接向协调器发送数据帧。协调器接收到数据帧后返回确认帧作为应答信号,如图 2.13 所示。

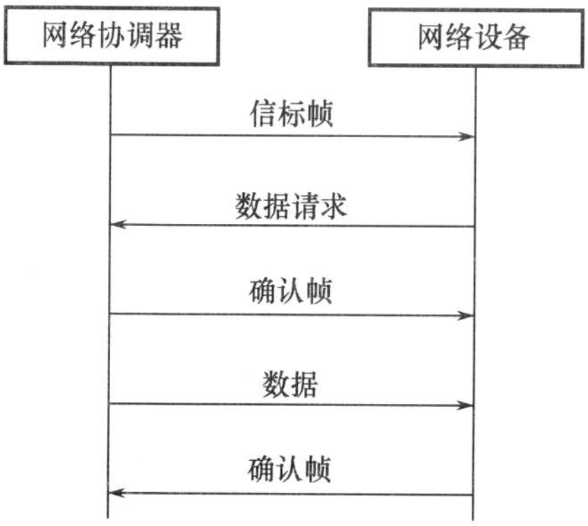

图 2.12 在信标使能网络中协调器发送数据给网络设备

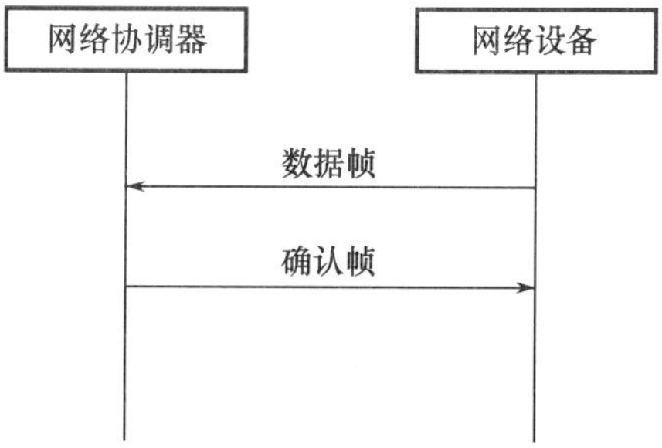

图 2.13 在信标不使能网络中网络设备发送数据给协调器

(2) 网络协调器到网络设备:如果网络协调器需要发送数据给网络设备,则协调器必须首先监听网络设备发出的数据请求信息。如果接收到的请求信息是数据传送的目标地址,协调器会发送确认帧通知相应的网络设备,之后才会发送数据帧给网络设备,网络设备接收了数据帧后可以返回确认帧。传输过程如图 2.14 所示。

3) 点对点型拓扑网络

点对点型的网络,网络设备之间可以直接通信。这种直接通信需要在网络设备处于接收状态,连续监听无线信道以便完成其数据通信过程。在点对点网络中,还需要网络设备发送联络信号,保持各个网络设备的同步。

4. 关联操作

当网络协调器建立了新的网络后,就可以允许其他网络设备加入该网络,这一过程称为关联操作(association)。

网络协调器在建立一个新的网络时,首先会对要使用的信道进行侦测,以确定没有干扰存在或未被其他网络占用。具体方法是由网络协调器对所有信道进行能量扫描,通过测量信道的峰值能量来判断该信道是否被占用[11]。

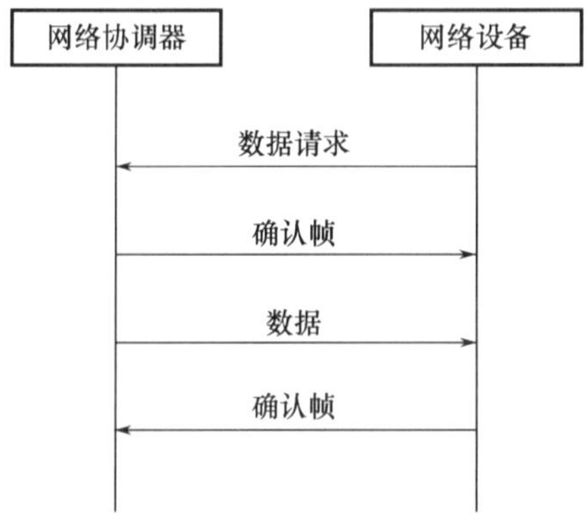

图 2.14 在信标不使能网络中协调器发送数据给网络设备

网络设备发现并加入一个新的网络可以通过下面的步骤来完成:

(1) 搜索可用的网络。

(2) 选择合适的网络。

(3) 启动关联操作,可以直接向协调器申请,也可以通过网络中的其他完整功能设备向协调器申请。

搜索网络可以通过扫描由网络协调器广播的信标帧,有以下两种扫描方式:

(1) 被动扫描:在信标使能网络中,相关网络设备之间的通信都需要使用信标帧,未加入网络的设备可以通过“窃听”网络的信标帧来获取该网络的信息。

(2) 主动扫描:在信标不使能的网络中,网络协调器不会广播信标帧,因此,未加入网络的设备可以通过发送信标请求命令帧来主动获取网络的信息。

通过对信道的扫描,网络设备可以获得可用网络的列表,并从中选择网络加入。IEEE 802.15.4 并未规定具体的选择标准,因此网络设备可以根据需要或用户的设置选择网络进行加入。

加入网络时,网络设备首先发送关联请求帧给要加入的网络的协调器,如果协调器回复了关联响应帧,则表示关联成功。

2.3.3 IEEE 802.15.4 标准的特点

应用 IEEE 802.15.4 协议标准的网络是一种结构简单、成本低廉的无线通信网络,可以在低电能和低吞吐量的应用环境中使用无线连接来组网。与无线局域网(WLAN)相比,只需很少的基础设施,甚至不需要基础设施就可以实现组网。

IEEE 802.15.4 标准定义的网络具有如下特点:

(1) 在不同的载波频率下实现 20 Kb/s,40 Kb/s 和 250 Kb/s 三种不同的传输速率。

(2) 支持星型和点对点型两种网络拓扑结构。

(3) 有 16 位和 64 位两种地址格式,其中 64 位地址是全球唯一的扩展地址。

(4) 支持冲突避免的载波多路侦听技术(CAMS/CA)。

(5) 支持确认(ACK)机制,保证传输可靠性。

小结

无线传感器网络的通信协议与传统的网络协议具有明显的区别,也不同于经典的无线通信协议。在无线传感器网络中,最突出的问题是节点自身资源的限制,包括计算、存储、功耗等方面。因此,能够实际应用的协议应该是简单、健壮和低功耗的。

思考题

1. 无线传感器网络的通信传输介质有哪些类型? 各有什么特点?

2. 无线通信为什么要进行调制和解调? 都有哪些方法?

3. 在设计无线传感器网络的物理层时,需要注意哪些问题?

4. 目前无线传感器网络通信采用的频段有哪些? 原因是什么?

5. 无线传感器网络的介质访问控制层协议中,固定分配类的协议有哪些? 各自特点是什么?

6. 无线传感器网络的介质访问控制层协议中,基于竞争类的协议有哪些? 各自特点是什么?

7. IEEE 802.15.4 标准的设计目标是什么?

8. IEEE 802.15.4 标准所定义的物理层采用的调制方式主要有哪几种? 具体特点是什么?

9. 简述 IEEE 802.15.4 标准物理帧的结构。

10. IEEE 802.15.4 标准介质访问子层的设计目标是什么?

11. IEEE 802.15.4 标准的拓扑结构主要采用哪两种形式? 各自特点是什么?

12. 在介质访问子层中,IEEE 802.15.4 标准定义了几种通信模式,相互之间的区别是什么?

13. IEEE 802.15.4 标准介质访问子层定义了几种帧结构,每种帧的具体结构是怎样的?

14. IEEE 802.15.4 标准具有哪些特点？

参考文献

[1] Akyildiz I F, Su W, Sankarasubramaniam Y, et al. Wireless sensor networks: a survey. Computer Networks, 2002, 38(4): 393-422

[2] Wong K D. Physical layer considerations for wireless sensor networks. Proceedings of IEEE International Conference on Networking Sensing and Control, 2004

[3] Zhong Ziguo, Hu Aiqun, Wang Dan. Physical layer design of wireless sensor network nodes. Journal of Southeast University (English Edition), 2006, 22(1): 21-25

[4] Costa F M, Ochiai H. Energy-Efficient Physical Layer Design for Wireless Sensor Network Links. Proceedings of IEEE International Conference on Communications, 2011

[5] Zhong L C, Rabaey J, Guo Chunlong, et al. Data link layer design for wireless sensor networks. Proceedings of IEEE International Conference on Military Communications, 2001.

[6] Zheng Rong, Sha Lui, Feng Wei. MAC layer support for group communication in wireless sensor networks. Proceedings of IEEE International Conference on Mobile Ad hoc and Sensor Systems, 2005

[7] Wang Jun, Yu Haibin, Shang Zhijun. Research on reliable link layer communication in wireless sensor-networks. Proceedings of International Conference on Communications, Circuits and Systems, 2005

[8] Mendes L D P. A survey on cross-layer solutions for wireless sensor networks. Journal of Network and Computer Applications, 2011, 34(2): 523-534

[9] Chiara B, Marco M, Roberto V, et al. Sensor Networks with IEEE 802.15.4 Systems. Springer, 2011

[10] Yu Q, Xing J, Zhou Y. Performance Research of the IEEE 802.15.4 Protocol in Wireless Sensor Networks. Proceedings of the 2nd IEEE/ASME International Conference on Mechatronic and Embedded Systems and Applications

[11] Shon T, Koo B, Choi H, Park Y. Security Architecture for IEEE 802.15.4-based Wireless Sensor Network. Proceedings of 4th International Symposium on Wireless Pervasive Computing, 2009

第 3 章　网络层及应用层协议——ZigBee

本章主要介绍网络层协议、应用层协议和 ZigeBee 协议。ZigBee 协议和 IEEE 802. 15. 4 标准描述的是同一类无线通信网络。IEEE 802. 15. 4 工作组成立于 2000 年 12 月，负责制定物理层和介质访问层标准；ZigBee 联盟成立于 2002 年 8 月，负责制定网络层和应用层的标准。

3. 1　网络层协议

网络层是开放式系统互联（OSI）模型中的第三层，介于传输层和数据链路层之间，负责在数据链路层提供的数据帧基础上进一步管理网络中的数据通信，设法将数据从源端经过若干中间节点传送到目的端，从而向传输层提供最基本的端到端的数据传送服务。

网络层主要负责按网络标准形式封装数据包。开放式系统互联模型的网络层协议包括网际协议（Internet Protocol，IP）、控制报文协议（Internet Control Message Protocol，ICMP）和 Internet 组管理协议（Internet Group Management Protocol，IGMP）。

3. 1. 1　无线传感器网络层协议

在无线传感器网络中，网络层的主要功能是形成路由并进行维护，主要包括两个基本功能：路由选择和数据转发。与无线局域网相比，不再以服务质量（Quality of Service，QoS）为主要性能指标，而是需要侧重如下问题[1]：

（1）能量：能量问题在无线传感器网络中的重要性，使得各层协议都将其列为重点解决的问题。

（2）可扩展性：能够适应由于拓扑变化产生的网络结构的变化。无线传感器网络的节点由于变化或布设等缘故，会对整个网络的拓扑结构产生影响。

（3）路由算法的快速收敛性：传感器节点的处理能力和存储能力都是十分有限的，不可能运行非常复杂的算法。

（4）容错机制：无线传感器网络的工作环境要求其具有一定的容错机制，可以应对各种应用环境中的不利因素。

(5) 应用相关:无线传感器网络具有非常强的应用相关性,不同应用背景下,对整个网络的要求会有比较大的差异,没有任何一种算法是可以适用于所用应用的,必须要有针对性地对传感器网络进行设计。

3.1.2 无线传感器网络路由协议

无线传感器网络路由协议的分类基本上延续了传统 Ad hoc 网络的分类方法。从路由发现策略的角度,可分为主动路由协议和被动路由协议;从网络管理的逻辑结构的角度,可分为平面路由协议和分层结构路由协议;从路由过程是否依靠节点位置信息,可分为一般路由协议和位置辅助路由协议[2]。

1. 平面路由协议

平面路由是指对于传感器网络的任何节点来说,它们都是相互平等的,在一个有限的区域内只有唯一的一个对内数据汇聚和对外的通信汇聚节点。平面路由网络结构如图 3.1 所示。

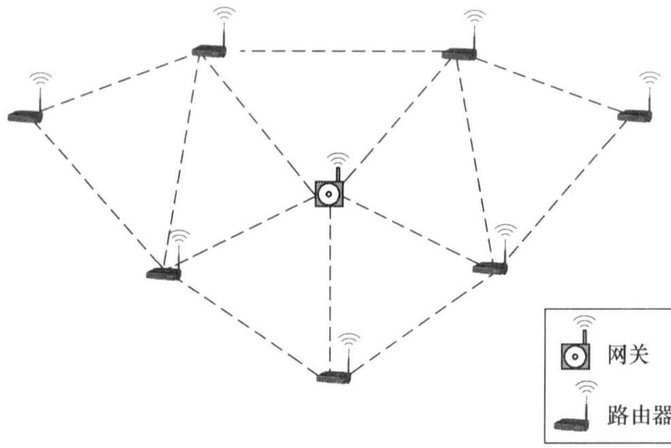

图 3.1 平面路由结构

在平面路由协议中,节点处于平等的地位,具有相同的功能和职责。节点间相互协作共同完成感知和数据传输任务。由于节点数量很多,不可能为每个节点分配地址,所以平面路由协议不是传统的以地址为中心的路由协议,而是以数据为中心的路由协议。通常的模式是由汇聚节点对网络发送查询信息,查询信息包括感兴趣的区域和感兴趣的数据。节点在接收到查询信息时按查询信息的要求发送数据。以数据为中心的路由协议有:洪泛(Flooding)、闲聊(Gossiping)、有序分配路由(Sequential Assignment Routing,SAR)、基于协商的传感器路由协议(Sensor Protocol for Information via Negotiation,SPIN)等。

(1) Flooding:Flooding 协议是最为经典和简单的网络路由协议,可以应用到小规模的无线传感器网络中。在该协议中,节点产生或者收到数据后会向所有的相邻节点广播,如此反复,直到数据包到达目的地或数据包过期才停止传播。

在 Flooding 协议中,由于某个节点产生或者收到数据包后会向所有相邻节点广播该信息,因此其有许多明显的缺点:各个网络节点会收到几乎相同的来自同一区域节点的数据包(交叠,Overlap);同时从自邻节点处收到几份相同的数据包(内爆,Implosion);在任何能量状态下各个节点都转发所收到的数据包(资源利用盲目)。此外,Flooding 协议在传输时能量消耗比较多,因此网络的生命周期一般很短,不适合在有较多节点的网络中使用。但是,该协议实现简单,不需要任何复杂的算法,也不需要消耗系统能量去维护路由信息,适用于健壮性较高的场合。

(2) Gossiping:为了解决 Flooding 协议的问题,赫德特涅米(S. Hedetniemi)等人提出了 Gossiping 协议,该协议中,中间节点不是向所有相邻节点广播信息,而是随机选择一个节点进行"闲聊",这样就大大地抑制了无用的重复广播信息。

(3) SAR:该路由协议充分考虑了功耗、QoS 和分组优先权等特殊要求,采用局部路径恢复和多路径备份,避免了节点失效时路由重新计算所消耗的开销。

SAR 是第一个在无线传感器网络中充分考虑 QoS 的主动路由协议。SAR 协议在创建生成树的过程中,以汇聚节点为树根,以汇聚节点的相邻节点为树干。为了在每个源节点和汇聚节点之间生成多条路径,需要维护多个树结构。该协议对节点的丢包率、时间延迟等 QoS 参数进行了充分的考虑,利用了网络数据传输的最大能力,从而在整个网络中建立了多条具有 QoS 参数的路径。节点发送数据时可以选择一条或多条路径进行传输,然后将采集到的数据传递给汇聚节点。使用 SAR 协议可以使大多数传感器节点同时属于多个树,从而提高传感器网络系统的鲁棒性。此外,SAR 路由协议不仅考虑了每条路径所消耗的能量大小,还考虑了待发送数据包的优先级以及端到端的延迟需求,降低了网络能耗。但是 SAR 协议中,大量冗余路由信息耗费了系统的存储资源,且路由信息维护、节点 QoS 参数与能耗信息的更新均需要较大的开销。

(4) SPIN 协议:第一个以数据为中心的自适应路由协议,通过使用节点之间的协商机制和资源自适应机制来解决 Flooding 协议中的"内爆"和"交叠"问题。

每个节点在传输或者接收数据之前,都需要采用资源自适应机制来检查各自的能量状况,如果自身处于低能量状态,则需要进行相应的中断操作,例如停止数据转发或充当路由器等。协商机制可以确保传输的数据为有效数据。网络节点间通过发送元数据(描述无线传感器节点采集的数据属性的数据),而不是发送采集的整个数据来进行协商。由于元数据远小于采集的数据,传输元数据时消耗的能量较少，只有节点提出相应的请求才有目的地发送数据。

SPIN 协议中包括三种基本的数据包类型：ADV、REQ 和 DATE。节点用 ADV 消息来广播，通知其他节点即将有数据要发送，用 REQ 消息来请求希望能够接收数据，用 DATE 消息对数据进行封装。SPIN 的协商过程采用图 3.2 所示的三次握手模式。无线传感器节点产生或者收到数据后，为了避免盲目的传播，在发送一个新的 DATE 数据包之前，节点首先用包含元数据的 ADV 消息向相邻节点通告[图 3.2(a)]。如果一个相邻节点收到 ADV 后愿意接收该 DATE 数据包，那么就向该节点发送 REQ 消息提出接收请求[图 3.2(b)]。接着该节点向其邻节点发送 DATE 数据包[图 3.2(c)]。收到 DATE 数据包后，该邻节点可将 DATE 数据包传送到网络中的其他节点，类似的操作一直进行下去[图 3.2(d)、(e)、(f)]，直到整个网络中需要该 DATE 数据包的节点都拥有数据包的副本为止。

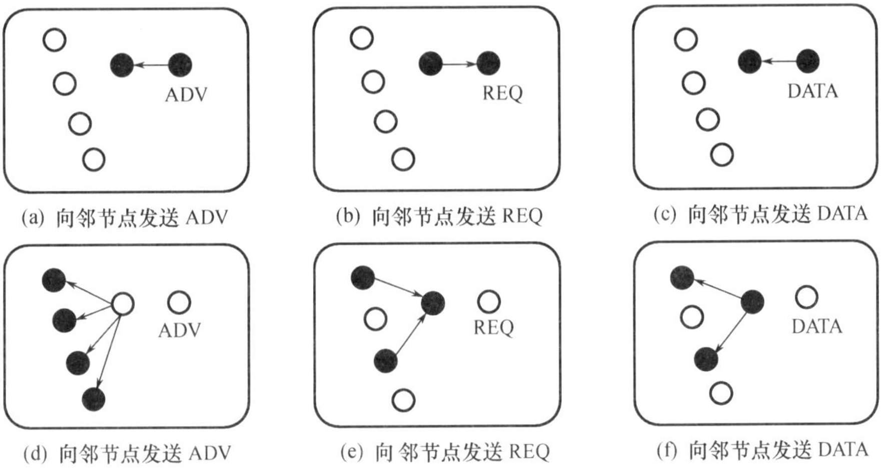

图 3.2 SPIN 协议的路由建立和数据传输

SPIN 协议中包含以下四种不同的通信模式：

(1) SPIN-PP：采用的通信模式为点到点的形式，并假定两个节点之间的通信过程不受其他节点的干扰，通信功率没有任何限制，分组数据不会丢失。

(2) SPIN-EC：在 SPIN-PP 的基础上考虑了传感器节点的能量消耗问题，只有那些能够完成所有任务并且剩余能量不低于设定值的节点才可以进行数据交换过程。

(3) SPIN-BC：设计了广播信道，如果传感器节点在有效的半径内，所有的节点即可同时完成数据交换的工作。

(4) SPIN-RL：在无线数据的传输链路中往往会出现分组差错与丢失，该模式主要研究如何对其进行恢复，是对 SPIN-BC 模式的完善和改进，在网络规模较大的情况下效率较高。

可扩展性。然而,LEACH 协议也有它自身的不足,该协议既没有保证系统中簇头的定位,也没有保证系统中簇头的数量。虽然采用一跳通信使网络传输延迟变小,但要求节点具有较大功率的通信能力,扩展性差,只适应用于较小规模的网络中。另外,重建簇的及时性和必要性没有相应的机制来保障,所有节点以相同的概率成为簇头缺乏对节点能量特性的考虑,而且频繁进行簇头选举而引发的通信业务量也耗费了网络系统能量。

(2) TEEN:层次路由协议利用过滤方式来减少数据传输量。该协议采用与 LEACH 协议相同的聚簇方式,但簇头根据与汇聚节点距离的不同来形成层次结构,如图 3.5 所示。聚簇完成后,汇聚节点通过簇头向全网络的节点广播门限值来过滤数据发送过程。但由于门限的设置阻止了某些数据的及时上报,在需要周期性上报数据的应用场合中不适合。

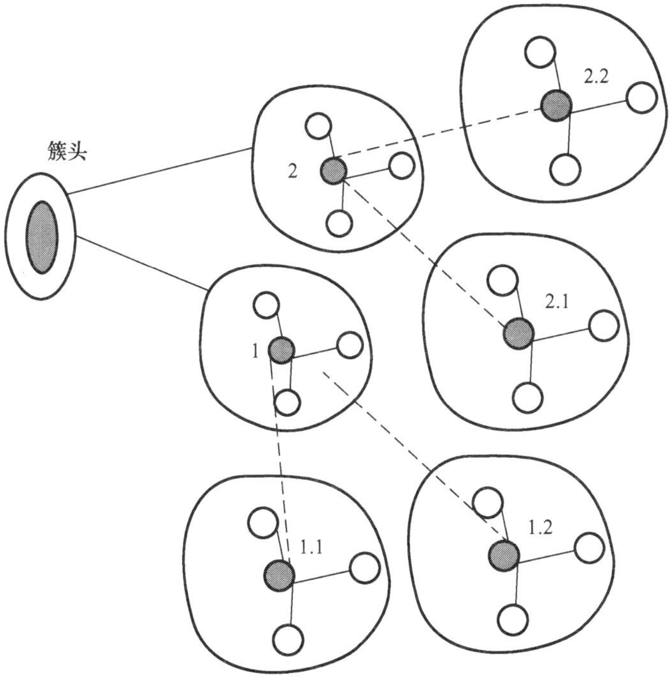

图 3.5 TEEN 协议中由聚簇构成的层次结构

每当改变簇头后,簇头除了发送自己的相关属性外,还会广播其他两个成员参数:软门限和硬门限。两个门限用来决定是否发送监测数据,其中硬门限负责监控被监测值的绝对值大小;软门限负责监控被监测值的变化幅度大小。当节点的监测值超出硬门限的设定值时,节点必须将数据发送给聚类节点。当设定的硬门限第一次小于监测的值时,节点将新的硬门限取为监测值,并在下一个时间间隔内发送新的硬门限。在剩余过程中,软门限所设定的阈值如果小于数据的变化幅度,则节点传送最新采集的数据,并将新的硬门限设定为最新采集的数据值。

在 TEEN 协议中,通过合理地设置软门限和硬门限,仅仅传输用户感兴趣的信息,可以有效地降低系统的通信流量,从而降低系统的功耗。仿真研究表明,TEEN 协议比 LEACH 协议更有效。但是,由于该协议引入了硬门限值,因此当收集的数据小于设定的值时,节点不发送数据。此外 TEEN 协议中还引入了软门限值,因此对变化幅度不大的感应数据不能及时响应,从而在一定程度上限制了该协议的实际应用。同时,与 LEACH 协议相同,该协议实现的前提条件是网络中所有的节点都能够与汇聚节点直接建立通信,因而仅适合于小规模无线传感器网络的应用。

(3) PEGASIS:该协议采用 LEACH 协议选举簇头的方法,但网络中所有的节点仅仅形成一条“链”,以减少通信的数据开销。该协议中的节点利用贪心算法寻找相邻节点,如此反复集合成链,并且网络中的节点互相知道对方的位置。

PEGASIS 协议由 LEACH 协议发展而来,其主要思想是:各个节点在数据传输之前发送测试信号,通过测试信号的反馈检测来发现自己的一跳相邻节点,将该相邻节点作为自身的下一跳节点。以这种方式不断地遍历网络中的所有节点。发送数据时各个节点都以最小功率发送,节点间可以通过数据融合操作来减少数据流量,并且簇头由各个节点轮流担当,使得无线传感器网络的能量消耗可以均衡地分布。

PEGASIS 协议的实现可分为成链过程和数据传输过程。

(1) 成链过程:该过程采用贪心算法,从远离基站的节点开始,网络中的各个节点(链成员节点不参加新的成链过程)寻找离自己最近的一跳相邻节点。如此反复寻找,直至最后生成一条完整的节点链(如图 3.6 所示),每个链上的相邻节点之间才可以进行数据传输,这样就使得数据传输的距离大大减小。

(2) 数据传输过程:网络中的各个节点都知道传输链中自身的位置,从链的两头开始进行数据传输,各轮传输中都会选举出一个簇头节点,簇头将各个节点的数据进行收集,经过一定的数据融合处理后传输给汇聚节点。一般采用令牌控制的方式在各个节点之间传输数据,如图 3.7 所示。由簇头 C3 控制令牌,每轮开始时,由簇头将令牌传到端节点 C1 和 C5,由端节点开始。各个节点沿着链传输数据和令牌,得到令牌的节点将数据传送到下一个相邻节点。当数据收集完毕,令牌回到簇头。簇头将从 C2 和 C4 获得的数据进行数据融合,并最终将数据传给基站,到此完成

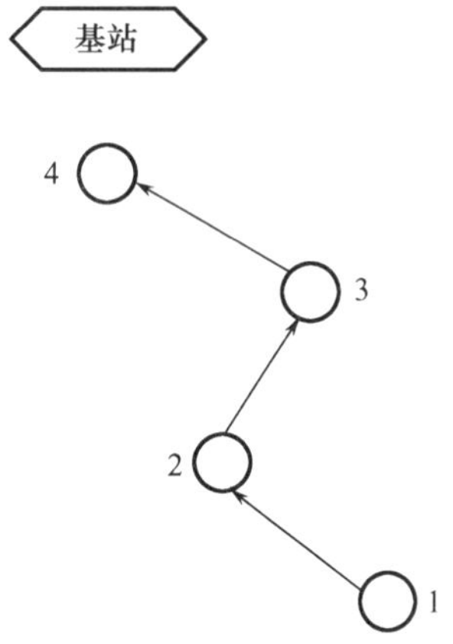

图 3.6 采用贪心算法成链

一轮的数据收集。

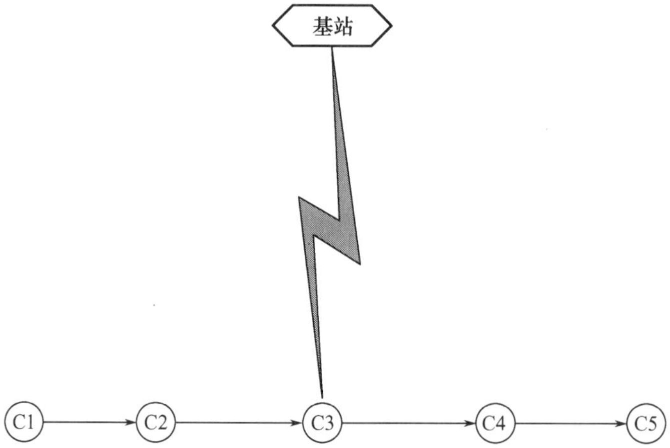

图3.7 数据传输控制

PEGASIS协议避免了LEACH协议频繁选举簇头带来的通信开销，通过形成传输链的方式将数据聚合，极大地减少了数据传输次数和网络通信量。传感器节点采用小功率与最近距离的邻节点通信，形成多跳通信方式，有效地利用了能量，与LEACH协议相比能大幅度提高网络生存周期。但单簇头选举方法使得簇头的选举成为关键点，选举任务的失效会导致整个网络系统的路由失败。而且，该协议要求节点都具有与汇聚节点通信的能力，增加了系统硬件成本。在PEGASIS协议中，如果链过长，数据传输的时延会增大，不适合实时应用。而且成链算法要求节点知道其他节点的位置，开销也会非常大。

3. 基于查询的路由协议

这类路由协议以特定的查询命令为任务，由汇聚节点发出命令，传感器节点按照要求将采集到的相关数据报告给汇聚节点。主要包括定向扩散(Directed Diffusion，DD)和谣传路由(Rumor Route，RR)。

(1) DD协议是一个重要的以数据为中心、面向应用和查询驱动的路由协议。DD协议引入了网络“梯度”概念，其值越大，表明网络中节点对符合请求条件的数据近似的程度越高，并将其与局部协议相结合，应用于无线传感器网络的路由通信过程中。DD协议是通过汇聚节点发起建立路由的。为了建立路由路径，汇聚节点以洪泛方式发送包含地理区域、持续时间、上报间隔、属性列表等信息的查询请求。沿途各个节点按照网络的需求对该查询信息进行合并和缓存，然后根据该查询信息创建和计算包含数据下一跳、上报率等信息的梯度，以此创建指向汇聚节点的多条路由路径。节点按照需求开始监测任务，上报周期性的数据，必要时可进行数据融合和缓存。在数据传输过程中，汇聚节点可以在某条路径上发送更大或更小的上报间隔查询信息,以减弱或加强网络中数据传输的上报率。

在 DD 协议中,需要用一组属性来命名网络中的数据,网络基于这些数据来通信。其数据传送模式是基于查询的驱动数据模式,新的定向扩散过程在汇聚节点发出事件查询命令时开始,包括查询扩散、梯度场建立和数据传送三个阶段,工作原理如图 3.8 所示。

用命名机制描述的任务就构成了一个查询,查询首先由汇聚节点产生,然后按照一定的传输速率扩散到网络中的每个节点。每个节点有一个查询缓存,缓存中的每项对应不同的查询。当一个节点接收到一个查询时,首先在缓存中检查是否存在相同的查询。如果没有相同的查询,则根据收到的查询信息建立一个查询;如果有相同的查询,则只需简单地进行时间信息和持续字段的更新。

为了可靠地传递数据,DD 协议的主要任务是在汇聚节点和传感器节点之间创建梯度。在查询扩散的阶段中,查询缓存包含的信息中有一个指向查询来源的梯度。

某个传感器节点在接收到查询信息后,便开始收集数据。然后在缓存中搜索查询信息,如果没有匹配的信息,则数据被丢弃;如果有匹配的查询信息,则查找最近是否在数据缓存中收到相同的数据,如果不存在相同的数据,就把该数据加入数据缓存中,否则就再次丢弃该数据。网络中的各个节点还可以通过检查数据缓存的方法来决定再次发送数据的传输速率的大小。如果节点刚接收到的数据传输速率小于其所有相邻节点的梯度值,那么该节点允许以原速率继续发送接收到的数据。如果数据传输速率大于其所有相邻节点的梯度值,则该节点就减小对其相邻节点的数据发送的速率。

DD 协议的主要特点是无线传感器节点使用特定的属性值来标识,数据包的传输路径由节点同其相邻节点的交互决定,同时引入梯度变量的概念来处理对无线传感器网络的查询。DD 协议采用多路径,健壮性好,采用相邻节点间通信的方式来避免维护全局网络拓扑结构;通过查询驱动数据传送模式和局部数据融合而减少网络数据流。但是,DD 协议属于基于查询驱动的数据传输模型,因此不能工作在需要持续传送数据流给汇聚节点的应用中,数据命名也只能针对特定的应用预先定义。初始查询和匹配过程的开销大,各个节点都要维持和更新其他节点的属性值,因此当节点数目增加时,数据融合过程中采用的时间同步机制也会带来较大的开销和时延。

(2) RR 协议适用于数据传输量较小的无线传感器网络。RR 通过使用单播随机转发机制来克服 Flooding 方式带来的大量数据开销。其基本思想是在网络中形成两条路径,即由事件区向网外传播的事件路径和由汇聚节点向网内传播的查询路径。两条路径都采用随机方式扩散,当两条路径相交时,就产生了一条由事件区域到汇聚节点的完整路径。

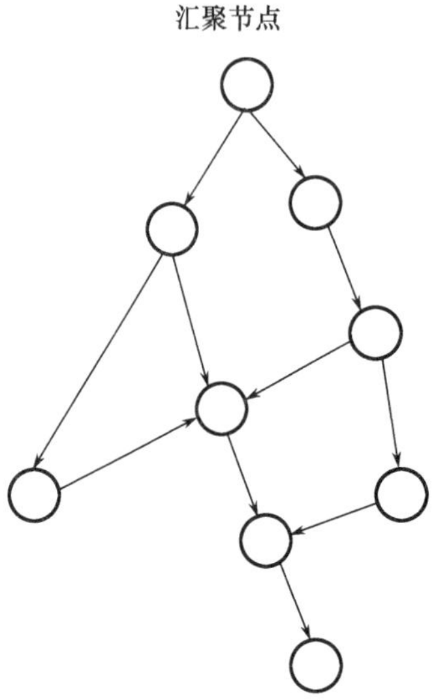

(a) 请求扩散

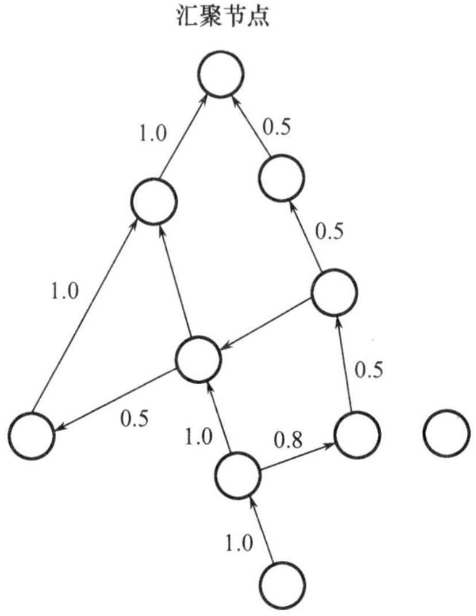

(b) 梯度场建立

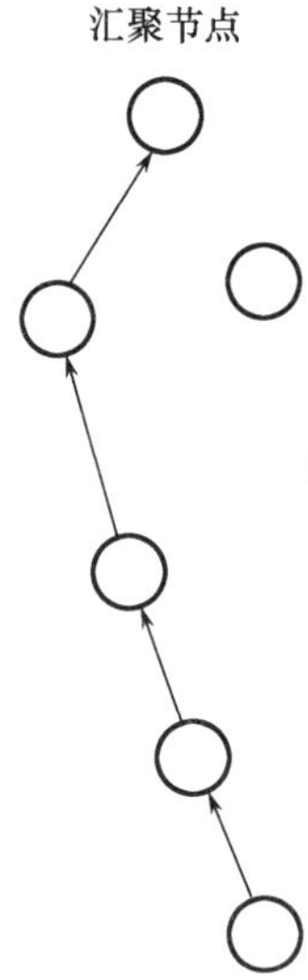

(c) 数据传送

图 3. 8 DD 协议的路由建立

RR 的优点是避免了大量的数据传输开销;缺点是由于采用随机方式产生路由,得到的传输路径无法保证最优性。

4. 基于位置的路由协议

基于位置的路由协议以地理位置作为选择路由的依据,将信息发布到指定的区域,以此来减少数据传输的开销。

(1) 地理和能量感知(Geographical and Energy Aware Routing,GEAR)协议:该协议利用每个节点的剩余能量信息和地理位置信息作为选择路径的依据向感兴趣的目标区域传送数据。GEAR 协议是在 DD 协议的基础上提出的,但 GEAR 协议只向某个特定区域发送数据而不是像 DD 协议那样发布到整个网络,因此 GEAR 协议相比 DD 协议更加节省能量。

GEAR 协议使用估计代价(estimate cost)和学习代价(learned cost)来表示路径的代价。估计代价由节点剩余能量与到目的节点距离相结合计算得出;学习代价则是对描述网络中环绕在洞(hole,亦称空洞)周围路由的估计代价的改进。

洞是指某个节点的周围所有的邻节点都比该节点自身到目标区域的路径代价更大。克服空洞现象的方法是选取邻节点中代价最小的节点作为下一跳节点。

GEAR 协议包含两个阶段:

① 向目标区域传递数据包:当节点收到数据包时,首先要检查是否有邻居节点比它更接近目标区域。如果有,则选择距离目标区域最近的节点作为数据传递的下一跳节点。如果相对该节点来说,所有邻居都比它更远离目标区域,这就意味着该节点存在洞现象。在这种情况下,利用学习代价函数选择其中的一个邻居节点来传递数据。

② 传递已在目标区域内的数据包:如果数据包已经到达目标区域,可以利用递归的地理传递方式和受限的 Flooding 方式发布该数据。当传感器节点的分布不太紧密时,受限的 Flooding 方式是比较好的选择。而在高密度的无线传感器网络内,递归的地理传递方式相对受限的 Flooding 方式更加节能。在这种情况下,目标区域被划分为 4 个子区域。数据包也相应地被复制了 4 次,这种分割和数据传递过程不断重复。直到区域内只剩下 1 个节点为止。

(2) 图嵌入(Graph Embedding,GEM)协议:GEM 路由是一种适用于数据中心存储方式的地理路由协议。GEM 路由的基本思想是建立虚拟坐标系统,以表示实际的网络拓扑结构。网络中的节点形成了一个以汇聚节点为根的带环树,每个节点用到树根的跳数距离和角度来表示,节点之间的数据路由通过这个带环树实现。

(3) 最小能量通信网络(Minimum Energy Communication Network,MECN)协议:基于节点定位的路由协议。其基本思想是利用低功率的 GPS,通过构建具有最小能量的子网来降低传输数据所消耗的能量。协议为每个节点定义了一个中继区域,中继区域由一系列节点构成。传感器通过中继区域将数据转发给汇聚节点,比自己直接发送给汇聚节点更节省能量,各个节点的能量消耗更平均。中继区域可以通过局部查找算法确定。MECN 协议适用于网络动态变化小的场合。

MECN 协议的运行分两个阶段完成。

① 获取二维平面的位置信息，并构建包含所有发送节点外围的外围图。外围图的构建由节点内部的本地计算来完成。

② 在外围图中搜索最优路径，搜索过程采用以能量消耗作为代价度量的分布式 Bellman-Ford 最短路径算法来实现。

MECN 协议具有自动重配置的特点，因此可以动态地适应节点的失效和网络的分布。该协议假定网络内每两个节点都可以直接通信，即网络是充分连通的，这在实际环境中很难做到。MECN 协议最初是为无线 Ad hoc 网络设计的，也可用于无线传感器网络。

(4) 贪心法周边无状态路由(Greedy Perimeter Stateless Routing，GPSR)协议：一种典型的基于位置的路由协议。其前提是网络节点都知道自己的地理位置并被统一编址，各节点利用贪心算法尽量沿直线转发数据。

GPSR 路由算法是使用地理位置信息实现路由的一种算法，使用贪心算法来建立路由。当节点 A 需要向节点 B 转发数据分组时，首先在自己的邻节点中选择一个距节点 B 最近的节点作为数据分组的下一跳，然后将数据传送给这个邻节点，并一直重复该过程，直到数据到达目的节点 B。

产生或收到数据的节点向最靠近目的节点的邻节点转发数据，但与 GEAR 类似，数据会到达空洞(节点的周围没有比该节点更接近目的点的邻节点)，导致数据无法传输。当出现这种情况时，空洞周围的节点能够探测并利用右手法则沿空洞周围传输来解决此问题。该协议避免了在节点中建立、维护、存储路由表，只依赖直接邻节点进行路由选择。使用接近于最短欧氏距离的路由算法，数据传输时延小，并能保证只要网络连通性不被破坏，便能发现可达路由。但是，当网络中汇聚节点和源节点分别集中在两个区域时，由于通信量不平衡，易导致部分节点会先于其他节点失效，从而破坏网络连通性。

(5) 临时数据块流(Temporary Block Flow，TBF)协议：TBF 协议在数据包头中指定一条传输轨道，节点利用贪心算法，根据该轨道的参数以及邻节点的位置，选取最接近轨道的邻节点作为下一跳节点。

该协议利用与 GPRS 协议类似的方法避开空洞现象。通过指定不同的轨道参数，实现多路径传播、广播，以及对特定区域的广播和多播。允许网络拓扑变化，避免传统源站路由协议的缺点。其缺点主要是：随着网络规模变大，路径加长，沿途节点进行计算的开销也相应增加，而且需要 GPS 定位系统或其他定位方法协助计算节点位置信息。

3.2 应用层协议

应用层也称为应用实体，由若干个特定应用服务元素和公用应用服务元素组成。每个应用服务元素提供特定的应用服务，例如文件运输访问和管理、电子文电处理、虚拟终端协议等。公用应用服务元素提供公用的应用服务，例如联系控制服务元素、可靠传输服务元素、远程操作服务元素等[3]。

在无线传感器网络中，对应用层的研究较少。目前主要集中在传感器数据的管理查询方面。

3.2.1 传感器管理协议

无线传感器网络可以运用在许多不同的领域，应用层的管理协议能使无线传感器网络的应用更加方便地使用低层的硬件和软件，对于传感器网络管理应用来说，这些低层的协议应当是透明的。

系统管理员通过传感器管理协议（Sensor Management Protocol，SMP）和传感器网络进行通信。传感器网络和其他一般的网络不同，这是由于传感器网络是由节点组成的，且这些节点没有全局统一的标识号（ID）。因此，SMP 要访问节点，就必须运用基于定位寻址的方式。

3.2.2 任务分配和数据广播管理协议

从用户的角度，整个传感器网络看起来像一个数据库，可以从里面查询需要的信息。关键问题是如何按照一定的属性查询信息，包括查询数据的组成形式、查询数据的路由选择等。合理地选择查询属性和路由可以有效地节省能量。除了查询以外，另一个方向是有效数据的广播，如何使有效的信息快速准确地传播到需要使用这些信息的节点处，同时又不造成广播泛滥，节省能量也是重要的问题。

传感器网络的一个重要运行方式就是“兴趣”分发机制。用户发送他们所感兴趣的内容给传感器节点、子集节点、或整个传感器网络。用户所感兴趣的内容包括整个环境的某一特定属性或者某一触发事件。另外一种方法是节点把所获取到的数据以简要的、广播的方式发送给用户，用户使用询问机制，选择感兴趣的数据。应用层协议用软件的形式，以有效的界面为用户提供所感兴趣的消息，这对低层操作很有用。

3.2.3 传感器查询和数据传播管理协议

传感器查询和数据传播管理协议把查询结果通过界面的形式提供给用户。这些查询结果通常不只是某些特定节点发出的，而是基于某些属性或位置。例如，温度超过 60 ℃ 的节点所在位置，就是基于属性进行寻址的查询。类似地，“获取区域 A 的温度”就是基于位置的查询。当然，对于每一个不同的传感器应用领域，传感器查询和数据传播管理协议也是不同的。

3.3　无线传感器网络拓扑结构

无线传感器网络的网络拓扑结构是组织无线传感器节点的组网技术，有多种形态和组网方式。按照其组网形态和方式来看，有集中式、分布式和混合式。无线传感器网络的集中式结构类似移动通信的蜂窝结构，集中管理；无线传感器网络的分布式结构，类似 Ad hoc 网络结构，可自组织网络接入连接，分布管理；无线传感器网络的混合式结构是集中式和分布式结构的组合。无线传感器网络的网状式结构，类似 Mesh 网络结构，网状分布连接和管理。如果按照节点功能及结构层次来看，无线传感器网络通常可分为平面网络结构、分级网络结构、混合网络结构以及 Mesh 网络结构。无线传感器节点经多跳转发，通过基站或汇聚节点或网关接入网络，在网络的任务管理节点对感应信息进行管理、分类和处理，再把感应信息送给应用用户使用。研究和开发有效、实用的无线传感器网络结构，对构建高性能的无线传感器网络十分重要，因为网络的拓扑结构严重制约无线传感器网络通信协议（如介质访问控制协议和路由协议）设计的复杂度和性能的发挥。下面根据节点功能及结构层次分别加以介绍。

3.3.1　平面网络结构

平面网络结构是无线传感器网络中最简单的一种拓扑结构，如图 3.9 所示，所有节点为对等结构，具有完全一致的功能特性，也就是说每个节点均包含相同的介质访问控制、路由、管理和安全等协议。这种网络拓扑结构简单，易维护，具有较好的健壮性，事实上就是一种 Ad hoc 网络结构形式。由于没有中心管理节点，故采用自组织协同算法形成网络，其组网算法比较复杂。

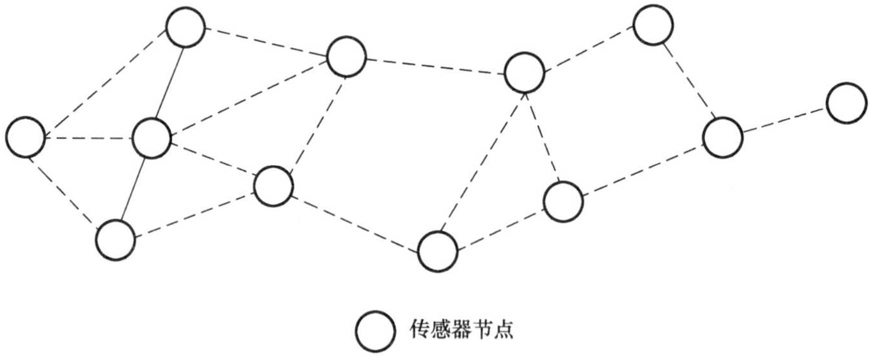

图 3.9　无线传感器网络平面网络结构

3.3.2 层次网络结构

层次网络结构是无线传感器网络中平面网络结构的一种扩展拓扑结构，如图 3.10 所示。网络分为上层和下层两个部分：上层为中心骨干节点；下层为一般传感器节点。通常网络可能存在一个或多个骨干节点，骨干节点之间或一般传感器节点之间采用的是平面网络结构。具有汇聚功能的骨干节点和一般传感器节点之间采用的是分级网络结构。所有骨干节点为对等结构。骨干节点和一般传感器节点有不同的功能特性，也就是说每个骨干节点均包含相同的介质访问控制、路由、管理和安全等功能协议，而一般传感器节点可能没有路由、管理及汇聚处理等功能。这种分级网络通常以簇的形式存在，按功能分为簇头节点和成员节点。这种网络拓扑结构扩展性好，便于集中管理，可以降低系统建设成本，提高网络覆盖率和可靠性，但是集中管理开销大，硬件成本高，一般传感器节点之间可能不能直接通信。

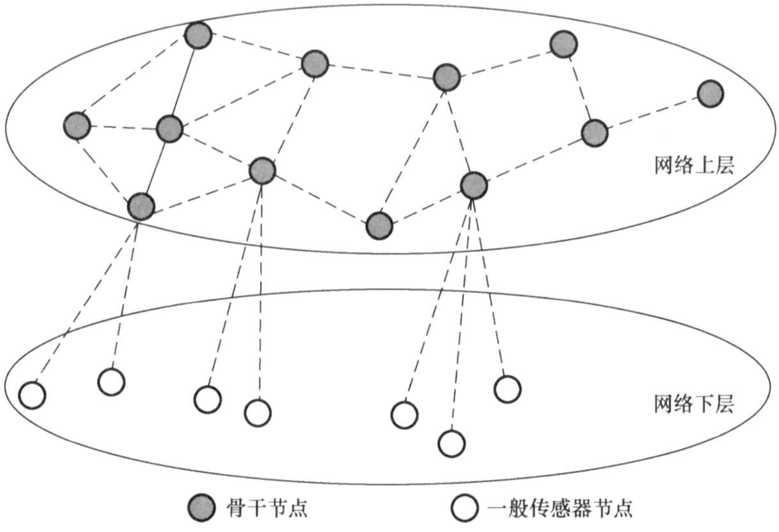

图 3.10 无线传感器网络层次网络结构

3.3.3 混合网络结构

无线传感器网络混合网络结构是无线传感器网络中平面网络结构和层次网络结构的一种混合拓扑结构，如图 3.11 所示。

网络骨干节点之间及一般传感器节点之间采用平面网络结构，网络骨干节点和一般传感器节点之间采用分级网络结构。这种网络拓扑结构和分级网络结构不同的是一般传感器节点之间可以直接通信，不需要通过骨干节点来转发数据。这种结构同分级网络结构相比较,支持的功能更加强大,但所需硬件成本更高。

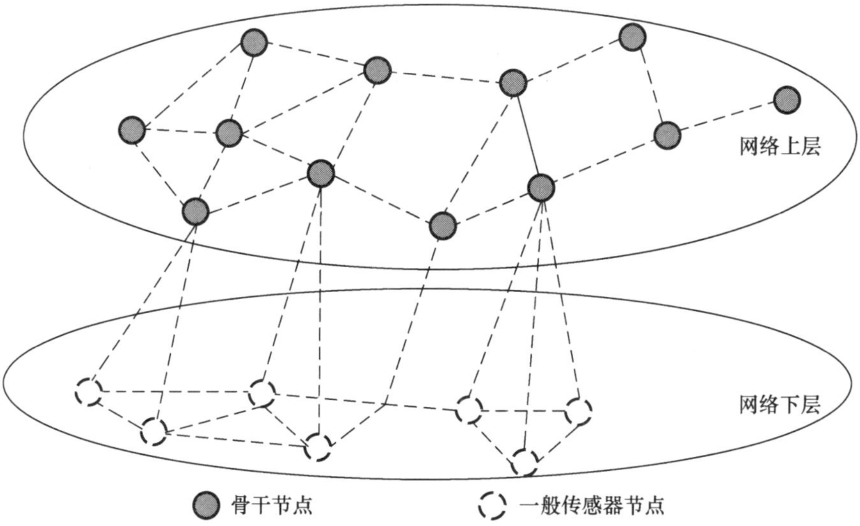

图 3.11　无线传感器网络混合网络结构

3.3.4　Mesh 网络结构

Mesh 网络结构是一种新型的无线传感器网络结构,较前面的传统无线网络拓扑结构具有一些结构和技术上的不同。从结构来看,Mesh 网络是规则分布的网络,不同于完全连接的网络结构(如图 3.12 所示),通常只允许与节点最近的邻节点通信。网络内部的节点一般都是相同的,因此 Mesh 网络也称为对等网。如图 3.13 所示。

Mesh 网络是构建大规模无线传感器网络的一个很好的结构模型,特别是那些分布在同一地理区域的传感器网络,如人员或车辆安全监控系统。尽管这里反映通信拓扑的是规则结构,然而节点实际的地理分布不必是规则的 Mesh 结构形态。

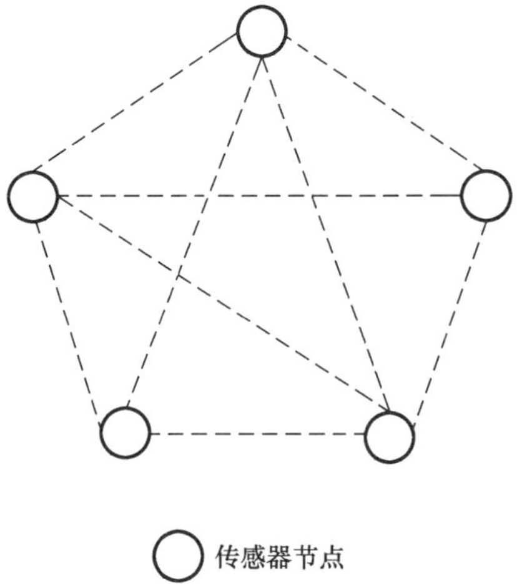

图 3.12　完全连接的网络结构

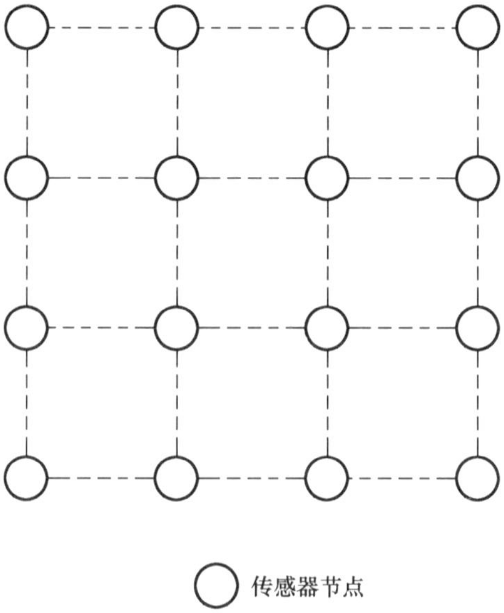

图 3.13 无线传感器网络 Mesh 网络结构

由于通常 Mesh 网络结构节点之间存在多条路由路径,网络对于单点或单个链路故障具有较强的容错能力和鲁棒性。Mesh 网络结构最大的优点就是尽管所有节点都有对等的地位,且具有相同的计算和通信传输功能,但可指定某个节点为簇头节点,而且可执行额外的功能。一旦簇头节点失效,另外一个节点可以立刻补充并接管原簇头所执行的额外功能。

不同的网络结构对路由和介质访问控制的性能影响较大。例如,一个 $n \times m$ 的二维 Mesh 网络结构的无线传感器网络拥有 $n \times m$ 条连接链路,每个源节点到目的节点都有多条连接路径。对于完全连通的分布式网络,其路由表随着节点数增加而成指数增加,且路由设计复杂度是个 NP 完全问题。通过限制允许通信的邻居节点数目和通信路径,可以获得一个具有多项式复杂度的再生流拓扑结构,基于这种结构的流线型协议本质上就是分级的网络结构。采用分级网络结构技术可使 Mesh 网络路由设计简化,由于一些数据处理可以在每个分级的层次内完成,因而比较适合于无线传感器网络的分布式信号处理和决策。

3.4 能量控制

大部分传感器网络的路由算法把注意力集中在找到能量效率高的路径去延长传感器网络的生命周期。其结果是,传感器的能量在高效率的路径上迅速耗尽,并因此使传感器网络无法监视目标区域一些地方发生的事件。在许多传感器网络应用中,必须跟踪和定位的随机事件发生的地点具有不确定性。因此,最理想的是路由算法不仅应考虑能源效率,而且还应考虑残留在每个传感器中能量的多少,从而避免传感器由于早期电力消耗而不能工作。

无线传感器网络在应用于一些特殊场合时电源不可更换,为了节约能源,发射功率要尽可能小,传输距离要短,节点间通信需要中间节点作为中继,因此功耗问题显得至关重要。

在系统的功耗模型中,最重要技术包括[4]:

(1) 微控制器的操作模式(休眠模式、操作模式、时钟速率等),无线前端的工作模式(休眠、空闲、接收、发射等);

(2) 在每种模式中,每个功能块的功耗量以及与之相关的参数;

(3) 在发射功率受限的情况下,发射功率和系统功耗的映射关系;

(4) 从一种操作模式转换到另外一种操作模式(假设可以直接转换)的转换时间及其功耗;

(5) 无线调制解调器的接收灵敏度和最大输出功率;

(6) 其他因素,如发射前端的温漂和频率稳定度、接收信号强度指示(Received Signal Strength Indication,RSSI)的标准等。

传感器的电源能量极其有限,网络中的传感器节点由于电源能量问题经常失效或废弃,因此电源能量限制是阻碍传感器网络应用的重要问题。在传感器网络应用中,数据传送是网络中能量消耗最大的部分,为节省能源,可以设计网络进行短距离数据传送,并降低发送功率。由于监测事件具有很强的偶发性,传感器节点上所有工作单元没有必要时刻保持在正常工作状态,因此可以为收发器设置休眠/唤醒状态来节约能源。

无线传感器网络的能量管理(Energy Management,EM)主要体现在传感器节点电源管理和有效的节能通信协议设计。在一个典型的传感器节点结构中,与电源单元发生关联的有许多模块,除了供电模块以外,其余模块都存在电源能量消耗。从传感器网络的协议体系结构来看,其能量管理机制覆盖了从物理层到应用层的所有协议。

传感器节点中,由于传感器单元的能耗要比处理器单元和无线传输单元的能耗低得多,几乎可以忽略,因此通常只讨论处理器单元和无线传输单元的能耗问题。

(1) 处理器单元能耗:处理器单元包括微处理器和存储器,用于数据存储与预处理。节点的处理能耗与节点的硬件设计、计算模式紧密相关。目前对能量管理的设计都是在应用低能耗器件的基础上,在操作系统中使用能量感知方式进一步减少能耗,延长节点的工作寿命。

(2) 无线传输能耗:无线传输单元用于节点间的数据通信,它是节点中能耗最大的部件,因此,无线传输单元节能是通常设计的重点。传感器网络的通信能耗与无线收发器以及各个协议层紧密相关,它的管理体现在无线收发器的设计和网络协议设计的每一个环节。

3.5 ZigBee 协议标准

ZigBee 这一名称来自于蜜蜂(bee)用于相互通信的八字舞(zigzag),这是蜜蜂之间的群体通信方式。这种自然界的通信方式很形象地描述了这种近距离、低复杂度、自组织、低功耗、低数据速率、低成本的无线通信网络。

ZigBee 技术是一种新兴的短距离、低速率无线网络技术,主要用于近距离无线连接。2002 年 8 月,英国英维斯(Invensys,从事生产技术与能源管理的国际化公司)、日本三菱电气、美国摩托罗拉以及荷兰飞利浦等公司共同提出以研发具有成本低、体积小、能量消耗少和传输速率低的无线通信技术为目的的技术标准,并为此组成了 ZigBee 技术联盟,以 IEEE 802.15.4 通信协议标准为物理层和介质访问层协议,进而进行了 ZigBee 技术的网络层和高层应用规范的制定。2004 年 12 月,ZigBee 联盟正式发布了该项技术标准(ZigBee 1.0),推进和加速了 ZigBee 技术的实际应用。ZigBee 技术联盟的成立,促使 IEEE 和 ZigBee 联盟对相应的技术标准进行了修订和扩充。如:继 IEEE 802.15.4-2003 发布之后,IEEE 于 2006 年 9 月正式发布了 IEEE Std 802.15.4-2006;而 ZigBee 联盟则在 2006 年 12 月推出了 ZigBee 2006,并在 2007 年年底正式发布了 ZigBee Pro(ZigBee 2007)。

3.5.1 ZigBee 概述

ZigBee 是一种高可靠的无线数据传输网络,通信距离可达几百米甚至几公里。与传统的移动通信 CDMA 网或 GSM 网不同的是,ZigBee 网络主要是为工业现场自动化控制所需的相关数据传输而建立的,具有使用简单、方便、工作可靠、价格低的特点。每个 ZigBee 网络节点不仅本身可以连接传感器直接进行数据采集和监控,还可以自动中转别的网络节点传过来的数据资料。除此之外,每个 ZigBee 网络节点还可在自己信号覆盖的范围内与多个不承担网络信息中转任务的孤立节点进行无线连接[5]。

ZigBee 技术是一种具有统一技术标准的短距离无线通信技术,其物理层(PHY)和介质访问子层协议为 IEEE 802.15.4 协议标准;网络层由 ZigBee 技术联盟制定;应用层根据用户自己的应用需要,对其进行开发利用,因此该技术能够为用户提供机动、灵活的组网方式。ZigBee 技术的特点如下:

(1) 低功耗:ZigBee设备为低功耗设备,其发射输出为0~3.6 dBm* 时,通信距离为30~70 m,具有能量检测和链路质量指示能力,根据这些检测结果,设备可自动调整设备的发射功率,在保证通信链路质量的条件下,消耗最小的设备能量。在待机模式下,只用两节5号电池可以支持一个ZigBee节点工作6~24个月,同样的电能消耗,蓝牙只能工作数周,Wi-Fi只能工作几个小时。

(2) 低成本:低成本基于两点,一是简化的协议标准(只有蓝牙的十分之一),二是免费开放的协议标准。

(3) 低速率:ZigBee最高的传输速率只有250 Kb/s。

(4) 距离近:正常情况下,ZigBee设备之间的通信距离在10~100 m之间,在特殊情况下(中间没有中继节点)可以通过增加发射功率,将信号发射到1~3 km远的距离处。

(5) 延时短:ZigBee节点从睡眠状态转换到工作状态需要15 ms,节点加入网络需要30 ms。

(6) 容量大:在组网性能上,ZigBee设备可构造为星型网络或者点对点网络,在每个无线网格内连接地址码分为16位短地址或者64位长地址,具有较大的网络容量。最多可容纳65 000个节点,且同一区域可同时存在100个ZigBee网络。

(7) 安全性高:为保证ZigBee设备之间通信数据的安全保密性,ZigBee技术采用了密钥长度为128位的加密算法,对所传输的数据信息进行加密处理。

(8) 在无线通信技术上,采用免冲突载波信道接入(CSMA/CA)方式,有效地避免了无线电载波之间的冲突。此外,为保证传输数据的可靠性,建立了完整的应答通信协议。

ZigBee协议包括网络层、应用支持子层和安全服务提供层。应用层可由用户定义,图3.14给出了ZigBee协议栈结构的概况。其中ZigBee定义的网络层功能包括:

(1) 加入或离开一个网络;

(2) 信息帧安全;

(3) 路由机制;

(4) 路径选择;

(5) 单跳邻节点探测;

(6) 邻节点信息获取。

ZigBee定义的应用层包括了应用支持子层(Application Support Sublayer, APS)、应用层框架(Application Framework)和ZigBee设备对象(ZigBee Device

---

* 1.0 mW = 26 dBm.

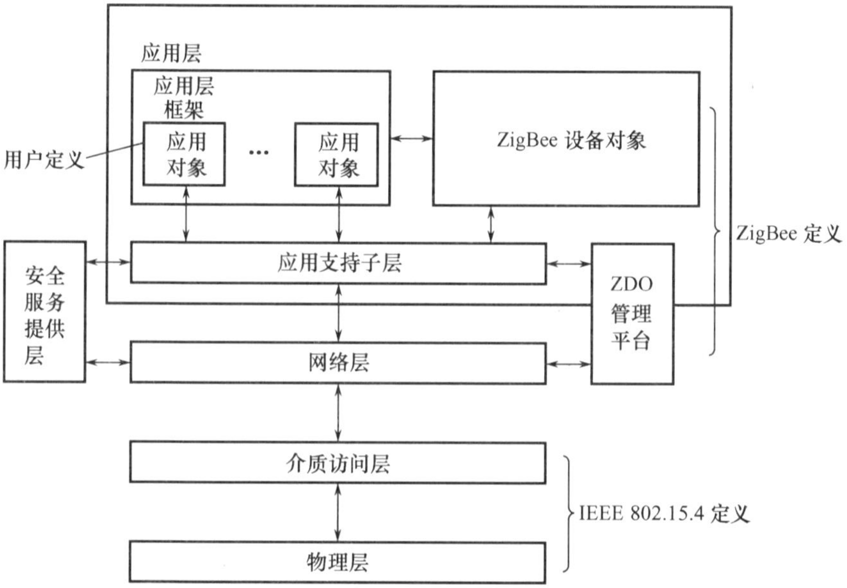

图 3.14 ZigBee 协议栈结构

Object,ZDO)。其中,应用支持子层的功能包括:

(1) 维护关联表:需求服务的设备和提供服务的设备之间的绑定关系;

(2) 维护绑定设备间的信息。

ZigBee 设备对象的功能包括:

(1) 定义网络中设备的功能作用(协调器或终端设备等);

(2) 对绑定请求进行相应的初始化;

(3) 为网络设备建立安全的关联关系;

(4) 检测网络中的设备并决定是否提供服务。

3.5.2 网络层规范

ZigBee 网络层的主要工作是为介质访问层与应用层提供服务接口,负责新建网络、连接和断开网络、发现和维护路由等。

网络层为了向应用层提供相应的接口,提供了两个服务实体:网络层数据实体(Network Layer Data Entity, NLDE)和网络层管理实体(Network Layer Management Entity,NLME),如图 3.15 所示。网络层数据实体通过网络层数据实体服务接入点(NLDE-SAP)提供数据传输服务;网络层管理实体通过网络层管理实体服务接入点(NLME-SAP)提供网络管理服务。此外,网络管理实体还负责对网络信息数据库(NIB)的维护。

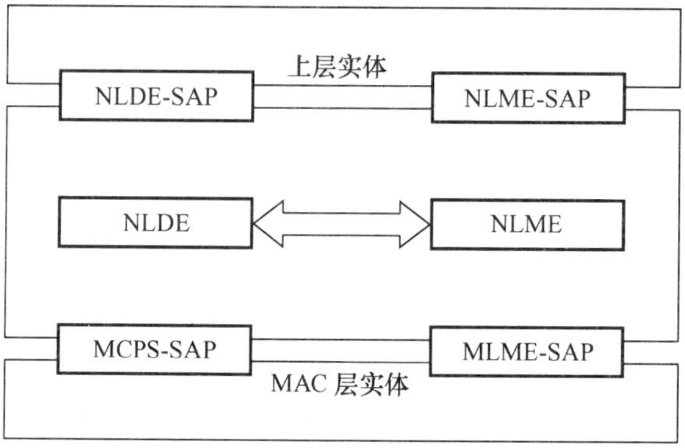

图3.15　网络层模型

网络层数据实体的功能包括：

（1）产生网络层协议数据单元；

（2）针对不同拓扑结构选择路由策略。

网络层管理实体的功能包括：

（1）配置新设备；

（2）建立网络；

（3）加入和离开网络；

（4）寻址；

（5）单跳邻节点探测；

（6）路由发现；

（7）接收控制。

1. 帧结构

一个网络层帧的一般结构由网络层帧首部和有效载荷构成，帧首部由帧控制域和路由域组成，如图3.16所示。

字节	2	2	2	1	1	可变
	帧控制域	目的地址	源地址	半径域	序列数	帧载荷
		路由域				
	NWK 帧首部					NWK 载荷
	NPDU					

图3.16　网络层帧的一般结构

每一帧的具体组成需要根据具体情况来确定，不一定包含所有字段。

1）帧控制域

16 位，包括帧类型、协议版本、发现路由等控制字段。

其格式如图 3.17 所示。

位序	0~1	2~5	6~7	8	9	10~15
	帧类型	协议版本	发现路由	保留	安全	保留

图 3.17 帧控制域结构

（1）帧类型：长度为 2 位，取值不同代表类型不同。0x00 表示数据帧，0x01 表示命令帧，0x10 ~ 0x11 保留。

（2）协议版本：表示本协议的版本号作为常数保存在网络层中。

（3）发现路由：长度为 2 位，0x00 代表进制发现路由；0x01 表示使能发现路由；0x02 表示强制发现路由；0x03 保留。

2）路由域

包括目的地址、源地址、半径域和序列数等字段。

（1）目的地址：必选字段，由 2 个字节组成，存放目标设备的 16 位网络地址。

（2）源地址：必选字段，由 2 个字节组成，存放发送信息帧设备的 16 位网络地址或广播地址 0xFFFF。

（3）半径域：必选字段，长度为 1 字节，用来设定传输半径。

（4）序列数：必选字段，长度为 1 字节，每发送一帧数据自动加 1。

3）帧载荷：长度可变，内容由所发送的数据信息决定。

2. 组建新网络及维护

在 ZigBee 网络中，协调器具有允许设备加入网络和离开网络的功能，并给设备分配内部网络地址，维护邻居表等；ZigBee 设备只需要有加入和离开网络的功能。

1）建立一个新网络

创建一个新的 ZigBee 网络，其设备必须具有网络协调器的功能。建立一个新网络是通过使用 NLME_NETWORK_FORMATION. request 原语来实现的。网络管理实体向介质访问层发送 MLME_SCAN. request 能量检测请求原语对信道进行检测，检测完毕后将检测的结果通过 MLME_SCAN. confirm 确定原语返回给网络层。网络层接收到能量检测成功的结果后便对信道的能量检测值按大小排序，丢弃信道值超出允许水平的信道。对剩余信道扫描发现合适水平的信道，然后网络层选择一个个域网标识符（PANID，用来区别不同的网络），并确定所选择的个域网标识符在所建立的网络中是唯一的。选定个域网标识符后并将其写入

macPANID 属性里。然后网络层管理实体选择一个 0x0000 的 16 位数作为短地址。使用原语将短地址写入 macShortAddress 属性里。最后网络层管理实体发送 MLME_STATRT. request 原语到介质访问层,启动这个新的网络。如果在以上过程中,设备不具有协调器的能力或是没有检测到合适信道,网络层将会停止网络的启动。

2）设备加入及离开网络

一个新的设备通过与已经存在的网络中的协调器或是路由器建立连接来实现设备入网,新加入的设备与协调器形成父子关系:先前存在的设备称为父设备,后加入的设备称为子设备。入网过程中,子设备有两种方式加入到网络中。第一种是子设备通过主动请求的方式加入网络。当某设备希望加入网络成为一个子设备时,应用层向网络层发送一个 NLME_NETWORK_DISCOVERY. request 原语。然后网络层再向介质访问层发送服务请求,开始信道扫描。根据扫描网络的结果,选择一个网络加入。应用层向网络层发送 NLME_JOIN. request 原语。介质访问层发送 MLME_ASSCIATE. confirm 原语向网络层报告连接情况。

另外一种连接方式是子设备以直接方式加入网络。这种情况,网络协调器事先已保存了子设备的 64 位扩展地址。开始加入网络时,网络层的上层向网络层发送一个 NLME_DIRECT_JOIN. request 原语,这个原语中包含了一个 64 位的扩展地址。网络层一旦接收到该原语,就会检查自己的邻居列表,查看是否有与之相匹配的 64 位地址,如果发现,网络层管理实体就会禁止这个原语;如果没有找到与这个 64 位地址相匹配的值,网络层将本网络内的唯一的 16 位短地址分配给这个子设备。

ZigBee 网络中设备与网络断开有两种方式:一种是子设备向父设备发送请求断开链接,另一种是父设备发起断开命令。

如果子设备希望离开网络,将会发送一个 NLME_LEAVE. request 请求原语,网络层启动断开子设备的操作并返回一个 NLME_LEAVE. confirm 确定原语,同时向父设备发送离开请求。父设备接受到子设备离开请求后,查看网络中是否存在该设备,如果存在,从邻居列表中删除该设备,并发送 NLME_LEAVE. indication 原语。

如果父设备要想将子设备与自己断开时,将会发送 NLME_LEAVE. request 请求离开命令,然后断开子设备的 64 位扩展地址。

3）地址分配机制

在 ZigBee 网络中采用的是分布式地址分配机制。ZigBee 网络中的设备有两种地址模式,分别为 64 位的长地址和 16 位的短地址。长地址是设备在进入网络之前就已经分配好,而且是全球唯一的。网络中的每一个设备都有一个网内唯一的短地址,它是由父设备分配给子设备的。一个网络中所能包含子设备的最大个数是由协调器确定的，这些子设备包括路由设备和终端设备。每一个终端设备将信息帧传播到 ZigBee 协调器所需要最小跳数就是网络设备到网络协调器的连接深度。协调器自身的连接深度定义为 0，其子设备的连接深度为 1，其他设备的连接深度依据传播跳数确定。在 ZigBee 网络中，网络的最大深度是由协调器决定的。

4）设备邻居表

设备邻居表包含了在无线网络中该设备传输范围内覆盖的所有相邻设备信息。储存在邻居表中的信息包括必要信息和可选信息。这些信息描述了设备的不同特性，用于各种目的。邻居表里包含的必要信息有个域网标识符、父设备或子设备的扩展地址、邻居设备的网络地址、设备的类型（其有效值范围为 0x00 ~ 0x02，其中 0x00 表示 ZigBee 协调器，0x01 表示 ZigBee 路由器，0x02 表示 ZigBee 终端设备）以及设备与邻居设备之间的关系（0x00 表示邻居是父设备，0x01 邻居是子设备，0x02 邻居是兄弟设备）。

3. 数据发送

在 ZigBee 网络通过协调器与路由器可以实现帧的多跳传输。路由选择功能包括路由成本、路由表、路由发现等。

1）路由成本

路由成本是衡量路由质量的一种量度，与路径中的每条链路有关，是信息所经过的路由中链路成本的总和。定义一个长度为 L 的路径 P，该路径包括了一组设备 $[D_1, D_2, \cdots, D_L]$，$[D_i, D_{i+1}]$ 为其中一个子路由，路由成本可由下式计算：

$$C\{P\} = \sum_{i=1}^{L-1} C\{[D_i, D_{i+1}]\} \tag{3-1}$$

其中，$C\{[D_i, D_{i+1}]\}$ 是一个子路段的链路成本，可记作 $C\{L\}$。

2）路由表

在 ZigBee 网络中，协调器或路由器对路由表进行监理和维护。路由表中保存一些路由表项，作为路由修复或在路由容量耗尽时使用。一个 ZigBee 路由表中存储的信息如表 3.1 所示。

表 3.1　路由表

域名	大小	描述
目的地址	2 字节	该路由的 16 位目的设备地址
状态	3 位	路由发现状态
下一跳地址	2 字节	目的设备地址路由的下一跳地址

3）路由发现

对于一个具有路由能力的节点，当接收到一个从网络层的更高层发出的发送数据帧的请求，且路由表中没有和目的节点对应的条目时，它就会发起路由发现过程。源节点首先创建一个路由请求分组（RREQ），并使用多播（Multi Broadcast）的方式向周围节点进行广播。

如果一个节点发起了路由发现过程，它就应该建立相应的路由表条目和路由发现表条目，状态设置为路由发现中。任何一个节点都可能从不同的邻居节点处接收到广播的路由请求分组。接收到的节点将进行如下分析：

（1）如果是第一次接收到这个路由请求分组消息，且消息的目的地址不是自己，则节点会保留这个路由请求分组的消息，用于建立反向路径，然后将这个路由请求分组消息广播出去。

（2）如果之前已经接受过这个路由请求分组消息，则表明这是由于网络内多个节点频繁广播产生的多余消息，对路由建立过程没有任何作用，因此节点将丢弃这个消息。

（3）如果是目的节点接收到路由请求分组消息，则向源节点返回路由请求分组消息。返回的消息中将包含目的节点的地址和所经过的转发节点的地址。

4. 数据发送和接收

当设备与网络建立连接后，才可以向网络内的其他设备发送数据。网络层接收到它的上层发送的数据，并将此数据构造成网络层数据帧。构造好网络层数据帧后网络层向介质访问子层发送数据请求原语 MCPS_DATA. request。介质访问子层通过发送确认原语 MCPS_DATA. confirm 告知数据发送的结果。

为了能接收数据，接收设备必须启动处于接收状态。应用层向网络层使用 NLNE_SYNC. request 原语使接收设备启动。在使用信标的网络中，此原语使一个设备与它的父设备的下一个信标同步，为此，网络层发送 MLME_SYNC. request 原语到介质访问子层来完成此操作。在无信标的网络里，网络层使用 MLME_POLL. request 原语来轮询父设备。此时，协调器在最大程度上保证设备在非发送状态时也要处于接收状态。

3.5.3 应用层规范

ZigBee 应用层主要包括应用支持子层（APS）、应用层框架和 ZigBee 设备对象（ZDO）以及用户自己定义的应用对象。其中，应用支持子层主要负责维护关联表维护绑定设备间的信息。ZigBee 设备对象则负责定义网络中设备的功能作用，对绑定请求进行相应的初始化，为网络设备建立安全的关联关系，检测网络中的设备并决定是否提供服务。

1. 应用支持子层

应用支持子层是网络层和应用层之间的接口，可以为应用层提供两类服务：

（1）应用支持子层数据实体（APSDE）：通过服务接入点（APSDE-SAP）在同

一个网络中的设备之间提供数据传输服务。

(2) 应用支持子层管理实体(APSME):通过服务接入点(APSME-SAP)提供网络管理服务。包括设备发现和设备绑定,并维护管理对象的数据库,即应用支持子层信息库(AIB)。

2. 应用层框架

应用对象必须处于应用框架之内,才可以通过 APSDE-SAP 发送和接收数据。应用对象的控制和管理则由 ZigBee 设备对象负责。在应用框架内,最多可定义 240 个不同的对象,每个对象通过 240 个端点中的一个被访问。此外,0 号端点用于 ZigBee 设备对象数据接入端口,255 号端点用于向其他应用对象进行数据广播,剩余的 241 ~254 保留用于扩展[6]。

3. ZigBee 设备对象

ZigBee 设备对象是一种通过调用网络和应用支持子层原语来实现 ZiBee 规范中规定的 ZigBee 终端设备、ZigBee 路由器以及 ZigBee 协调器的应用。

在 ZigBee 协议栈结构中,ZigBee 设备对象处于应用层上,高于应用支持子层,主要完成以下任务:

(1) 初始化应用支持子层、网络层、安全服务提供层以及应用层中端点 1 ~240 之外的 ZigBee 设备层。

(2) 汇集终端应用配置信息,从而确定和实现设备发现、网络管理、网络安全、绑定管理和节点管理等功能。

3.5.4 ZigBee 网络系统的设计开发

1. 系统设计事项

1) ZigBee 协议栈

协议栈分为有偿和无偿两种。无偿的协议栈能够满足简单应用开发的需求,但不能提供 ZigBee 规范定义的所有服务,有些内容需要用户自己开发。例如,Microchip 公司为产品 PICDEMO 开发套件提供了免费的 MP ZigBee 协议栈;Freescale 公司为产品 13192DSK 套件提供了 Smac 协议栈。

有偿的协议栈能够完全满足 ZigBee 规范,提供丰富的应用层软件实例、强大的协议栈配置工具和应用开发工具。一般的开发板都提供有偿协议栈的有限使用权,如购买 Freescale 公司的 13192DSK 和 TI 公司的 Chipcon 开发套件,可以获得 Z-Stack 和 Z-Trace 等工具的 90 天使用权。单独购买有偿的协议栈及开发工具比较昂贵,在产品有希望大规模上市的前提下可以考虑购买。

2) ZigBee 芯片

目前芯片厂商提供的主流 ZigBee 控制芯片在性能上大同小异,比较流行的有 Freescale 公司的 MCI3192 和 Chipcon 公司的 CC2420。它们在性能上基本相同，两家公司提供的免费协议栈 MCI3192-802.15 和 MpZBee v1.0-3.3 都可以实现树型网、星型网和 Mesh 网。

主要问题在于 ZigBee 芯片和微处理器（MCU）之间的配合，每个协议栈都是在某个型号或者序列的微处理器和 ZigBee 芯片配合的基础上编写的。如果要把协议栈移植到其他的微处理器上运行，需要对协议栈的物理层和介质访问子层进行修改，在开发初期这会非常复杂。因此芯片型号的选择应与厂商的开发板一致。

对于集成了射频部分、协议控制和微处理器的 ZigBee 单芯片以及 ZigBee 协议控制与微处理器相分离的两种结构，从软件的开发角度来看，它们并没有什么区别。以 CC2430 为例，它是 CC2420 和增强型 8051 单片机的结合，所以对开发者来说，选择 CC2430 或者选择 CC2420 加增强型 8051 单片机，在软件设计上是没有什么区别的。

3）硬件开发

ZigBee 应用大多采用四层板结构，需要满足良好的电磁兼容性能要求。天线分为内置天线和外置增益天线。多数开发板都使用内置天线。在实际应用中外置增益天线可以大幅度提高网络性能，包括传输距离、可靠性等，但同时也会增大体积，需要均衡考虑。制版和天线的设计都可以参考主要芯片厂商提供的参考设计。

射频芯片和控制器通过串行外设接口（Serial Peripheral Interface，SPI）和一些控制信号线相连接。控制器作为串行外设接口主设备，射频芯片为从设备。控制器负责 IEEE 802.15.4 介质访问层和 ZigBee 部分的工作。协议栈集成完善的射频芯片的驱动功能，用户无需处理这些问题。通过非串行外设接口控制信号驱动所需要的其他硬件，如各种传感器和伺服器等。

微控制器可以选用任何一款低功耗单片机，但程序和内存空间应满足协议栈要求。射频芯片可以选用任何一款满足 IEEE 802.15.4 要求的芯片，通常可以使用 Chipcon 公司的 CC2420 射频芯片。硬件在开发初期应以厂家提供的开发板作为基础进行制作，在能够实现基本功能后再进行设备精简或者扩充。

2. 软件设计过程

Zigbee 网络系统的软件设计主要过程如下：

1）建立 Profile 文件

Profile 文件是关于逻辑器件及其接口的定义。Profile 文件约定了节点间进行通信时的应用层消息。ZigBee 设备生产厂家之间通过共用 Profile 实现互操作性。开发新的应用可以使用已经发布的 Profile 文件，也可以由开发者建立 Profile 文件。开发者建立自己的 Profile 需要经过 ZigBee 联盟认证和发布，相应的应用才有可能是 ZigBee 应用。

2）初始化

包括 ZigBee 协议栈的初始化和外围设备的初始化。在初始化协议栈之前，需要先进行硬件初始化。例如，首先要对 CC2420 和单片机之间的串行外设接口进行初始化，然后对连接硬件的端口进行初始化，如连接 LED、按键、A/D 和 D/A 等元件的接口。

在硬件初始化完成后，就要对 ZigBee 协议栈进行初始化。这一步骤决定了设备类型、网络拓扑结构、通信信道等重要的 ZigBee 特性。一些公司的协议栈提供专用的工具对这些参数进行设置，如 Microchip 公司的 ZENA，Chipcon 公司的 SmartRf 等。如果没有这些工具，就需要参考 ZigBee 规范在程序中进行人工设置。

以上初始化完成后，开启中断，然后程序进入循环检测，等待某个事件触发协议栈状态改变并作相应处理。每次处理完事件，协议栈又重新进入循环检测状态。

3）编写应用层代码

ZigBee 设备需要设置一个变量来保存协议栈当前执行的原语。不同的应用代码通过 ZigBee 和 IEEE 802.15.4 定义的原语与协议栈进行交互。应用层代码通过改变当前执行的原语，使协议栈进行某些工作。而协议栈也可以通过改变当前执行的原语，通知应用层需要完成的工作。

通过调用 ZigBee 任务处理函数可以改变协议栈状态，并对某条原语进行操作，这时程序将连续执行整条原语的操作，或者响应一个应用层原语。协议栈一次只能处理一条原语，所以所有原语用一个集合表示。每次执行完一条原语后，必须设置下一条原语作为当前执行的原语，或者将当前执行的原语设置为空，以确保协议栈保持工作。

总之，应用层代码需要做的工作就是改变原语，或者对原语的改变作相应的动作。

3.6 CC2420 芯片

CC2420 是 Chipcon 公司推出的符合 IEEE 802.15.4 标准的 2.4 GHz 射频收发器芯片。该器件是第一款适用于 ZigBee 产品的射频器件。它基于 Chipcon 公司的 SmartRF 03 技术，以 0.18 μm CMOS 工艺制成。它只需极少外部元器件，性能稳定且功耗极低。CC2420 的选择性和敏感性指数超过了 IEEE 802.15.4 标准的要求，可确保短距离通信的有效性和可靠性。利用此芯片开发的无线通信设备支持数据传输速率达到 250 Kb/s，可以实现多点对多点的快速组网。

CC2420 的主要性能参数如下[7]:

- 工作频带范围:2.400 ~ 2.483 5 GHz;
- 采用 IEEE 802.15.4 规范要求的直接序列扩频方式;
- 数据传输速率达 250 Kb/s,码片速率达 2 MChip/s;
- 采用偏移四相相移键控(O-QPSK)调制方式;
- 超低电流消耗(接收为 19.7 mA,发送为 17.4 mA),高接收灵敏度(-99 dBm);
- 抗邻频道干扰能力强(39 dB);
- 内部集成有压控振荡器(Voltage Controlled Oscillator, VCO)、低噪声放大器(Low Noise Amplifier, LNA)以及电源整流器采用低电压供电(2.1 ~ 3.6 V);
- 输出功率编程可控;
- IEEE 802.15.4 介质访问子层硬件可支持自动帧格式生成、同步插入与检测、16 位 CRC 校验、电源检测、完全自动介质访问层安全保护;
- 与控制微处理器的接口配置容易(4 总线串行外设接口);
- 开发工具齐全,提供开发套件和演示套件;
- 采用 QLP-48 封装,外形尺寸为 7 mm × 7 mm。

3.6.1 CC2420 芯片的内部结构

图 3.18 是 CC2420 的内部功能模块图。CC2420 从天线接收到射频信号首先经过低噪声放大器(LNA),然后正交下变频到 2 MHz 的中频上,形成中频信号的同相分量和正交分量。两路信号经过滤波和放大后,直接通过模-数转换器(ADC)转换成数字信号。后继的处理,如自动增益控制、最终信道选择、解扩以及字节同步等,都是以数字信号的形式处理的。

当 CC2420 的 SFD 引脚为低电平时,表示接收到了物理帧的帧起始分隔符(SFD)字节。接收到的数据存放在 128 B 的接收先进先出(First In First Out, FIFO)缓存区中,帧的 CRC 校验由硬件完成。

CC2420 的 FIFO 缓存区保存介质访问层帧的长度、介质访问层帧头和介质访问层帧负载数据三部分,而不保存帧校验码。CC2420 发送数据时,数据帧的前导序列、帧开始分隔符以及帧检验序列由硬件产生;接收数据时,这些部分只用于帧同步和 CRC 校验,而不会保存到接收 FIFO 缓存区。

CC2420 发送数据时,使用直接正交上变频。基带信号的同相分量和正交分量直接被数-模转换器转换为模拟信号,通过低通滤波器后直接变频到设定的信道上。

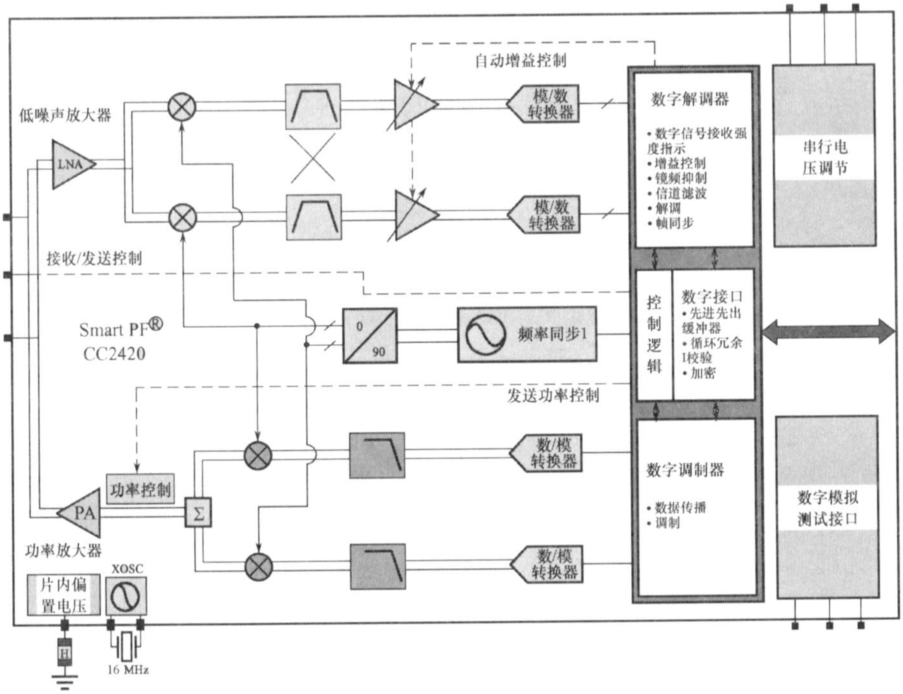

图 3.18 CC2420 内部结构

3.6.2 CC2420 芯片的外围电路

CC2420 内部使用 1.8 V 工作电压,因而功耗低,适合于电池供电的设备;外部数字 I/O 接口使用 3.3 V 电压,可以保持和 3.3 V 逻辑器件的兼容性。它在片上集成了一个直流稳压器,能把 3.3 V 电压转换成 1.8 V 电压。这样,对于只有 3.3 V 电源的设备不需要额外的电压转换电路就能正常工作。

CC2420 射频信号的收发采用差分方式传送,其最佳差分负载是 115 + j180 Ω,阻抗匹配电路应该根据这个数值进行调整。如果使用单端天线,则需要使用平衡/非平衡阻抗转换电路,以达到最佳收发效果。

CC2420 需要有 16 MHz 的参考时钟用于 250 Kb/s 数据的收发。这个参考时钟可以来自外部时钟源,也可以使用内部晶体振荡器产生。如果使用外部时钟,直接从 XOSC16_Q1 引脚引入,XOSC16_Q2 引脚保持悬空;如果使用内部晶体振荡器,晶体接在 XOSC 16_Q1 和 XOSC16_Q2 引脚之间。CC2420 要求时钟源的精准度应该在 $\pm 40 \times 10^{-6}$ 以内。

3.6.3 CC2420 芯片的典型电路

CC2420 与处理器的连接非常简便。它使用 SFD、FIFO、FIFOP 和 CCA 四个引脚表示收发数据的状态;而处理器通过串行外设接口与 CC2420 交换数据,发送命令等。

CC2420 收到物理帧的帧起始分隔符字段后,会在 SFD 引脚输出高电平,直到接收完该帧。如果启用了地址辨识,在地址辨识失败后,SFD 引脚立即转为输出低电平。

FIFO 和 FIFOP 引脚标识接收 FIFO 缓存区的状态。如果接收 FIFO 缓存区有数据,FIFO 引脚输出高电平;如果接收 FIFO 缓存区为空,FIFO 引脚输出低电平。FIFOP 引脚在接收 FIFO 缓存区的数据超过某个临界值时或者在 CC2420 接收到一个完整的帧以后输出高电平。临界值可以通过 CC2420 的寄存器设置。

CCA 引脚在信道有信号时输出高电平,它只在接收状态下有效。在 CC2420 进入接收状态至少 8 个符号(symbol)周期后才会在 CCA 引脚上输出有效的信道状态信息。

串行外设接口(SPI)由 CSn、SI、SO 和 SCLK 4 个引脚构成。处理器通过串行外设接口访问 CC2420 内部寄存器和存储区。在访问过程中,CC2420 是串行外设接口的从设备,接收来自处理器的时钟信号和片选信号,并在处理器的控制下执行输入/输出操作。串行外设接口接收或发送数据时都与时钟下降沿对齐。图 3.19 是 CC2420 与处理器连接的一个实例。

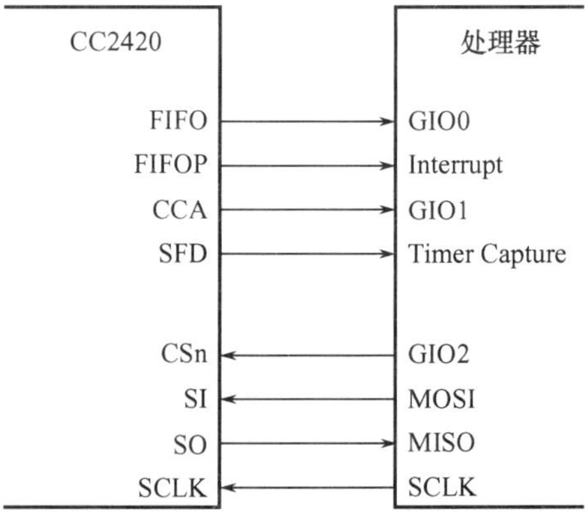

图 3.19 CC2420 与处理器接口的实例

小结

无线传感器网络是面向应用的网络技术，不同的应用背景对网络的性能有不同的要求，所以在传感器网络中很难形成统一的协议标准。ZigBee 协议在 IEEE 802.15.4 所定义的物理层和数据链路层标准的基础上，对上层的协议进行了扩充，二者之间存在紧密的依存关系，为无线传感器网络提供了低成本、低功耗且应用简单的网络标准。

思考题

1. 无线传感器网络的路由协议分为哪几大类？具体特点是什么？
2. 无线传感器网络的路由协议具有哪些主要功能？
3. 无线传感器网络节点的能耗主要由哪两个组件产生？就电路结构讨论如何降低传感器节点的能耗。
4. ZigBee 协议具有哪些特点？

参考文献

[1] Zhang Bin, Li Guohui. Analysis of network management protocols in wireless sensor network. Proceeedings of International Conference on MultiMedia and Information Technology, 2008

[2] Olexandr Z, Romanjuk V, Sova O. Wireless sensor network topology control. Proceeedings of International Conference on Modern Problems of Radio Engineering, Telecommunications and Computer Science, 2010

[3] Yin Changqing, Huang Shaoyin, Su Pengcheng, et al. Secure routing for large-scale wireless sensor networks. Proceedings of International Conference on Communication Technology, 2003

[4] Haapola J, Shelby Z, Pomalaza-Raez C, et al. Cross-layer energy analysis of multihop wireless sensor networks. Proceeedings of the Second European Workshop on Wireless Sensor Networks, 2005

[5] Eady F. Hands-on ZigBee Implementing 802.15.4 with Microcontrollers. Elsevier, 2007

[6] Li Changjiang, Wang Yufen, Guo Xiaojuan. The application research of wireless sensor network based on ZigBee. Proceedings of Second International Conference on Multimedia and Information Technology, 2010

[7] CC2420 2.4 GHz IEEE 802.15.4/ZigBee-ready RF Transceiver, Chipcon Products from Texas Instruments

第4章　无线传感器网络支撑技术

本章介绍无线传感器网络支撑技术，包括节点间的时间同步技术、传感器节点的定位技术、数据融合技术、数据管理以及网络的安全机制。时间同步技术用于协调节点之间的时钟，保证网络协调有序地运行；定位技术用于对特定点的位置进行确定，以获得更加准确的信息；数据融合技术可避免大量冗余信息在网络中传递，节省网络资源；数据管理可以针对用户感兴趣的信息进行特定的服务；安全机制对于传感器网络这类开放的无线网络的保护是必不可少。

4.1　时间同步

无线传感器网络是一个典型的分布式系统，每一个节点都有自己的本地时钟。节点时钟同步是无线传感器网络的一项支撑技术，无线传感器网络的许多实际应用的关键技术都离不开网络节点之间的时钟同步。例如，在无线传感器网络的多传感器融合应用中，为了减少网络通信以降低能耗，通常需要将传感器节点采集的目标数据在网络传输过程中进行必要的融合，而进行融合的先决条件就是网络中的节点必须拥有相同的时间标准来保证数据的一致性。无线传感器网络节点定位通常依赖于节点的时钟同步。在基于测距的定位中，如果节点之间能够保持时钟同步，那么就很容易确定声波等信号的传输时间，反之亦然。在低能耗介质访问层协议的设计过程中，为了减少能量消耗，通常通过调节占空比实现时分多址(TDMA)的调度算法，这就需要参与通信的双方首先实现时钟同步。同步精度越高，相应的功耗也将越低[1]。

4.1.1　传感器网络的时间同步机制

分布式网络时间同步涉及物理时间和逻辑时间两个不同的概念。物理时间用来表示人类社会使用的绝对时间；逻辑时间表达事件发生的顺序关系，是一个相对概念。分布式系统通常需要一个表示整个系统时间的全局时间，全局时间根据需要可以是物理时间或逻辑时间。

1. 影响传感器网络时间同步的因素

无线传感器网络中节点的本地时钟计时是通过晶振的计数中断实现的。晶振的频率误差和初始计时时刻的不同会导致节点之间的本地时钟不同步。即使各个节点在初始时刻达到时间同步,但是由于外界环境温度、电磁干扰等的影响都会导致各个节点的时钟产生偏差。要使整个无线传感器网络内各个节点的时间保持绝对一致是不可能的。

影响时间同步的主要因素是时间同步消息在网络中的传输延迟。从发送节点到接收节点的关键路径上的传输延迟主要可以分为四个部分:

(1) 发送时间:发送节点生成时间同步信息所用的时间,其中包括上下文切换等各种时间延迟以及协议处理时间等;

(2) 访问时间:发送节点在等待信道空闲并占用信道的时间;

(3) 传播时间:同步消息从发送节点到接收节点所需的时间;

(4) 接收时间:接收节点从信道接收消息和通知主机消息到达所需要的时间。

2. 传统的网络时间同步方法

时间同步机制在传统网络中已经得到广泛应用,如网络时间协议(Network Time Protoclo,NTP)是 Internet 采用的时间同步协议,全球定位系统(GPS)、无线测距等技术也用来提供网络的全局时间同步。在传感器网络应用中同样需要时间同步机制,例如时间同步能够用于形成分布式波束系统、构成时分多址调度机制和多传感器节点的数据融合。在节点间时间同步的基础上,用时间序列的目标位置检测可以估计目标的运行速度和方向,通过测量声音的传播时间能够确定节点到声源的距离或声源的位置。

网络时间协议在 Internet 上已经广泛使用,具有精度高、鲁棒性好和易扩展等优点,但是它依赖的条件在传感器网络中难以满足。例如,网络时间协议应用在已有的有线网络中是基于网络链路失败的概率很小的情况下实现的,而传感器网络中无线链路通信受环境影响质量往往较差,甚至时常失败;网络时间协议的网络结构相对稳定,便于为不同位置的节点手工配置时间服务器列表,而传感器网络的拓扑结构是动态变化的,简单的静态手工配置无法适应这种变化;网络时间协议中时间基准服务器间的同步无法通过网络自身来实现,需要其他基础设施的协助,如全球定位系统或无线广播报时系统,而在传感器网络的有些应用中无法取得相应基础设施的支持;网络时间协议需要通过频繁交换消息来不断校准时钟频率偏差带来的误差,并通过复杂的修正算法消除时间同步消息在传输和处理过程中的非确定因素干扰,中央处理单元(Central Processing Unit, CPU)使用、信道监听和占用均不受约束,而传感器网络存在资源约束,必须考虑能量消耗。

全球定位系统能够以 ns 级精度与世界标准时间(Universal Time Coordinated,UTC)保持同步,但需要配置高成本的接收机,同时在室内、森林或水下等有障碍的环境中无法使用全球定位系统。如果用于军事目的,没有主控权的全球定位系统也是不可依赖的。在传感器网络中只可能为极少数节点配备全球定位系统接收机,这些节点为传感器网络提供基准时间。

无线传感器网络中的时间同步机制分为三类:一是基于 Receiver-Receiver(接收者-接收者)同步的算法,主要包括参考广播同步(Reference Broadcast Synchronization,RBS)算法;二是基于 Sender-Receiver(发送者-接收者)同步算法,如传感器网络时间同步协议(Timing-sync Protocol for Sensor Networks,TPSN)、Tiny-sync 算法和 Mini-sync 算法;三是以 DMTS(Delay Measurement Time Synchronization)和 TFSP 等为典型算法的基于发送者的同步算法[2]。

4.1.2 基于接收者-接收者机制的时间同步算法

参考广播同步(RBS)是由 J. Elson 等人提出的基于接收者-接收者机制,实现接收节点之间时间同步的算法。该算法中,节点发送参考消息给它的相邻节点,这个参考消息并不包含时间戳,消息的准确发送时刻以及消息到达每个节点的传播时刻也并不重要。参考广播同步算法中最关键的就是时间同步消息传播时间的差值。它的到达时间被接收节点用作与本地时钟对比的参考。此算法并不是使发送者和接收者同步,而是使接收者彼此同步。其基本思想为:一个参考节点周期性地向其邻居节点发出参考广播报文,每个邻居节点记录并缓存报文的到达时刻。任意两个节点需要同步时交换保存在缓冲区中的时间信息,两个接收时间的差值相当于两个接收节点之间的时间差。可采用最小方差线性拟合的方法估算出两者之间的初始相位差和频率差,从而得到两者之间的时间转换函数,其中一个接收节点根据这个时间差调整它的本地时间。

参考广播同步算法比传统的时间同步机制提供了更高的同步精度,其优点是显而易见的,即能够消除由发送节点引起的时间同步误差,但是由于参考广播同步算法的复杂度较大,导致时间消息交换次数较多,网络开销也不可避免地加大,其能耗也比较高。

4.1.3 基于发送者-接收者的时间同步算法

1. 传感器网络时间同步协议

传感器网络时间同步协议(TPSN)类似于传统网络的网络时间同步协议,目的是提供传感器网络全网范围内节点间的时间同步。在网络中有一个与外界通信获取外界时间的节点称为根节点,根节点可装配如 GPS 接收机的复杂硬件部件,并作为整个网络系统的时钟源。传感器网络时间同步协议采用层次型网络结构，首先将所有节点按照层次结构进行分级，然后每个节点与上一级的一个节点进行时间同步，最终所有节点都与根节点时间同步。节点对之间的时间同步是基于发送者-接收者的同步机制。

1）传感器网络时间同步协议的操作过程

传感器网络时间同步协议假设每个传感器节点都有唯一的标识符，节点间的无线通信链路是双向的，通过双向的消息交换实现节点间的时间同步。传感器网络时间同步协议将整个网络内所有节点按照层次结构进行管理，负责生成和维护层次结构。很多传感器网络依赖网内处理，需要类似的层次型结构，如 TinyDB 需要数据融合树，这样整个网络只需要生成和维护一个共享的层次结构。传感器网络时间同步协议包括两个阶段，第一个阶段生成层次结构，每个节点赋予一个级别，根节点赋予最高级别第 0 级，第 i 级的节点至少能够与一个第 $(i-1)$ 级的节点通信；第二个阶段实现所有树节点的时间同步，第 1 级节点同步到根节点，第 i 级的节点同步到第 $(i-1)$ 级的一个节点，最终所有节点都同步到根节点，实现整个网络的时间同步。下面说明该协议的这两个阶段。

第一阶段称为层次发现阶段（level discovery phase）。在网络部署后根节点通过广播级别发现（level_discovery）分组启动层次发现阶段，级别发现分组包含发送节点的标识符和级别。邻居节点收到根节点发送的分组后将自己的级别设置为分组中的级别加 1，即为第 1 级，建立它们自己的级别，然后广播新的级别发现分组，其中包含的级别为 1。节点收到第 i 级节点的广播分组后记录发送这个广播分组的节点标识符，设置自己的级别为 $(i+1)$，广播级别设置为 $(i+1)$ 的分组。这个过程持续下去，直到网络内的每个节点都赋予一个级别。节点一旦建立自己的级别，就忽略任何其他级别发现分组，以防止网络产生洪泛拥塞。

第二个阶段称为同步阶段（synchronization phase）。层次结构建立后，根节点通过广播时间同步（time_sync）分组启动同步阶段。第 1 级节点收到这个分组后，各自分别等待一段随机时间，通过与根节点交换消息同步到根节点。第 2 级节点侦听到第 1 级节点的交换消息后，后退和等待一段随机时间，并与它在层次发现阶段记录的第 1 个级别的节点交换消息进行同步。等待一段时间的目的是保证第 2 级节点在第 1 级节点时间同步完成后才启动消息交换。这样，每个节点与层次结构中最靠近的上一级节点进行同步，最终所有节点都同步到根节点。

2）相邻级别节点间的同步机制

相邻级别的两个节点对间通过交换两个消息实现时间同步，如图 4.1 所示，其中，节点 S 属于第 i 级节点，节点 R 属于第 $(i-1)$ 级节点，T_1 和 T_4 表示节点 S 本地时钟在不同时刻测量的时间，T_2 和 T_3 表示节点 R 本地时钟在不同时刻测量的时间，d 表示消息的传播时延，假设往返消息的延迟是相同的。节点 S 在 T_1

时间发送同步请求分组给节点 R，分组中包含 S 的级别和 T_1 时间，节点 R 在 T_2 时间收到分组，$T_2=(T_1+d+\Delta)$。然后在 T_3 时间发送应答分组给节点 S，分组中包含节点 R 的级别和 T_1、T_2 和 T_3 信息，节点 S 在 T_4 时间收到应答，$T_4=(T_3+d-\Delta)$，因此可以推出：

$$\Delta=\frac{(T_2-T_1)+(T_3-T_4)}{2} \tag{4-1}$$

$$d=\frac{(T_2-T_1)-(T_3-T_4)}{2} \tag{4-2}$$

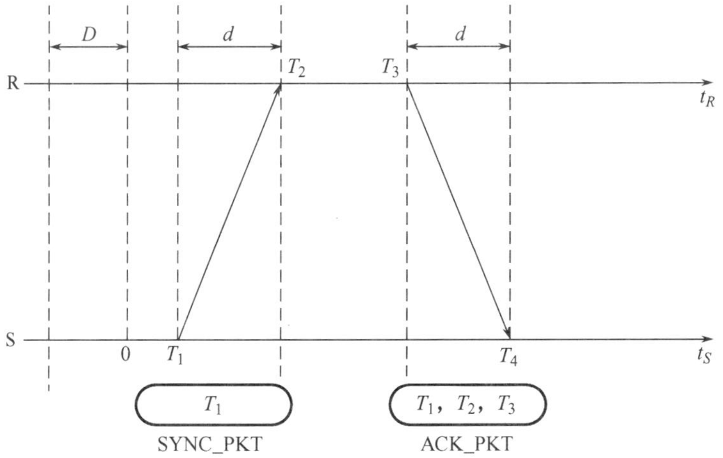

图 4.1　传感器网络时间同步协议中相邻级别节点间同步的消息交换

图中 Δ 表示两个节点之间的时间偏差。节点 S 在计算时间偏差后将时间同步到节点 R。

在发送时间、访问时间、传播时间和接收时间四个消息延迟组成部分中，访问时间往往是无线传输消息时延中最具不确定性的因素。为了提高两节点间的时间同步精度，传感器网络时间同步协议在介质访问层消息开始发送到无线信道的时刻才给同步消息加上时标，消除了访问时间带来的时间同步误差。传感器网络时间同步协议考虑了传播时间和接收时间，利用双向消息交换计算消息的平均延迟，提高了时间同步的精度。

传感器网络时间同步协议能够实现全网范围内节点间的时间同步，同步误差与跳数距离成正比增长。它实现短期间的全网节点时间同步，如果需要长时间的全网节点时间同步则需周期性执行传感器网络时间同步协议进行重同步，两次同步的时间间隔根据具体应用确定。此外，传感器网络时间同步协议可以与后同步策略结合使用。传感器网络时间同步协议的一个显著不足是没有考虑根节点失效问题。新的传感器节点加入网络时需要初始化层次发现阶段，级别的静态特性减少了算法的鲁棒性。

2. Tiny-sync 算法和 Mini-sync 算法

Tiny-sync 算法和 Mini-sync 算法由 Sichitiu 和 Veerarittiphan 提出。其基本思想是基于同步节点间时钟的线性相关性。

传统算法认为每个时钟是时间 t 单调非递减的函数,晶体振荡频率在较长时间内保持不变。假设两个时钟 $C_1(t)$、$C_2(t)$线性相关:

$$C_1(t) = a_{12} \times C_2(t) + b_{12} \tag{4-3}$$

其中 a_{12}是两个时钟的相对漂移;b_{12}是两个时钟的相对偏移。如果两个时钟精确同步,a_{12}应等于 1,b_{12}应等于 0。

节点 1 给节点 2 发送探测消息,时间戳是 t_0;节点 2 在接收到消息后产生时间戳 t_b,并且立刻发送应答消息;最后,节点 1 在收到应答消息时产生时间戳 t_r,如图 4.2 所示。利用这些时间戳的绝对顺序和式(4-3)可以得到:

$$t_0 < a_{12} \times t_b + b_{12} \tag{4-4}$$

$$t_r > a_{12} \times t_b + b_{12} \tag{4-5}$$

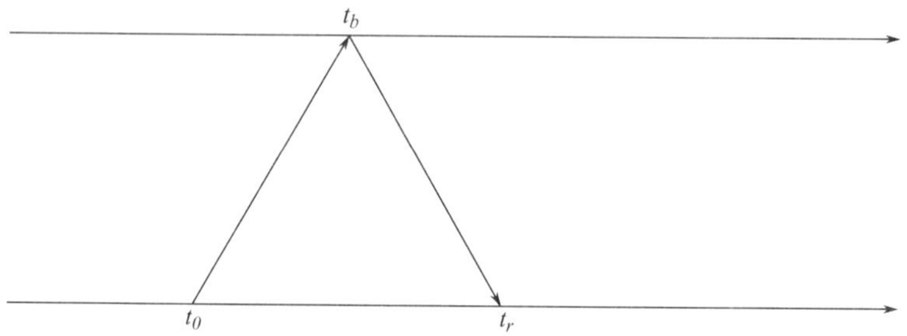

图 4.2 消息的交换过程

三个时间戳(t_0,t_b,t_r) 叫做数据点。式 4-4 和式 4-5 描述了数据点加在 a_{12}和 b_{12}上的约束,通过多次的信息交换过程,参数 a_{12}和 b_{12}应满足如下关系式:

$$a_{12下} \leqslant a_{12} \leqslant a_{12上} \tag{4-6}$$

$$b_{12下} \leqslant b_{12} \leqslant b_{12上} \tag{4-7}$$

其中 $a_{12上}$和 $a_{12下}$分别给出相对漂移的上界和下界,$b_{12上}$和 b_{12}分别给出相对偏移的上界和下界。

可以通过求解包含所有数据点限制的线性规划问题,得到 a_{12}和 b_{12}最优化的限制条件。但是,这个方法对于传感器网络过于复杂,需要较大通信量、计算量和存储空间,不适用于传感器网络。

Tiny-sync 算法在每次获得新的数据点时首先与以前的数据点比较,如果新的数据点计算出的误差大于以前数据点计算的误差,则抛弃新的数据点;否则,采用新的数据点,抛弃旧的数据点。Tiny-sync 算法仅需存储三到四个数据点的信息。Mini-sync 算法是 Tiny-sync 算法的延伸，在 Tiny-sync 算法忽略的数据点中将可能在以后提供较好的边界条件的数据点保存下来。

Tiny-sync 和 Mini-sync 是两个轻量的时间同步算法，通过交换少量信息，能够提供具有确定误差上限的频偏和相偏估计，所占用的网络通信带宽、存储容量、处理能力等资源较少，能较好地满足无线传感器网络的需求。

3. 基于生成树的轻量时间同步算法

基于生成树的轻量时间同步算法（Lightweight Tree-based Synchronization，LTS）由 J. Greunen 和 J. Rabaey 提出，与其他算法最大的区别是该算法的目的并不是提高精确度，而是减小时间同步的复杂度，最小化同步的能量开销。共有两种算法。

第一种算法是集中算法，首先要构造低深度的生成树，然后以根节点为参考节点，同步其邻居子节点启动时间同步过程，每个子节点再与自己的子节点同步，同步沿着树的叶节点逐级进行，最终达到全网同步。通过假设时钟漂移被限定和给出需要的精确度，参考节点计算单个同步操作有效的时间周期，如果需要可以进行“再同步”。树的深度影响整个网络的同步时间和子节点的精确度误差。

第二种多跳同步算法是通过分布式方法实现全网范围内的同步的。每个节点都可以发起同步请求，算法中没有利用树结构。当节点 i 决定需要进行同步时，发送一个同步请求给最近的参考节点（利用现存的路由机制），所有在参考节点到节点 i 的路径上的节点必须在节点 i 同步以前同步。这个方案的优点就是一些中间节点被动地实现了时间同步，可以减少产生同步请求。另一方面，任何节点希望同步时，询问相邻节点是否存在未决的请求，如果存在，这个节点的同步请求将和未决的请求聚合，减少由于两个独立的同步沿着相同路径引起的时间消耗。

当所有节点需要同时进行同步时，集中式算法更为高效；当部分节点需要频繁同步时，分布式算法较为优越。可根据需要选择不同的机制进行时间同步。

4. 平均时间同步协议

平均时间同步协议（Average Time Synchronization，ATS）是国内较新的研究成果，由清华大学提出。其主要思想是：给定一个簇，假设簇内成员之间能够相互通信，簇首节点收集簇内各成员节点的本地时间，取平均值后作为全局时间通知各成员节点，簇首节点和各成员根据全局时间调整本地时钟。

自适应平均时间同步协议（Adaptive-ATS）的主要思想是：在平均时间同步协议的基础上增加了协议的适应性和可扩展性。簇首节点维护一张表（PEtable），表中记录了某些常用的同步周期以及相应的误差上限，用户可以根据所要求的误差查表得出最适合的同步周期进行调整。但在实际应用中用户要求的误差不可能都能够查表得到,这时采用满足误差要求的最长周期,以节省能量。算法优点是:精度高,在簇头节点轮换过程中仍能保持全局时间的连续性;能耗低;适应性和可扩展性高。算法的缺点是:对存储能力有一定要求且不适用于大规模传感器网络。

4.1.4 基于发送者的同步算法

延迟测量时间同步机制基于同步消息在传输路径上所有延迟的估计,实现节点间的时间同步。

1) 延迟测量时间同步机制的基本原理

在延迟测量时间同步机制中,选择一个节点作为时间主(leader)节点广播同步时间。所有接收节点测量这个时间广播分组的延迟,设置它的时间为接收到分组携带的时间加上这个广播分组的传输延迟,这样所有接收到广播分组的节点都与主节点进行时间同步。时间同步的精度主要由延迟测量的精度所决定。

延迟测量时间同步机制的时间广播分组的传输过程如图 4.3 所示。主节点在检测到信道空闲时给广播分组加上时间戳 t_0,用来去除发送端的处理延迟和介质访问层的访问延迟。在发送广播分组前,主节点需要发送前导码和起始字符,以便接收节点进行接收同步,并根据发送的信息位个数 n 和发送每比特位需要的时间 t 可以估计出前导码和起始字符的发送时间为 nt。接收节点在广播分组到达时刻加上时间戳 t_1,并在调整自己的时钟之前的时刻再记录时间 t_2,接收端的接收处理延迟就是 (t_2-t_1)。这样,如果忽略无线信号的传播延迟,接收节点从 t_0 时刻到调整时钟前的时间长度约为 $nt+(t_2-t_1)$。因此接收节点为了与发送节点时钟同步,调整其时钟为 $t_0+nt+(t_2-t_1)$。

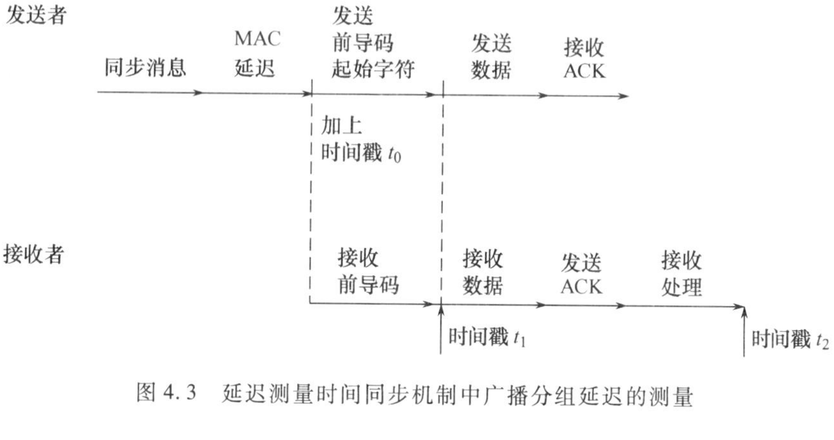

图 4.3 延迟测量时间同步机制中广播分组延迟的测量

延迟测量时间同步机制通过使用单个广播时间分组,能够同步单跳广播域内的所有节点,同时无需复杂的运算和操作,是一种轻量的(lightweight)能量有效时间同步机制。

2）延迟测量时间同步机制应用网络同步

延迟测量时间同步机制在多跳网络中采用层次型分级结构实现全网内所有节点的时间同步，为此定义了时间源级别的概念，时间源级别用来表示节点到时间主节点的跳数距离。每个节点都有一个时间源级别：时间主节点的级别是0；与时间主节点相邻的节点即时间主节点一跳范围内的节点属于级别是1；与级别 i 节点相邻的节点即到时间主节点的跳数为 $(i+1)$ 的节点属于级别是 $(i+1)$；以此类推每个节点的级别。时间主节点周期性广播它的时间，与主节点直接或间接同步的节点在给定时间内广播且仅广播一次它的时间。在一段时间间隔内，节点收到时间广播分组时检查发送该分组的节点级别是否低于自己的级别。如果是，就与该广播时间进行同步，否则丢弃该分组。这样，主节点的时间以最小跳数传播到整个网络内的所有节点，并且全网内时间广播分组的总个数达到最少，等于网络内所有节点的个数之和，没有任何冗余数据包传输。因此，在节点最大级别为 N 的传感器网络中，时间同步的最大误差是单跳同步误差的 N 倍。由于多跳网络的每一跳误差可能为正也可能为负，多跳同步误差的总和可以抵消部分单跳误差。

在传感器网络应用中，往往需要将传感器节点与外部时间进行同步，这就要求时间主节点能够与外部网络通信，从而获得世界标准时间值。通常选择基站作为默认的时间主节点，因为它有更好的能源支持，并且便于与外部网络相连和通信。时间主节点选取也可以采用节点标识符最小的策略。延迟测量时间同步机制在实现复杂度、能量高效与同步精度之间进行了折中，能够应用在对时间同步要求不是很高的传感器网络中。

4.1.5　其他同步机制

M. Maroti 等人提出了洪泛时间同步协议（Flooding Time Synchronization Protocol，FTSP），综合考虑了能量感知、可扩展性、鲁棒性、稳定性和收敛性等方面的同步要求。洪泛时间同步协议假设每个节点有唯一的标识符，无线信道能够发送广播消息，利用单个广播消息使得发送节点和它的邻居节点达到时间同步，采用同步时间数据的线性回归方法估计时钟漂移和偏差。

多跳网络的洪泛时间同步协议采用层次结构，根节点就是选中的同步源。根节点属于级别0，根节点广播域内的节点属于级别1，以此类推，级别 i 的节点同步到级别 $(i-1)$ 的节点。所有节点周期性广播时间同步消息维持时间同步层次结构，1级节点在收到根节点的广播消息后时间同步到根节点，同样，2级节点在收到1级节点的广播消息后同步到1级发送节点，以此类推，最后网络叶节点获得同步时间。

洪泛时间同步协议制还考虑了根节点选择、链路失败、根节点失败、拓扑结构变化、冗余信息和多个根节点等方面的问题。每个节点通过一段时间的侦听和等待同步消息后进入时间同步的初始化阶段。如果收到同步消息，节点用新的时间数据更新线性回归表。如果没有收到消息，节点宣布自己是根节点。节点初始化后的主要同步操作是接收同步消息，更新回归表进行新的时间漂移估计，并周期性广播同步消息。

节点在一段时间内没有收到新的同步消息后就宣布自己为根节点，这就有可能存在多个节点同时宣布自己为根节点而产生冲突。解决冲突的办法是选择标识符编号最小的节点作为根节点。如果新的全局时间与旧的全局时间存在较大偏差，根节点切换就存在收敛问题，这就需要潜在的新根节点收集足够多的数据来精确估计全局时间。

对于冗余信息的消除，洪泛时间同步协议采用根节点逐个增大消息的序列号，其他节点只记录收到消息的最大序列号，并用这个序列号发送自己的消息。例如，假设节点 N 有 7 个邻居节点 $M_1, \cdots, M_7$，相互之间都能够直接通信，$M_1, \cdots, M_7$ 在根节点的通信范围内，而节点 N 不在根节点的通信范围内。这样，根节点发送的消息能够到达 $M_1, \cdots, M_7$，而到达不了节点 N。然后 $M_1, \cdots, M_7$ 分别发送同步消息，节点 N 只接收 $M_1, \cdots, M_7$ 中的一个消息，并将数据放到回归表内，放弃另外 6 个节点的相同序列号的同步消息。

洪泛时间同步协议将消息传输延迟进一步分解，仔细考虑延迟的每个环节以提高同步精度，通过广播同步分组实现发送节点与邻居节点对的同步，采用层次型分级节点达到全网络时间同步。它考虑了拓扑结构变化和节点失效的情况，在一个由 60 个 mote 节点（Crossbow 公司生产的无线传感器网络节点）组成的定位系统中得到了实现，这些是洪泛时间同步协议（FTSP）与延迟测量时间同步（DMTS）机制最大的区别。

A. Hu 和 S. Servetto 在给出了高密度节点情况下传感器网络的时间同步方法。假设区域内的所有节点需要时间同步，并且将同步信息传递给远处的一个接收者，而单个节点没有足够资源产生高功率信号。为此，需要节点合作产生一个集合波形，它可被所有节点同时监测到，并包含足够信息来同步所有节点的时钟，这种集合波形能有效地仿真产生高功率时间同步信号的超级节点。

具体方法：先由起始节点发送脉冲，然后以其为中心，发送覆盖范围内的节点在接收到 M 个脉冲后，根据获取的信息估算出第（$M+1$）个脉冲的发送时间，并开始同步发送脉冲。这样逐级向外递推，外围节点随之加入到发送同步脉冲行列中，每经过 M 个脉冲就增加新的节点，最终产生一个汇聚波形。由于采用类似交响乐团合作的方式，大量节点一同发送时间信号，即可产生足够能量的集合波形。这是一种简单的时间同步机制，其性能随着节点数目增加而提高，但计算复杂度不变，特别适用于传感器网络作为一个分布式发送阵列的应用。

在生物系统、物理和化学反应中经常见到独立系统周期性活动的时间同步，如飞翔的萤火虫或神经元尖峰。这些系统行为可以建模为具有脉冲耦合的振荡器网络，其中每个振荡器周期性发送自身生成的脉冲，这些脉冲引起对其他振荡器脉冲事件的耦合。基于这样的观察，Y. W. Hong 和 A. Scaglione 在提出一种同步机制，利用超宽带（Ultra Wide Band，UWB）系统的窄脉冲特性仿真生态群中的脉冲耦合集成发送模型（pulse coupled integrate and fire model），以获得分布式时间同步。这种机制基于一种简单的发送策略，节点集成从其他节点接收信号脉冲，并在达到一个指定门限后发送一个脉冲。通过采用时间同步，许多协作策略可以应用到节点分布的网络中，特别是这种时间同步机制可导致信号脉冲的相互叠加，并允许利用网络作为一个可达远端接收机的分布式天线，解决称为后方联系（reach-back）的问题。由于超宽带系统的通信带宽大，节点可以使用很小的占空比发送，从而模仿生物系统中导致同步的脉冲耦合机制。

4.2　定位技术

在传感器网络中，位置信息对传感器网络的监测活动至关重要，事件发生的位置或获取信息的节点位置是传感器节点监测信息中所包含的重要信息，没有位置信息的监测信息往往没有意义。因此，确定事件发生的位置或获取信息的节点位置是传感器网络最基本的功能之一，对传感器网络应用的有效性起着关键的作用。

4.2.1　定位的基本概念

在传感器网络节点定位技术中，根据节点是否已知自身的位置，把传感器节点分为信标节点（beacon node）和未知节点（unknown node）。信标节点在网络节点中所占的比例很小，可以通过携带全球定位设备等手段获得自身的精确位置，是未知节点定位的参考点。除了信标节点外，其他传感器节点就是未知节点，它们通过信标节点的位置信息来确定自身位置。在传感器网络定位过程中，通常会使用到三边测量法、三角测量法或极大似然估计法计算节点位置[3-4]。

1. 基本术语

无线传感器网络定位问题中经常出现的术语如下：

邻居节点（neighbor nodes）：传感器节点通信半径内的所有其他节点称为该节点的邻居节点。

跳数（hop count）：两个节点之间间隔的跳段总数称为两个节点间的跳数。

跳段距离（hop distance）：两个节点之间间隔的各跳段距离之和称为两节点

间的跳段距离。

基础设施(infrastructure):协助传感器节点定位的已知自身位置的固定设备,如卫星、基站。

到达时间(Time Of Arrival,TOA):信号从一个节点传播到另一个节点所需要的时间称为信号的到达时间。

到达时间差(Time Difference Of Arrival,TDOA):两种不同传播速度的信号从一个节点传播到另一个节点所需要的时间之差称为信号的到达时间差。

接收信号强度指示(Received Signal Strength Indicator,RSSI):节点接收到无线信号的强度大小。

到达角度(Angle Of Arrival,AOA):节点接收到的信号相对于自身轴线的角度。

视线关系(Line Of Sight,LOS):两个节点间没有障碍物间隔,能够直接通信,称两个节点间存在视线关系。

非视线关系(No LOS,NLOS):两个节点间存在障碍物。

2. 确定位置的基本方法

在无线传感器定位过程中,未知节点在直接或间接地获得邻近信标节点的距离,或获得邻近的信标节点与未知节点之间的相对角度后,通常使用下述方法之一确定自身位置。

1) 三边测量法

三边测量法(trilateration)如图 4.4 所示,已知 A、B、C 节点的坐标为 (x_a, y_a)、(x_b, y_b)、(x_c, y_c),它们到未知节点 $D(x, y)$ 的距离分别为 d_a、d_b、d_c。那么,存在下列公式:

$$\begin{cases} \sqrt{(x - x_a)^2 + (y - y_a)^2} = d_a \\ \sqrt{(x - x_b)^2 + (y - y_b)^2} = d_b \\ \sqrt{(x - x_c)^2 + (y - y_c)^2} = d_c \end{cases} \tag{4-8}$$

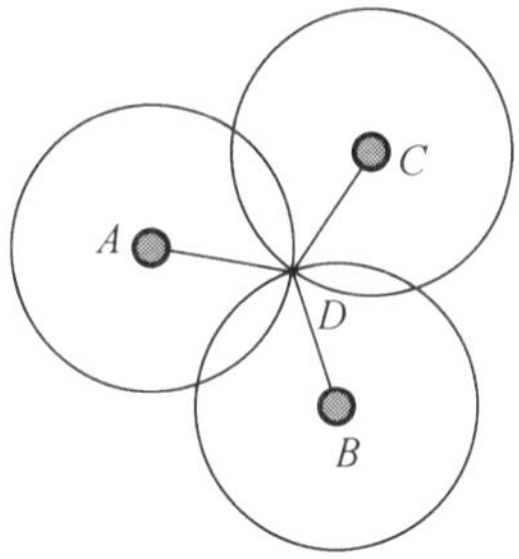

图 4.4 三边测量法示意

由式(4-8)可以得到节点 D 的坐标为

$$\begin{bmatrix} x \\ y \end{bmatrix} = \begin{bmatrix} 2(x_a - x_c) & 2(y_a - y_c) \\ 2(x_b - x_c) & 2(y_b - y_c) \end{bmatrix}^{-1} \begin{bmatrix} x_a^2 - x_c^2 + y_a^2 - y_c^2 + d_c^2 - d_a^2 \\ x_b^2 - x_c^2 + y_b^2 - y_c^2 + d_c^2 - d_b^2 \end{bmatrix} \tag{4-9}$$

2) 三角测量法

三角测量法如图 4.5 所示,已知 A、B 两个信标节点的坐标分别为 (x_a, y_a)、(x_b, y_b),假设未知节点 D 的坐标为 (x, y),并假设 D 测得信标节点 A、B 发出信号的到达角度分别为 θ_1 和 θ_2,则下式成立:

$$\tan(\theta_i) = \frac{x - x_i}{y - y_i}, \quad i = a, b \tag{4-10}$$

通过求解上述非线性方程,可以求出节点 D 的坐标(x,y)。

3）极大似然估计法

极大似然估计法(maximum likelihood estimation)如图 4.6 所示,已知 1,2,3 等 n 个节点的坐标分别为$(x_1,y_1),(x_2,y_2),(x_3,y_3),\cdots,(x_n,y_n)$,它们到节点 D 的距离分别为 $d_1,d_2,d_3,\cdots,d_n$,假设节点 D 的坐标为(x,y)。那么,存在下列公式:

$$\begin{cases} (x_1 - x)^2 + (y_1 - y)^2 = d_1^2 \\ \vdots \\ (x_n - x)^2 + (y_n - y)^2 = d_n^2 \end{cases} \tag{4-11}$$

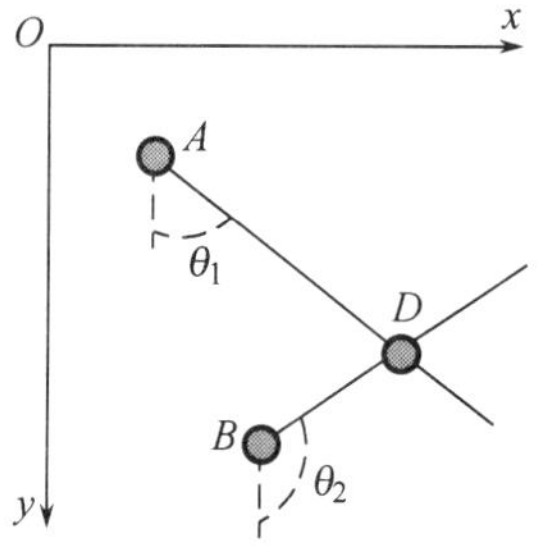

图 4.5 三角测量法示意

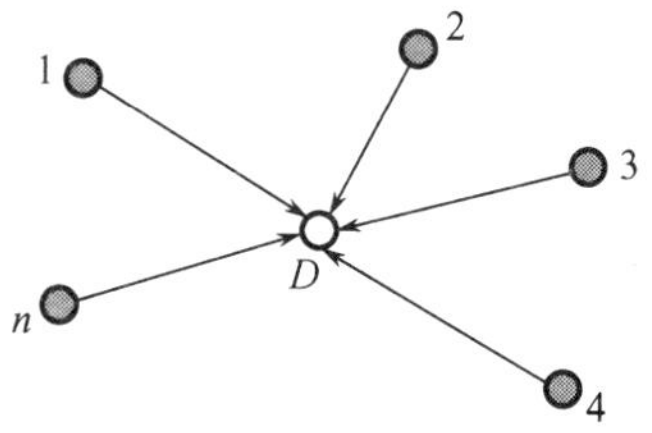

图 4.6 极大似然估计法示意

从第一个方程开始分别减去最后一个方程,可得:

$$\begin{cases} x_1^2 - x_n^2 - 2(x_1 - x_n)x + y_1^2 - y_n^2 - 2(y_1 - y_n)y = d_1^2 - d_n^2 \\ \vdots \\ x_{n-1}^2 - x_n^2 - 2(x_{n-1} - x_n)x + y_{n-1}^2 - y_n^2 - 2(y_{n-1} - y_n)y = d_{n-1}^2 - d_n^2 \end{cases} \tag{4-12}$$

式(4-12)的线性方程表示方式为 $AX = b$,其中:

$$A = \begin{bmatrix} 2(x_1 - x_n) & 2(y_1 - y_n) \\ \vdots & \vdots \\ 2(x_{n-1} - x_n) & 2(y_{n-1} - y_n) \end{bmatrix} \tag{4-13}$$

$$b = \begin{bmatrix} x_1^2 - x_n^2 + y_1^2 - y_n^2 + d_n^2 - d_1^2 \\ \vdots \\ x_{n-1}^2 - x_n^2 + y_{n-1}^2 - y_n^2 + d_n^2 - d_{n-1}^2 \end{bmatrix} \tag{4-14}$$

$$X = \begin{bmatrix} x \\ y \end{bmatrix} \tag{4-15}$$

使用标准的最小均方差估计方法可以得到节点 D 的坐标：

$$\hat{X} = (A^{\mathrm{T}}A)^{-1}A^{\mathrm{T}}b \tag{4-16}$$

3. 定位算法分类

在传感器网络中，定位算法的分类方式通常有以下几种：

1）基于测距的（range-based）定位和无需测距的（range-free）定位

基于测距的定位通过测量节点间点到点的距离或角度信息，并使用三边测量法、三角测量法或极大似然估计定位法计算节点位置。无需测距的定位则仅仅依靠网络连通性等信息进行定位。为了采用基于测距的定位算法，就必须在传感器节点上额外配备测距装置，这在一定程度上增加了节点的成本和功耗，并且由于目前的测距技术误差比较大，直接影响了节点定位的精度。一般的做法是通过多次测量和循环定位来减小测距误差对定位的影响，但这一过程又需要额外的计算量和通信量。基于测距的定位算法与无需测距的定位算法相比虽然有着成本较高、能耗较高、计算量和通信量较大的不足，但是前者的定位精度一般都要比后者高。随着技术进步，更精确、能耗更小的测距技术的出现，以及对定位精度的更高要求，基于测距的定位算法将获得更好的发展空间。

2）绝对定位和相对定位

绝对定位必须让所有的待定位节点使用共同的参照系，其定位结果是一个全局性的标准坐标位置，比如用经度和纬度表示出来。对同一地理位置的节点进行多次绝对定位，其定位结果将是一样的，而采用相对定位，结果则可能不同。相对定位可以让每个定位节点使用不同的参照系，通常是以网络中的部分节点为参考，建立整个网络的相对坐标系统。在一定条件下，绝对定位结果可以转换为相对定位结果。相比而言，绝对定位可为网络提供唯一的命名空间，受节点移动性影响较小，有更广泛的应用领域。在相对定位的基础上也能够实现部分路由协议，尤其是基于地理位置的路由（geo-routing）。通常为了实现绝对定位，需要在网络内部署一定比例的信标节点或中心节点，而相对定位不需要信标节点和中心节点。总之，绝对定位算法依赖于网络的基础设施或具有全球定位系统等特殊定位方式的信标节点，并对网络部署有特定要求，从而可能受限于传感器成本和网络应用环境等原因无法适用于某些实际应用。

3）集中式计算的定位和分布式计算的定位

在集中式计算的定位算法中，要求网络中部署中心节点，其余传感器节点把采集的相关信息传送到中心节点，并通过中心节点的运算得出每个节点的位置信息。这类算法可以不受计算和存储性能的限制，获得相对精确的定位，但是由于定位运算对中心节点的过分依赖性，在中心节点附近的节点可能会因为通信

用混合定位法可以实现更高的定位精确度,减小误差,也可以降低使用单一定位方法对测量参数的要求。基于到达角度定位法的硬件系统设备复杂,并且需要两节点之间存在视距(LOS)传输,因此不适合于无线传感器网络的定位。

4. 基于接收信号强度指示的定位

基于接收信号强度指示(RSSI)的定位:节点接收到无线信号的强度大小,称为接收信号的强度指示。在基于接收信号强度指示的定位中,已知发射节点的发射信号强度,接收节点根据收到信号的强度计算出信号的传播损耗,利用理论和经验模型将传输损耗转化为距离,再利用已有的算法计算出节点的位置。

基于接收信号强度指示的定位技术的主要误差来源是环境影响所造成的信号传播模型的建模复杂性:反射、多径传播、NLOS、天线增益等问题都会对相同距离产生显著不同的传播损耗。通常将其看作为一种粗糙的测距技术,它有可能产生 ±50% 的测量误差。虽然在实验环境中基于接收信号强度指示的定位表现出良好的特性,但是在现实环境中,温度、障碍物、传播模式等条件往往都是变化的,使得该技术在实际应用中仍然存在困难。

4.2.3 距离无关的定位算法

基于测距的算法的缺点是使传感器节点造价增高,消耗了有限的电源资源,而且在测量的准确性方面需要大量的研究。距离无关的定位算法不需要直接测量未知节点到信标节点的距离,在成本和功耗方面比基于测距的方法具有优势,而且距离无关的定位机制的定位性能受环境因素的影响小,虽然定位误差相应有所增加,但定位精度能满足多数传感器网络应用的要求,是目前大家重点关注的定位机制。距离无关的定位算法主要有质心算法、凸规划定位算法、DV-Hop算法、Amorphous 算法、MDS-MAP 算法和 APIT 算法等[5-6]。

1. 质心算法

在质心算法中,信标节点周期性地向邻近节点广播信标分组,信标分组中包含信标节点的标识号和位置信息。当未知节点接收到来自不同信标节点的信标分组数量超过某一个门限或接收一定时间后,就确定自身位置为这些信标节点所组成的多边形的质心。质心算法完全基于网络连通性,无需信标节点和未知节点之间的协调,因此比较简单,容易实现。但质心算法假设节点都拥有理想的球形无线信号传播模型,而实际上无线信号的传播模型并非如此,实际测量的无线信号传播强度的等高线与理想的球形模型有很大差别。另外,用质心作为实际位置本身就是一种估计,这种估计的精确度与信标节点的密度以及分布有很大关系,密度越大,分布越均匀,定位精度越高。实验显示,大约有 90% 未知节点定位精度小于信标节点间距的 1/3。

2. 凸规划定位算法

加州大学伯克利分校的 Doherty 等将节点间点到点的通信连接视为节点位置的几何约束(用来约束对象或对象之间几何形态),把整个网络模型化为一个凸集,从而将节点定位问题转化为凸约束问题,然后使用半定规划和线性规划方法得到一个全局优化的解决方案,确定节点位置。同时也给出了一种计算未知节点有可能存在的矩形区域的方法。如图 4.10 所示,根据未知节点与信标节点之间的通信连接和节点无线射程,计算出未知节点可能存在的区域(图中阴影部分),并得到相应矩形区域,然后以矩形的质心作为未知节点的位置。

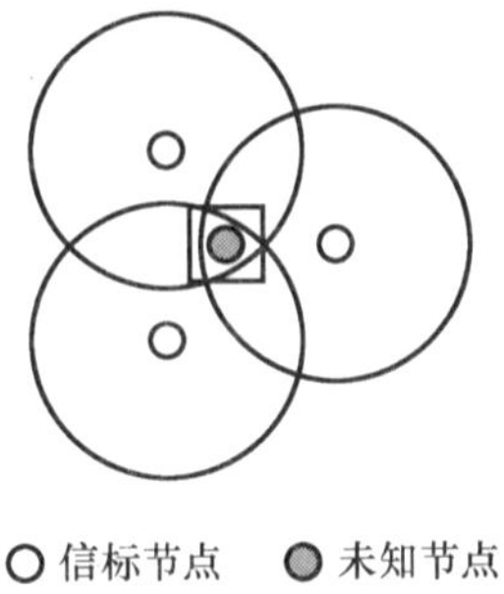

图 4.10 凸规划示意图

凸规划是一种集中式定位算法,在信标节点占总节点数 10% 的条件下可以达到很高的定位精度。为了高效工作,信标节点必须部署在网络边缘,否则节点的位置估算会向网络中心偏移。

3. DV-Hop 算法

DV-Hop 定位方法是一个典型的利用多跳信标节点信息的定位策略。整个算法包括三个阶段。第一阶段,每个节点保持一个表信息 $\{X_i, Y_i, h_i\}$,并且每个节点只与其邻居节点交换信息。利用类似经典的距离矢量交换方法,使得所有未知节点都获取到信标节点的跳距;第二阶段,在搜集了到其他信标节点的距离之后,估算每一跳的平均长度,这个平均长度用作邻居节点的修正量(Correction),当任一未知节点收到该修正信息,便可以获得一个到信标的估计距离;第三阶段,利用第二阶段的估计距离,应用三边定位方法进行未知节点的位置估算[7]。DV-Hop 定位方法的主要优点是简单,不依赖于测距精度。其缺点是算法仅能工作在均匀分布的网络拓扑结构,这种假设不尽合理,因此具有较大的应用局限。DV-Hop 算法在网络平均连通度为 10,信标节点比例为 10% 的各向同性网络中平均定位精度大约为 33%。其缺点是仅在各向同性的密集网络中校正值才能合理地估计平均每跳距离。

4. Amorphous 定位算法

Amorphous 定位算法也分为三个阶段。第一阶段,与 DV-Hop 定位算法相同,未知节点计算与每个信标节点之间的最小跳数;第二阶段,假设网络中节点的通信半径相同,平均每跳距离为节点的通信半径,由此未知节点可以计算到每个信标节点的跳段距离;第三阶段,利用三边测量法或极大似然算法,计算未知节点的位置。实验显示,当网络平均连通度在 15 以上时,节点无线射程存在 10% 偏差,定位误差小于 20%[8]。

5. MDS-MAP 定位算法

与凸规划类似,密苏里大学哥伦比亚分校的 Yi Shang 等提出的 MDS-MAP 也采用集中式计算,并可在测距无关和基于测距两种条件下根据网络配置分别实现相对和绝对定位。它采用一种心理测量学和精神物理学的数据分析技术——多维定标,该技术常用于探索性数据分析或信息可视化。实验显示,当网络连通度达到 12.2 时,几乎全部节点都可以实现定位;在拥有 200 个节点(其中 4 个信标节点),平均连通度为 12.1 的网络中,在测距无关的条件下算法定位误差约为节点无线射程的 30% [9]。

6. 近似三角质心定位算法

近似三角质心定位算法(Approximate Point-In-Triangulation Test, APIT)定位算法类似于质心算法,其主要特点是利用一种新的基于区域的方法,即将信标节点分为三角形区域来实现位置的估算,如图 4.11 所示。图中三角形的顶点表示信标节点,通过判断未知节点在哪些信标三角形的交叉区域来实现未知节点的物理位置估算。

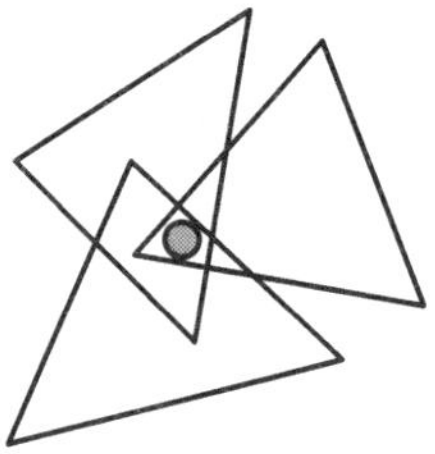

图 4.11 近似三角质心定位算法示意图

图 4.12 所示,各个信标节点可以将探测区域分为很多小的三角区域,由信标节点组成的三角形区域称为信标节点三角形。显然,一个三角形可以缩小它的区域,如果多个三角形的使用就可以获得比较精确的定位。这样,定位问题可以转化为判断未知节点与信标节点构成的信标三角形的关系,即判断未知节点在信标节点三角形区域之内还是之外的问题。算法中,将缩小区域的方法称为三角质心测试(PIT Test)。在这种技术中,一个传感器节点从所有的“听得见”的节点中选择三个信标节点。而近似三角质心定位技术是利用不同的信标节点重复使用三角质心测试,直到利用完所有的连接或者得到的定位精度满足要求。近似三角质心定位算法计算所有交叉三角形的质心,该中心点就是估算的距离。近似三角质心定位算法可以分为四步:(1) 信标数据的交换;(2) 三角质心测试;(3) 近似三角质心定位聚合;(4) 质心的计算。

在无线信号传播模式不规则和传感器节点随机部署的情况下,近似三角质心定位算法的定位精度高,性能稳定,但近似三角质心定位测试对网络的连通性提出了较高的要求。相对于计算简单的类似的质心定位算法,近似三角质心定位算法精度高,对信标节点的分布要求低。实验显示,近似三角质心定位测试错误概率较小(最坏情况下 14%),平均定位误差小于节点无线电射程的 40% [10-11]。

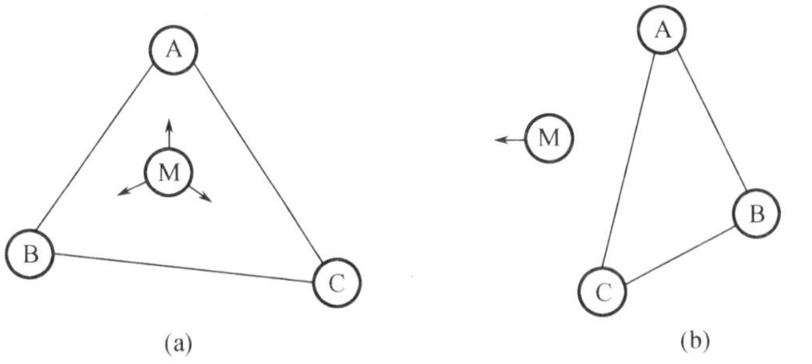

图 4.12 近似三角质心定位原理

4.2.4 定位算法的性能评价

无线传感器定位系统和算法的性能直接影响其可用性,如何评价它们是一个需要深入研究的问题。下面定性地讨论几个常用的评价无线传感器网络定位系统和算法的标准。

(1) 定位精度:定位技术首要的评价指标就是定位精度,一般以误差值与节点无线射程的比例表示,例如定位精度为 20% 表示定位误差相当于节点无线射程的 20%。

(2) 规模:不同的定位系统或算法也许可在园区内、建筑物内、一层建筑物或仅仅是一个房间内实现定位。另外,给定一定数量的基础设施或在一段时间内,一种技术可以定位多少目标也是一个重要的评价指标。

(3) 信标节点密度:信标节点定位通常依赖人工部署或全球定位系统实现。人工部署信标节点的方式不仅受网络部署环境的限制,还严重制约网络和定位算法的可扩展性。而使用全球定位系统定位,信标节点的费用会比普通节点高两个数量级,这意味着即使仅有 10% 的节点是信标节点,整个网络的价格也会增加 10 倍。因此信标节点密度也是评价定位系统和算法性能的重要指标之一。

(4) 节点密度:在无线传感器网络中,节点密度增大不仅意味着网络部署费用的增加,而且会因为节点间的通信冲突问题带来有限带宽的阻塞。节点密度通常以网络的平均连通度来表示。

(5) 覆盖率:指为可实现定位的未知节点与未知节点总数的比例。尽管密集部署是无线传感器网络的特点之一,但总会有一些不可达或连通度极低的未知节点存在,除这些节点,实现尽可能多的未知节点的精确定位也是定位系统和算法追求的目标之一。

(6) 容错性和自适应性:通常,定位系统和算法都需要比较理想的无线通信环境和可靠的网络节点设备。但在真实应用场合中常会出现以下问题:外界环境中存在严重的多径传播、衰减、非视距(NLOS)、通信盲点等问题;网络节点由

质访问层之间。独立于应用的数据融合保持了网络协议层的独立性,不对应用层数据进行处理,从而不会导致信息丢失,但是数据融合效率没有依赖于应用的数据融合高。

上面两种方式相结合的数据融合方式结合两种技术的优点,同时保留独立于应用的数据融合层次性与其他协议层内的依赖于应用的数据融合,因此可以综合使用多种机制得到更符合应用需求的融合效果。下面主要介绍独立于应用的数据融合方法。

4.3.3 独立于应用的数据融合方法

独立于应用的数据融合针对无线传感器网络带宽低、能量有限的特点,实现无线信道的最大利用率。独立于应用的数据融合根据网络当前流量动态改变转发节点的数据融合程度,减轻信道竞争[13]。

独立于应用的数据融合不同于依赖于应用的数据融合,不需要依赖应用层的信息,也不需要双向接口及数据中心路由协议。独立于应用的数据融合可以嵌入到无线传感器网络协议栈中,将融合决策和具体的应用进行隔离。此外,独立于应用的数据融合还可以作为补充策略,与其他数据融合方法共同对数据进行处理。独立于应用的数据融合及依赖于应用的数据融合的原理图如图 4.13 所示。

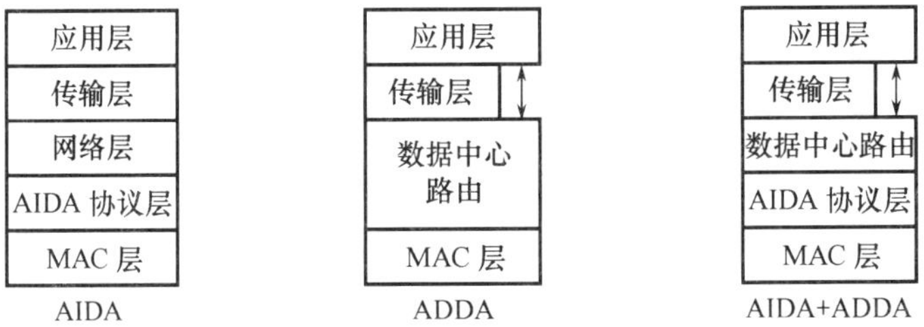

图 4.13 AIDA 与 ADDA 融合方法

1. 独立于应用的数据融合的工作原理

独立于应用的数据融合的基本思想,一是不针对数据的内容,二是根据下一跳地址进行多个数据单元的合并,从而减少数据封装以及发送冲突的开销。由于独立于应用的数据融合可以针对不同情况决定数据融合的程度,因此可以增强数据融合对网络负载状况的适应性。当网络数据载荷较轻时可以降低融合的程度,而较重时可以提高融合的程度。

独立于应用的数据融合协议层位于网络层和介质访问层之间,其基本组成如图 4.14 所示。

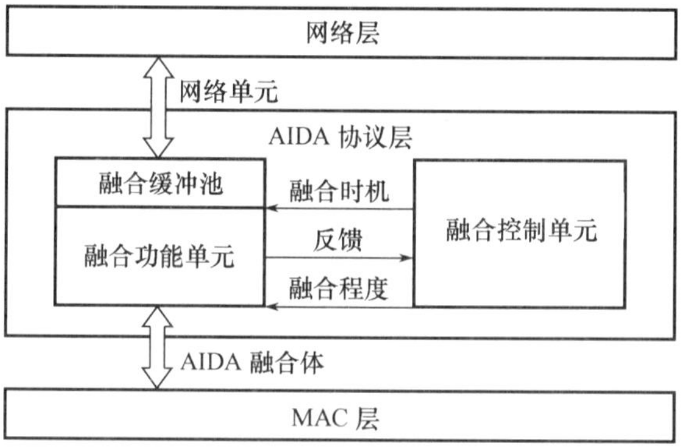

图 4.14 AIDA 协议层的组成

独立于应用的数据融合协议层的功能分为两部分：功能单元对网络单元（分组）进行融合和去融合；控制单元用于选择融合策略，例如固定融合、按需融合以及动态反馈融合等。

独立于应用的数据融合的工作原理包括两个方向的数据流向：

(1) 由网络层发送的数据分组进入融合缓冲池后，融合功能单元根据分组数量以及下一跳的接收节点，选择合适的分组格式来进行融合，然后将融合结果下传给介质访问层。而控制单元决定具体的融合策略。

(2) 由介质访问层来的输入数据，在独立于应用的数据融合协议层被分解为网络单元，独立于应用的数据融合将恢复出来的网络单元上传给网络层。独立于应用的数据融合去融合的目的是为了确保各层的模块化以及允许网络组成的独立性。

2. 独立于应用的数据融合的融合策略

独立于应用的数据融合的融合策略包括无融合、固定融合、按需融合和动态反馈融合。

1) 无融合

最简单的策略，独立于应用的数据融合不进行任何处理，只是按照网络协议标准将数据分组直接传递给相邻层。

2) 固定融合

固定融合方式中，无论有多少数据分组，每次融合的网络单元数都是固定的。具体实现时，可以采用定时器技术来确保固定的融合时间。

3) 按需融合

按需融合需要监视独立于应用的数据融合队列，确保队列不为空。正常情况下，输出队列满时，才启动数据融合机制。按需累积实际上是提供透明融合。

4）动态反馈融合

动态反馈融合（DYNamic feedback aggregation，DYN）是独立于应用的数据融合的最终解决方案。可以认为是固定融合方式和按需融合方式的结合。这种融合策略同样需要监视输出队列，动态地调整融合的强度。

4.3.4 其他融合方式

传统的传感器网络数据融合方式都是基于确定的网络结构，例如分簇或树型结构，因此也称为基于结构的融合方式。这种方式主要适用于节点周期性发送数据的情况，比如环境监测等。而在某些基于事件的网络中，由于监测对象为突发事件，例如入侵监测和危险品监测等，这一类应用实现无法知道信息源的位置，因此不适合采用基于结构的融合方式[14]。

1. 无结构数据融合方式

这种融合方式不需要预先构建融合结构，以数据意识任意组播（Data Aware Anycast，DAA）来满足数据融合的空间收敛条件，以随机等待（Randomized Waiting，RW）来满足其时间收敛条件。其缺点是网络规模缺乏可扩展性。

2. 半结构数据融合方式

这种融合方式结合结构融合和无结构融合的优点，在源节点附近进行数据融合，但并不明确建立移动事件结构。这样既减少了发送的分组数，又降低了建立和维护结构的开销。适用于大规模的无线传感器网络。

4.4 数据管理

无线传感器网络的数据管理系统类似于传统的分布式数据库系统。其主要目的在于将传感器网络的物理结构与逻辑结构分离，使得用户在使用、存储、检索和查询数据时不必了解网络的底层结构。数据管理系统能够向用户提供方便易用的应用结构。用户可以通过这些接口，直接访问传感器网络提供的数据服务，还可以进一步利用这些应用接口来开发功能更强的应用程序。

4.4.1 无线传感器网络的数据管理

无线传感器网络数据管理系统与传统的分布式数据库系统相比，有如下不同：

（1）无线传感器网络的数据来源于传感器节点。这些节点的工作状态随着环境的改变而千差万别。很多节点的工作环境可能非常恶劣，因此其数据来源具有不稳定性。此外，随着节点失效退出网络，或者有新节点加入网络，都会导致数据的规模和结构发生变化。

(2) 无线传感器网络的数据是连续产生的,只要整个网络在工作,数据就会源源不断地产生,这与传统数据库有限且相对固定的数据来源是明显区别的。此外,通常认为传统数据库中的数据是经过确认且准确无误的。而无线传感器网络节点采集到的数据由于干扰或自身故障的存在,会产生一定的误差。

(3) 使用无线传感器网络的用户一般情况下,需要数据管理系统提供一段时间内连续的不间断的数据查询和访问功能。

(4) 传统数据库技术关心的是查询的效率,即在最短时间内得到需要的数据。而无线传感器网络的数据管理系统则需要侧重于能量损耗的衡量,为此,无线传感器网络的数据管理系统往往会在网内对数据进行处理,例如,进行数据融合操作[15-16]。

4.4.2 无线传感器网络数据的存储、索引与查询方法

1. 数据存储方法

在数据存储方面,目前的无线传感器网络数据管理系统主要采用本地存储和以数据为中心的数据存储方法。

1) 本地存储

本地存储,即所有测量数据都存储在产生该数据的传感器节点内,满足指定空间范围的数据查询需求。使用本地存储方法时,存储传感器节点采集的数据不需要耗费通信能量,但是用户查询感知数据时需要耗费大量能量。本地存储适用于感知数据产生频率高于访问频率的情况。

2) 以数据为中心的数据存储

以数据为中心的存储方法使用数据名字来存储和查询数据。在以数据为中心的存储系统中,每个传感器节点产生的数据按照数据名存储在网络的某个或某些传感器节点上。根据数据项的名字,可以很容易地在传感器网络中找到相应的数据项。这类方法通过一个数据名到传感器节点的映射算法实现数据存储。

2. 数据索引方法

无线传感器网络中常用的索引方法包括层次索引、一维分布式以及多维分布式索引。

1) 层次索引

层次索引针对本地数据存储机制。适用于特定空域内的数据查询要求,例如某区域内的温度,或者某区域内一段时间内的平均温度等。

层次索引采用空间分解方法,根据查询要求计算分辨率级别。索取数据时,传感器节点将数据逐级传送到顶点和用户,实现层次索引。

2）一维分布式索引

一维分布式索引适用于以数据为中心的存储方式。该索引方式针对具体属性的查询,例如温度、压力等。其查询要求通常为某区域内的所有压力测量值等。一维分布式索引方法首先将网络分解为树状的层次结构,在索取数据时,按照查询要求选取包含查询数据名的父节点并在区域内进行遍历,得到查询结果。

3）多维分布式索引

多维分布式索引是在一维分布式索引的基础上进行多属性的查询。例如,某区域内的温度和压力测量值。具体查询时可以按照多个属性划分更多的区域并构造多个树状层次结构,以获得查询结果。

3. 数据查询方法

无线传感器网络中的数据查询是利用分布式的技术,由全局处理器将用户提交的查询要求分解为许多具体的子查询,然后根据数据索引的方法将查询要求提交给相关节点,在相关节点内再由节点处理器执行。中间点节点可以进行数据聚集等处理,以减少数据的传送量。

无线传感器网络数据管理系统采用的查询方法主要分为两类:集中式查询和分布式查询。

1）集中式查询

集中式查询方法适合对历史数据的查询,例如查询某区域内,一段时间内的温度的变化趋势。集中式查询方式对中心数据库存储数据的周期和感知数据产生的频率都有一定的限制,因为这种方法无法保证从传感器网络获得查询所需的全部数据。当数据查询要求需要大量数据时,必须频繁地从每一个传感器获取数据,并把它们传送到中心数据库。显然,这将会很快耗尽每一个节点的能量。实际的做法是只要相应区域的传感器返回数据即可,不必要求传感器网络中的所有传感器都提供数据。传感器节点一般都具有处理和存储能力,因此可以在节点上进行数据分布式处理和存储,这不但能有效地减少数据传送,降低节点和网络的能量消耗,而且还能提高查询响应的实时性。集中式查询处理方法适用于传感器能源比较充足而且数据采集周期较长的应用。

2）分布式查询

针对集中式查询方法的不足,提出了分布式查询方法。在分布式查询方法中,不同的查询请求会产生不同的数据获取方式,以获取不同的数据。分布式查询方法只从传感器网络中获取与查询相关的数据。

分布式查询可以在传感器节点上执行选择和聚集操作。只有满足条件的数据参与聚集操作,因而只有部分聚集结果被传送到中心数据库,形成最终聚集结果。这种方法可以减少通信量,节约有限的网络通信带宽。

数据聚集技术包括逐级聚集和流水线聚集两类。

(1) 逐级聚集技术:从最底层的叶节点开始向最顶层的根节点逐级进行聚集,中间节点接收到来自下层节点的经过聚集处理的数据,再与自身数据进行进一步聚集,然后传送给上层节点。

(2) 流水线聚集技术:将查询时间划分为若干小段,在每个时间段内,中间节点将自身数据与在上个时间段内得到的下层节点数据进行聚集,再传送给上层节点。这种方式可以根据具体的查询要求以及网络的状况动态改变聚集的结果。

4.4.3 传感器网络数据管理系统

目前用于传感器网络的数据管理系统主要有:Fjord 系统、Cougar 系统、TinyDB 和 Dimensions。

1. Fjord 系统

Fjord 是加州大学伯克利分校开发的数据管理系统。主要由两部分组成:自适应的查询处理引擎和传感器代理。Fjord 系统基于流数据计算模型处理数据查询的操作。与传统数据库系统不同,在 Fjord 系统中,来自传感器的观测数据是传送给查询处理引擎的,而不是在数据被查询的时候才提取出来。此外,Fjord 系统根据计算环境的变化动态调整查询执行操作。传感器代理是传感器节点和查询处理器之间的接口。传感器节点需要将感知数据传送给传感器代理,传感器代理将数据发送到查询处理器。这样每个传感器节点不需要直接将观测数据发送给最终用户。另外,传感器代理可以让传感器节点按照事先指定的方式进行一定的本地计算,如对传感器数据进行聚集操作。传感器代理动态监测传感器节点,估计用户的需求以及目前相关节点的能量状况,动态调整传感器节点的采样频率和传输速率,延长传感器节点的寿命并提高处理性能。

2. Cougar 系统的结构

Cougar 系统是康奈尔大学开发的传感器网络数据管理系统。其基本思想是尽可能地将查询处理在传感器网络内部进行,减少通信开销。在查询处理过程中,只有与查询相关的数据才从传感器网络中提取出来。这种方法灵活而有效。

Cougar 系统将传感器网络中的节点划分为簇,并将其中一个节点作为簇头。使用定向扩散路由算法在网络中传递数据。整个系统由图形用户界面、查询代理和客户前端三部分组成。

(1) 图形用户界面运行在用于提供数据服务的客户端计算机上。使用 Java 语言和数据查询语言 SQL 实现。

(2) 查询代理运行在传感器节点上。由设备管理器、节点层软件和簇头层软件 3 个部分组成。簇头层软件运行于簇头节点,设备管理器进行节点本身的测量工作,节点层软件则提供数据查询的服务操作。节点层软件从设备管理器

续表

网络协议栈	网络攻击	安全技术
链路层	非公平竞争	短包、弱化优先级差异
网络层	丢弃和贪婪破坏	冗余路径
	汇聚节点攻击	加密、逐跳认证
	方向误导攻击	认证、监听
	黑洞攻击	认证、监听、冗余
传输层	洪泛攻击	客户端谜题
	失步攻击	认证

1. 无线传感器网络物理层安全技术

1）拥塞攻击

无线环境是一个开放的环境，所有无线设备共享一个开放的空间，所以若两个节点发射的信号在一个频段上，或频点很接近，都会因为彼此干扰而不能正常通信。只要获得目标网络通信频率的中心频率，攻击节点就可以通过不断发送无用信号使通信半径内的传感器网络节点不能正常工作。因此，拥塞攻击对单频点无线通信网络非常有效。要抵御单频点的拥塞攻击，可以使用宽频和跳频的方法。在检测到攻击后，网络节点通过跳转到另外一个频率继续进行通信。

由于全频攻击实现起来非常困难，因此拥塞攻击一般不采用全频攻击。当然，一旦出现长期持续全频拥塞攻击，则只能通过转换通信模式来抵御。

2）物理破坏

因为传感器网络节点往往分布在一个很大的区域内，所以保证每个节点都安全是不可能的。敌方人员很可能俘获一些节点，对其进行物理上的分析和修改，并利用它干扰网络正常功能。针对物理破坏，传感器网络需采用更全面的保护机制。

（1）完善物理损害感知机制。节点能够根据其收发数据包的情况、外部环境的变化和一些敏感信号的变化，判断是否遭受物理破坏。一旦感知到物理破坏，就采用具体的策略，使得敌人不能正确分析系统的安全机制，保护网络剩余部分免受安全威胁。

（2）信息加密存储。现代安全技术依靠密钥来保护和确认信息，而不是依靠安全算法。所以通信加密密钥、认证密钥和各种安全启动密钥需要严密的保护。对于破坏者来说，读取系统动态内存中的信息比较困难，所以他们通常采用静态分析系统非易失存储器的方法。因此，在实现的时候，敏感信息尽量存放在易失存储器上。如果不可避免要存储在非易失存储器上，则必须首先进行加密处理。

2. 无线传感器网络链路层安全技术

1）碰撞攻击

碰撞攻击指两个设备同时进行发送时，其输出信号会因为相互叠加而无法分离。任何数据包只要有一个字节的数据在传输过程中发生了冲突，那么整个包都会被丢弃。在链路层协议中称这种冲突为碰撞。

对于碰撞攻击，可以采用下列方法处理：

（1）使用纠错编码：纠错码原本是为了解决低质量信道的数据通信问题，通过在通信数据包中增加冗余信息来纠正数据包中的错误位。纠错码的纠正位数与算法的复杂度以及数据信息的冗余度相关，通常使用1～2位纠错码。如果碰撞攻击者采用的是瞬间攻击，只影响个别数据位，使用纠错编码是有效的。

（2）使用信道监听和重传机制：节点在发送前先对信道进行一段随机时间的监听，在预测信道一段时间为空闲的时候开始发送，降低碰撞的概率。对于有确认的数据传输协议，如果对方表示没有收到正确的数据包，则需重发数据。

2）耗尽攻击

耗尽攻击就是利用协议漏洞，通过持续通信的方式使节点能量资源耗尽。应对耗尽攻击的主要方法是限制网络发送速度，节点自动抛弃那些多余的数据请求，但是这样会降低网络效率。此外，在协议实现时，制定执行策略，对过度频繁的请求不予理睬，或者对同一个数据包的重传次数进行限制，以避免恶意节点无休止干扰导致节点能源耗尽。

3）非公平竞争

如果网络数据包在通信机制中存在优先级控制，恶意节点或者被俘节点可能被用来不断地在网络上发送高优先级的数据包占据信道，从而导致其他节点在通信过程中处于劣势。

这是一种弱拒绝服务（Denial of Service，DoS）攻击方式，需要敌方完全了解传感器网络的介质访问层协议机制，并利用介质访问层的协议来进行干扰性攻击。一种缓解的办法是采用短包策略，即在介质访问层中不允许使用过长的数据包，这样就可以缩短每包占用信道的时间；另外一种办法就是弱化优先级之间的差异，或者不采用优先级策略，而采用竞争或者时分复用方式实现数据传输。

3. 无线传感器网络的网络层安全技术

传感器网络是一个规模很大的对等网络。每个节点既是终端节点也是路由节点。两个节点之间的通信往往要经过很多跳，这样就给敌方人员更多的机会破坏数据包的正常传输。

要进行网络层的攻击，敌方人员必须要对网络的物理层、链路层以及网络层完全了解。这里假设敌人已经通过俘获网络中的物理节点进行了详细的代码分测技术包括使用监视器、信誉系统和路径管理器、可信管理机制等。这些方法由于无线传感器网络存在的限制,大多无法直接使用。

目前无线传感器网络使用的入侵检测系统(Intrusion Detection System,IDS)的主要思想是找出网络中最易受攻击的节点并进行重点保护。

1. 基于博弈论的入侵检测机制

将攻击与防御问题抽象为攻击方与无线传感器网络之间的博弈问题,通过博弈机制构建传感器网络的防御框架。

2. 马尔可夫判定过程

利用马尔可夫判定过程(Markov Decision Process,MDP)预测网络中最脆弱的节点。

3. 依据流量直觉判定

以节点流量作为度量,保护流量最大的节点。

4.5.5 传感器网络安全框架协议

1. SPKI/SDSI

简明公钥体系(Simple Public Key Infrastructure,SPKI)/简明分布式系统体系(Simple Distributed System Infrastructure,SDSI)工作于应用层,用来保证传感器节点之间的通信安全。

协议具有如下特性:

(1) 互相授权;

(2) 提供机密性、完整性、认证性等安全性能;

(3) 能量消耗最小化。

该协议的结构是基于代理方式的。其将传感器网络中的节点分为若干簇,根据传感器簇的能量状况,在簇内或簇外设置代理。簇间再通过一个总的代理实现网络的通信。协议的原理是在本地绑定用户的ID和证书,如果在本地列表中能够监测到该用户,且证书符合,则该用户就可以访问网络。

图4.15给出了协议的数据流图。

客户服务代理通过四个步骤实现请求服务器代理资源。客户端首先寻找拥有所需要资源且距离最近的服务器。

(1) 通信双方产生公钥/私钥对。

(2) 使用密钥协商协议进行对称密钥交换。产生一次密钥(One-Time Keys,OTK)列表。

(3) 传感器代理使用一次密钥列表入口的第一个密钥向服务器请求资源。

(4) 客户端代理需要发送未来的请求时,先使用一次密钥列表中的下一个密钥来进行加密,然后为认证产生私钥并交换公钥。

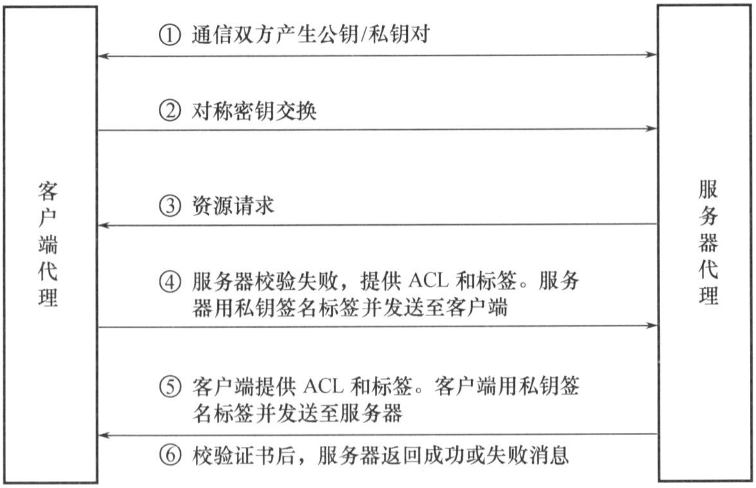

图 4.15 SPKI/SDSI 协议的数据流图

2. 无线传感器网络中容侵路由协议

无线传感器网络容侵路由(Intrusion-Tolerant Routing in Wirless Sensor Networks,INSENS)协议的设计思想是在路由中加入容侵策略。这样,即使某些节点遭到捕获,也不会影响整个网络。

无线传感器网络容侵路由协议主要包括如下策略:

(1) 该策略可以及时发现入侵者。无线传感器网络容侵路由协议采用容侵的路由机制。在路由初始化阶段,每个节点保留多条到基站的路由。

(2) 策略针对传感器节点能源受限的情况,用基站寻找并建立路由。

基站首先向每个节点发送请求信息,收到请求信息的节点再向邻节点转发该请求信息。节点可能会同时接收多个请求信息。第一个向该节点发送请求信息的将被标记为邻节点。向邻节点转发并对邻节点进行监听。

传感器节点从其他邻节点收到请求信息,就把这些邻节点作为父节点。并存储父节点信息和节点到基站的完整路径。

基站根据上述信息计算每个节点到基站的路由。当基站完成所有路由信息的计算后,向节点发送前向转发表,其中包括了节点到基站的不同路径。

(3) 该策略可用于入侵未被监测的情况下减少入侵造成的破坏。在该策略中,基站对节点进行单向认证,减少了攻击的扩散。此外,只允许节点与基站间进行通信,防止入侵者与邻居节点直接通信。这样便迫使入侵节点必须通过基站进行通信,而基站也可以据此判断出入侵节点。

3. 传感器网络安全协议

传感器网络安全协议(Security Protocols for Sensor Networks,SPIN)提供了数据的

机密性、完整性、及时性及认证。包含安全网络加密协议(Secure Network Encryption Protocol,SNEP)和 μTESLA 协议(micro Timed Efficient Streaming Loss-tolerant Authentication protocol)两个部分。安全网络加密协议用以实现通信的机密性、完整性、及时性和点到点的认证;μTESLA 协议用以实现点到多点的广播认证。

1) 安全网络加密协议

安全网络加密协议实现了数据机密性、数据认证、完整性保护、及时性保证等功能,是一个低通信开销、简单高效的安全通信协议,是专门针对无线传感器网络开发的。安全网络加密协议本身只描述安全实施的协议过程,并不规定实际使用的算法,具体的算法根据具体的应用场景再进行选择。

安全网络加密协议采用预共享主密钥的安全引导模型,假设每个节点都和基站之间共享一对主密钥,其他密钥都是从主密钥衍生出来的。安全网络加密协议的各种安全机制都是通过信任基站完成的。

(1) 数据机密性

安全网络加密协议在网络开始传送正式信息前,节点和基站之间共享的主密钥是预先定义的。主密钥通过对称加密算法 RC5 产生加密密钥、消息认证码(Message Authentication Code,MAC)和 PNG 密钥。

加密密钥:　　$K_{AB}=F_x(1),K_{BA}=F_x(3)$

MAC 密钥:　　$K'_{AB}=F_x(2),K'_{BA}=F_x(4)$

PNG 密钥:　　$K_{rand}=F_x(5)$

数据传送时,会产生两个密钥 K_{ener} 和 K_{mac}。K_{ener} 是加密密钥,K_{mac} 是消息认证码密钥。两个密钥都由主密钥产生。信息在传送时被分为信息块,然后对每个信息块进行加密传送。信息块的加密算法采用了数据加密标准-加密块链模式(Data Encryption Standard-Cipher Block Chaining,DES-CBC)算法。

安全网络加密协议具有语义安全特性。语义安全特性是针对数据机密性提出的一个概念,指相同的数据信息在不同的时间和不同的上下文,经过相同的密钥和加密算法会产生不同的密文。语义安全可以有效抑制已知明密文对(利用已知的密文和对应明文来破解截获的密文)攻击。

在安全网络加密协议中,每个信息块都将明文与前一段的密文通过异或运算来产生对应的密文。计数器模式也可以实现语义安全,因为每个信息块的密文与其加密时的计数器值相关。在计数器模式中,通信双方共享一个计数器,计数器值作为每次通信加密的初始化向量。这样,每次通信时的计数器值不同,相同的明文必定产生不同的密文。安全网络加密协议采取计数器模式的加密方法实现语义安全机制,其加密公式为

$$E=\{D\}(K_{enc},C)$$

其中,E 表示加密后的密文;D 表示加密前的明文;K_{enc} 表示加密密钥;C 表示计

数器，用作块加密的初始向量。

（2）数据认证和完整性

安全网络加密协议实现消息完整性和点到点认证是通过消息认证码（MAC）协议实现的。消息认证码协议的认证定义为

$$M = \mathrm{MAC}(K_{\mathrm{mac}}, C \mid E)$$

其中，K_{mac}表示消息认证算法的密钥，$C \mid E$ 为计数器值 C 和密文 E 的粘接，表明消息认证码是将计数器和密文一起进行运算。消息认证的内容可以是明文也可以是密文，安全网络加密协议采用的是密文认证。用密文认证方式可以加快接收节点认证数据包的速度。接收节点在收到数据包后可以马上对密文进行认证，发现问题直接丢弃，无需对数据包进行解密。明文认证过程则是接收节点必须先解密再认证，这会推迟错误的数据包的辨认时机，浪费节点计算资源，同时使系统对拒绝服务攻击更加敏感。另外，逐跳认证方式只能选择密文认证的方式，因为中间节点没有端到端的通信密钥，不能对加密的数据包进行解密。

K_{enc}和 K_{mac}这两个密钥都是通过与基站共享的主密钥 K_{master}按照相同的算法推演出来的。安全网络加密协议没有定义推演算法，实现者可以按照一定的规则生成。例如加州大学伯克利分校在其模型系统中直接使用 μTESLA 中定义的单向密钥生成函数 F 来生成加密密钥 K_{enc}和认证密钥 K_{mac}。

$$K_{\mathrm{enc}} = F^{(1)}(K_{\mathrm{master}})$$

$$K_{\mathrm{mac}} = F^{(2)}(K_{\mathrm{master}})$$

一个完整的节点 A 到节点 B 之间安全网络加密协议交换过程如下：

$$\mathrm{A} \to \mathrm{B}: \{D\}(K_{\mathrm{enc}}, C), \mathrm{MAC}(K_{\mathrm{mac}}, C \mid \{D\}(K_{\mathrm{enc}}, C))$$

（3）数据及时性

安全网络加密协议支持数据通信的弱及时性。所谓弱及时性是指一种单向的及时性认证。假设节点 A 给节点 B 连续发送 10 个请求数据包：

$$\mathrm{A} \to \mathrm{B}: \{R_{\mathrm{A1}}\}(K_{\mathrm{enc}}, C_1), \mathrm{MAC}(K_{\mathrm{mac}}, C_1 \mid \{R_{\mathrm{A1}}\}(K_{\mathrm{enc}}, C_1))$$

$$\mathrm{A} \to \mathrm{B}: \{R_{\mathrm{A2}}\}(K_{\mathrm{enc}}, C_2), \mathrm{MAC}(K_{\mathrm{mac}}, C_2 \mid \{R_{\mathrm{A2}}\}(K_{\mathrm{enc}}, C_2))$$

…………

$$\mathrm{A} \to \mathrm{B}: \{R_{\mathrm{A10}}\}(K_{\mathrm{enc}}, C_{10}), \mathrm{MAC}(K_{\mathrm{mac}}, C_{10} \mid \{R_{\mathrm{A10}}\}(K_{\mathrm{enc}}, C_{10}))$$

B 通过计数器值能够知道这 10 个请求数据包是顺序从 A 发送出来的。得到这 10 个请求包后 B 会将请求交给其上层应用处理，并将相应消息回复给 A。A 从 B 收到 10 个 RSP 消息：

$$\mathrm{A} \leftarrow \mathrm{B}: \{\mathrm{RSP}_{\mathrm{A1}}\}(K_{\mathrm{enc}}, C'_1), \mathrm{MAC}(K_{\mathrm{mac}}, C'_1 \mid \{R_{\mathrm{A1}}\}(K_{\mathrm{enc}}, C'_1))$$

$$\mathrm{A} \leftarrow \mathrm{B}: \{\mathrm{RSP}_{\mathrm{A2}}\}(K_{\mathrm{enc}}, C'_2), \mathrm{MAC}(K_{\mathrm{mac}}, C'_2 \mid \{R_{\mathrm{A2}}\}(K_{\mathrm{enc}}, C'_2))$$

…………

$$A \leftarrow B: \{RSP_{A10}\}(K_{enc}, C'_{10}), MAC(K_{mac}, C'_{10} \mid \{R_{A10}\}(K_{enc}, C'_{10}))$$

A 同样根据计数器值可以判断这 10 个响应包是从 B 顺序发送出来的，并且对于任何响应包的重放攻击都能够有效抑制，即实现了弱及时性认证。

这种及时性认证存在一个问题，A 不能判断它所收到的响应包 RSP_{A1}，是不是针对他发出的 R_{A1} 请求包的回应。如果 A 收到的回复消息不是按照其请求包发送顺序给出的，那么它将不能为每个请求回送正确的响应。为此，安全网络加密协议定义了强及时认证方法。

安全网络加密协议实现强及时特性使用 Nonce 机制。Nonce 表示一个唯一标识当前状态的、任何无关者都不能预测的数，所以通常使用真随机数发生器产生。安全网络加密协议在其强及时性认证过程中，在每个安全通信的请求数据包中增加 Nonce 段，唯一标示请求包的身份。为了保证安全性，Nonce 要足够长，以避免被敌方人员预测出来，减小碰巧相同的概率。如上例，节点 A 在发送给 B 的消息中增加一个 Nonce：N_A，B 在对该消息应答的时候让 N_A 参加回应包的消息认证计算，并返回给 A。这样 A 就可以通过响应包的认证码得知这个回应是针对 N_A 标示的请求消息给出的，不必考虑回应的顺序问题。通信过程描述如下：

$$A \rightarrow B: N_A, \{Rk\}(K_{enc}, C), MAC(K_{mac}, C \mid \{Rk\}(K_{enc}, C))$$

$$B \rightarrow A: \{RSP_k\}(K_{enc}, C'), MAC(K_{mac}, N_A \mid C' \mid \{RSP_k\}(K_{enc}, C'))$$

强及时认证会增加安全通信开销和计算开销。如果系统是单任务的应用，或者应用层任务在没有完成一次协议通信的情况下不放弃对通信协议栈的占用，那么就没有必要采用强及时认证。另外，在能够保证回应顺序与请求顺序的情况下也没有必要使用强及时认证；在计数器同步时强及时性认证是必需的，否则将可能受到拒绝服务攻击。

安全网络加密协议的校验头只需 8 个字节，减小了系统开销，适应了无线传感器网络有限的节点资源；其次，用计数器可以保证数据的及时性，且减少了通信开销；再次，实现了语义安全，即使攻击者获取了若干明文密文对，也无法对所截获的密文进行破译。

2）μTESLA 工作原理

（1）μTESLA 协议基本思想

认证广播协议的安全条件是“没有攻击者可以伪造正确的广播数据包”。μTESLA 协议就是依据这个安全条件来设计的。该安全条件在于：认证本身不能防止恶意节点制造错误的数据包来干扰系统的运行，只能保证正确的数据包一定是由授权的节点发送出来的。

μTESLA 协议的主要思想是先广播一个通过密钥 K_{mac} 认证的数据包，然后公布密钥 K_{mac}。这样就保证了在密钥 K_{mac} 公布之前没有人能够得到认证密钥的任何信息，也就没有办法在广播包正确认证之前伪造出正确的广播数据包。这样的协议过程恰好满足流认证广播的安全条件。

（2）μTESLA 的工作过程

μTESLA 的工作过程包括基站安全初始化、网络节点加入安全体系和节点完成数据包的广播认证三个过程。

基站一旦在目标区域内开始工作，首先生成密钥池，确定密钥同步时钟。密钥池的尺寸 N 和密钥同步周期 T 一般根据实际的存储空间大小、网络生命周期以及广播频率来确定。一旦密钥池密钥使用殆尽，需要重新启动一次初始化和节点同步过程。

假设 $F(x)$ 是单向密钥生成函数，N 为密钥池大小，K_N 作为基站确定的初始密钥，对于任意的密钥 K_{i+1}，运用 $K_i=F(K_{i+1})$ 得到其子密钥。运行 N 次该密钥生成过程，得到大小为 N 的密钥池：$F^{(0)}(K_N)$，$F^{(1)}(K_N)$，$F^{(2)}(K_N)$，…，$F^{(N)}(K_N)$，$F^{(N)}(K_N)$对应 K_0。

基站生成广播认证需要的密钥后需要定义两个变量：同步间隔 T_{int}和密钥发布延迟时间间隔 $d\times T_{\text{int}}$。同步间隔表示一个广播密钥的生存期，在一个同步周期 $[i\times T_{\text{int}},(i+1)\times T_{\text{int}}]$内，基站发送的广播包使用相同的密钥 K_i。密钥发布延迟定义为同步周期的一个整数倍，并且要求至少大于基站和最远节点之间的一次包交换时间。这样可以保证最远节点收到一个广播数据包的时候，该数据包的认证密钥还没有公布出来。

基站完成广播安全初始化以后，就开始接受节点的加入。每个节点通过安全网络加密协议与基站之间建立同步。假设节点 A 在$[i\times T_{\text{int}},(i+1)\times T_{\text{int}}]$时间段内向基站 S 要求加入网络，则其加入的具体过程描述如下：

$$\mathrm{A}\rightarrow \mathrm{S}:(N_{\mathrm{M}}\mid R_{\mathrm{A}})$$

$$\mathrm{S}\rightarrow \mathrm{A}:(T_{\mathrm{S}}\mid K_i\mid T_i\mid T_{\text{int}}\mid d),\mathrm{MAC}(K_{\text{as}},N_{\mathrm{M}}\mid T_{\mathrm{S}}\mid K_i\mid T_i\mid T_{\text{int}}\mid d)$$

其中，N_{M} 是一个随机 Nonce，表示使用强及时性认证；R_{A} 是请求加入网络的数据包；K_{as}是节点 A 与基站 S 之间的认证密钥，通过预共享主密钥产生；T_{S} 是当前时间；K_i 是初始化密钥；T_i 是当前同步间隔的起始时间；T_{int}是同步间隔；d 是密钥发布的延迟时间尺寸，单位为 T_{int}。经过这样一轮认证过程，节点将获得关于认证广播的所有信息。这里存在两个问题：第一，A→S 的过程没有进行认证，所以比较容易受到拒绝服务的攻击；第二，整个过程没有加密。从一般的安全角度上看，广播内容并不需要保密，关键是不能有人伪造广播包欺骗接收者。但是这样会让攻击者掌握更多的广播认证的信息，所以更容易让攻击者找到漏洞攻击网络。如果能够在网络中对节点加入过程使用加密，安全性会更好。引入加密过程，节点加入网络的时间会略微增加。使用加密的过程如下：

$A \rightarrow S: (N_M \mid R_A), MAC(K_{asm}, N_M \mid R_A)$

$S \rightarrow A: (T_S \mid K_i \mid T_i \mid T_{int} \mid d) K_{ase}, MAC(K_{asm}, N_M \mid T_S \mid K_i \mid T_i \mid T_{int} \mid d)$

其中，K_{ase}为节点与基站之间的通信加密密钥，K_{asm}是通信认证密钥，两者都是通过共享的密钥产生。

节点加入的过程可以穿插在整个网络运行的任何时段，而认证广播的过程在基站初始化完成后就可以进行。

μTESLA 并没有考虑拒绝服务攻击的问题。恶意节点广播错误数据包，节点会将这些数据包保存起来等待密钥公布后验证，这样将可能耗尽节点的资源。通过一些简单的机制能够缓解这个问题，例如，使用全网共享的一个初始密钥（非公开）对每个广播包进行一次初步处理，可以让节点先过滤掉那些纯粹的错误广播包，避免浪费节点资源去存储它。但这并不能彻底解决这个问题，因为一旦部分节点被俘获，泄露了这个全网共享认证密钥，上述处理除了增加系统处理开销，不再有任何安全意义。

3）传感器网络安全协议的实现

传感器网络安全协议是一个协议框架，在使用的时候还需要解决具体实现问题。

（1）加密算法的选择

一种比较合适的算法是 RC5 算法。RC5 算法简单高效，不需要很大的表支持。最重要的就是该算法是可定制的加密算法。可定制的参数包括分组大小（32/64/128 位可选）、密钥大小（0～2040 位）和加密轮数（0～255 轮）。对于要求不同、节点能力不同的应用可以选择不同的定制参数，非常方便和灵活。该分组算法的基本运算单元包括加法、异或和按位循环移位。RC5 的加密过程是数据相关的，加上三种算法混合运算，有很强的抗差分攻击和线性攻击的能力。不过对于 8 位处理器来说，按位循环移位开销会比较大。

RC6 是另外一个比较合适的加密算法。RC6 基于 RC5 算法，之所以被提出是为了让 RC5 算法能够满足 AES 加密标准的定义要求。RC6 对 RC5 的很多过程进行了改进。首先引入了乘法，虽然乘法增加了计算消耗，但是因为乘法加快了算法的发散速度，所以加密轮数可以缩减。

RC5 算法有几种运行模式，如果使用加密块链模式（CBC），其加解密过程不一样，需要两段代码完成；如果使用计数器模式，加解密过程相同，节省代码空间，而且同样保留加密块链模式（CBC）所拥有的语义安全特性。所以可以选择计数器模式实现 RC5 算法。

使用 RC5 算法处理的不是明/密文，而是密钥和一个计数器的值，所以对于分组数据来说，加密过程和解密过程是一样的。计数器主要是保证算法的语义安全设计的一个无限状态机。最简单的实现方法就是使用一个自增长的计数器,该计数器的计数空间足够大,能够保证在节点的生命周期内不会重复。Nonce是为了屏蔽计数器使用的一个伪随机数。为了减少基站与节点之间的通信量,该随机数可以在初始化的时候由节点和基站分别使用主密钥作为种子,通过伪随机数发生模块计算得到。因为基站和节点之间共享相同的主密钥和伪随机数发生器,所以计算得到的Nonce值是相同的。

(2) 消息认证算法的选择

消息完整性和及时性保证都需要消息认证算法。消息认证算法通常使用单向散列函数。目前最常用的单向散列函数有MD5、SHA、CBC-MAC等。如果要复用加密算法,可以选择CBC-MAC算法。该算法使用加密块链模式(CBC)完成数据的认证和鉴别。

(3) 密钥生成算法

通信密钥是通过单向散列函数作用在主密钥上产生的。对于密钥更新问题传感器网络安全协议中没有过多考虑,为了保证通信密钥的前向保密,不能用单向散列函数多次作用主密钥的方式来更新密钥,否则攻击者在破解当前通信密钥后能够通过同样的散列过程推算出后续通信密钥。一种办法是通过已有安全通道协商一个完全不同的密钥,这种方法通信开销大;另一种方法就是通过一个更加巧妙的方法利用单向散列函数和通信密钥生成不相关的、免协商的密钥。

评定单向散列算法优劣的标准有两个,一个是逆向运算函数不存在或者计算复杂度很高,避免通过结果恢复自变量的值;另一个就是算法发散度要绝对大,自变量的细微变化(一位变化)可以导致结果的完全不同,或者说很难找到相似度很大的自变量其散列结果完全相同,还有一种等价的说法是散列冲突的可能性非常小。MD5算法一直被认为是比较好的散列函数之一,但最近的研究结果表明,存在可行的算法可以在短时间内产生出让MD5冲突的数据序列。所以为了安全起见,MD5算法将不被推荐使用。

消息认证码MAC算法一般都具有很好的散列特性,鉴于节省代码空间的考虑,直接使用CBC-MAC算法作为密钥生成函数是非常实惠的。

其他一些独立的单向散列函数,如安全散列算法(Secure Hash Algorithm,SHA)等在资源允许的情况下也可以考虑。

(4) 随机数发生器

随机数发生器一般分为真随机数发生器和伪随机数发生器两种。真随机数发生器一般把各种自然界中无序变化的物理量作为随机数源,所以前后随机数可以保证完全无关。伪随机数发生器往往是通过一个函数连续产生一串看起来无序的数据串。伪随机数产生函数因为是一个确定的函数,所以对相同的输入,输出也必然是相同的。从横向上看,启动种子相同,伪随机数发生器计算得到的随机数序列一定也是相同的;从纵向上看,伪随机数发生器产生的随机数序列一定是周期循环的。一旦某一个随机数是前面出现过的,那么后面产生的随机数序列将重复以前的结果。为了避免伪随机数发生器循环,往往要定期修改种子,或者使用生成较慢的真随机数作为伪随机数的种子。如果改变种子,随机数序列的顺序就会改变,从而有更好的随机效果。

传感器网络节点在产生随机数方面有天然的独到资源——物理噪声源。节点本身有很多的环境传感器,每个传感器都能通过读取周围随机变化的物理参数来产生随机数。不过,考虑到节点在绝大多数情况下都要休眠,如果专门为收集随机数而耗费过多资源,则不划算,所以在实现的时候一般也会考虑使用伪随机数发生算法。

伪随机数发生算法种类很多,具有散列特性的函数通常都有很好的随机特性,为了提高代码的重用性,建议使用生成密钥的单向散列函数产生伪随机数。不过伪随机数毕竟是一个软件实现的算法,如果敌方通过俘获节点的方法获得了伪随机数发生器和主密钥,那么他们将很容易掌握系统的密钥产生规律,危及整个系统的安全。定期采样环境变量作为伪随机数函数的种子是一个提高随机数质量的有效方法。

4.5.6 安全管理

安全管理包含安全体系建立(即安全引导)和安全体系变更(即安全维护)两个部分。安全体系建立表示一个传感器网络从一堆分立的节点,或者说一个完全裸露的网络,如何通过一些共有的知识和协议过程逐渐形成一个具有坚实安全外壳保护的网络。安全体系变更主要是指在实际运行中,原始的安全平衡因为内部或者外部的因素被打破,传感器网络识别并去除这些异构的恶意节点,重新恢复安全防护的过程。这种平衡的破坏可能由敌方在某一个范围内进行拥塞攻击形成路由空洞造成,也可能由敌方俘获合法的无线传感器节点造成。还有一种变更的情况是增加新的节点到现有网络中,以延续网络生命期的网络变更。

传感器网络安全协议安全框架对安全管理没有过多的描述,只是假定节点之间以及节点和基站之间的各种安全密钥已经存在。在基本安全外壳已经具备的情况下,如何完成机密性、认证、完整性、及时性等安全通信机制。对于传感器网络来说这是不够的。试想一个由上万节点组成的传感器网络,随机部署在一个未知的区域内,没有节点知道自己周围的节点会是谁。在这种情况下,要想预先为整个网络设置好所有可能的安全密钥是非常困难的,除非对环境因素和部署过程进行严格控制。

安全管理最核心的问题就是安全密钥的建立过程。传统解决密钥协商过程的主要方法有信任服务器分配模型、自增强模型和密钥预分布模型。信任服务器模型使用专门的服务器完成节点之间的密钥协商过程，如 Kerberos 协议；自增强模型需要非对称密码学的支持，而非对称密码学的很多算法，如 Diffie-Hellman（DH）密钥协商算法，都无法在计算能力非常有限的传感器网络上实现；密钥预分布模型在系统布置之前完成了大部分的安全基础的建立，对系统运行后的协商工作只需要很简单的协议过程，所以特别适合传感器网络安全引导。

在介绍安全引导模型之前首先引入一个概念——安全连通性，这是相对于通信连通性提出的。通信连通性主要是指在无线通信环境下各个节点与网络之间的数据互通性。安全连通性主要指网络建立在安全通道上的连通性。在通信连通的基础上节点之间进行安全初始化的建立，或者说各个节点根据预共享知识建立安全通道。如果建立的安全通道能够把所有节点连接成一个网络，则认为该网络是安全连通的。图 4.16 描述了网络连通和安全连通的关系。

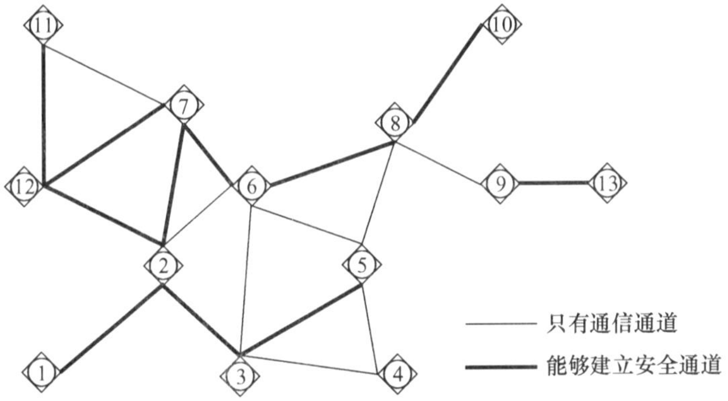

图 4.16　安全连通和网络连通对比图

图中所有节点是通信连通的，但不全是安全连通的，因为节点 4 以及节点对 9 和 13 无法与它们周围通信的节点建立安全通道。有的安全引导模型从设计之初就同时保证网络的通信连通性和安全连通性，如预共享密钥模型；另外一些安全引导模型则不能同时保证通信连通性和安全连通性。有一点可以确定，安全连通的网络一定是通信连通的，反之则不一定成立。

预共享密钥是最简单的一种密钥建立过程。传感器网络安全协议使用的就是这种建立过程。预共享密钥有如下两种主要的模式。

（1）每对节点之间都共享一个主密钥，以保证每个节点之间通信都可以直接使用这个预共享密钥衍生出来的密钥进行加密。该模式要求每个节点都存放与其他所有节点的共享密钥。这种模式的优点包括：不依赖于基站，计算复杂度低，引导成功率为 100%；任何两个节点之间的密钥是独享的，其他节点不知道，所以一个节点被俘不会泄露非直接建立的任何安全通道。但这种模型缺点也很多：扩展性不好，无法加入新的节点，除非重建网络；对复制节点没有任何防御力；网络的免疫力很低，一旦有节点被俘，敌人将很容易通过该节点获得与所有节点之间的秘密并通过这些秘密攻破整个网络；支持的网络规模小。假设节点之间使用64位主共享密钥(8B)，那么1000个节点规模的网络就需要每个节点有8 KB的主密钥存储空间。如果考虑各种衍生密钥的存储，整个用于密钥存储的空间就是一个非常庞大的数字。一个合理的网络规模在几十个到上百个节点。

（2）每个普通节点与基站之间共享一对主密钥，参考传感器网络安全协议描述。这样每个节点需要存储的密钥空间将非常小，计算和存储的压力全部集中在基站上。该模式的优点包括：计算复杂度低，对普通节点资源和计算能力要求不高；引导成功率高，只要节点都能够连接到基站就能够进行安全通信；支持的网络规模取决于基站的能力，可以支持上千个节点；对于异构节点基站可以进行识别，并及时将其排除在网络之外。缺点包括：过分依赖基站，如果节点被俘后，会暴露与基站的共享秘密，而基站被俘则整个网络被攻破，所以要求基站被布置在物理安全的位置；整个网络的通信或多或少都要通过基站，基站可能成为通信瓶颈；如果基站可以动态更新的话，网络能够扩展新的节点，否则将无法扩展。这种模型对于收集型的网络比较有效，因为所有节点都是与基站（汇聚节点）直接联系；而对于协同型的网络，如用于目标跟踪型的应用网络，效率会比较低。在协同型网络的应用中，数据要安全地在各个节点之间通信，一种方法是通过基站，但会造成数据拥塞；另一种方法是通过基站建立点到点的安全通道。对于通信对象变化不大的情况下，建立点到点安全通道的方式还能够正常运行；如果通信对象频繁切换，安全通道的建立过程也会严重影响网络运行效率。最后一个问题就是在多跳网络环境下，这种协议对于拒绝服务攻击没有任何防御能力。在节点与基站之间通信的过程中，中间转发节点没有办法对信息包进行任何的认证判断，只能透明转发。恶意节点可以利用这一点伪造各种错误数据包发送给基站，因为中间节点透明传送，数据包只能在到达基站以后才能够被识别出来。基站会因此而不能提供正常的服务，这是相当危险的。

预共享密钥引导模型虽然有很多不尽如人意的地方，但因其实现简单，所以在一些网络规模不大的应用中可以得到有效实施。

小结

本章系统地介绍了无线传感器网络的几种支撑技术。这些支撑技术都具有区别于其他网络的特点。

时间同步技术需要考虑同步精度和所需能耗的平衡，同时提高系统的可扩展性和健壮性；在节点的定位技术中也尽量采取低复杂度的算法，并且尽量减少由于定位所带来的通信开销；在数据融合技术方面更加倾向于数据累积类的方法，其目的也是为了减少数据的通信量；在数据管理方面，由于无线传感器网络的节点产生的是无限的数据流，因此传统的数据库技术并不适用，取而代之的是强调易用性、低能耗的数据服务技术；无线传感器网络的安全机制目前仍是十分活跃的研究领域，针对不同的应用场景，有各种不同的安全策略。

思考题

1. 无线传感器网络实现时间同步的目的是什么？
2. 常见的无线传感器网络同步机制有哪些？
3. 无线传感器网络定位的作用是什么？
4. 如何对无线传感器网络的定位机制分类？
5. 名词解释：
   邻居节点、跳数、跳段距离、到达时间、到达时间差、到达角度、视线关系、非视线关系
6. 定位机制的评价指标有哪些？
7. 简述 TOA 测距的原理。
8. 举例说明 TDOA 的测距过程。
9. 说明 DV-Hop 算法定位的实现过程。
10. 什么是数据融合？无线传感器网络使用数据融合的目的是什么？
11. 常见的数据融合方法有哪些？
12. 无线传感器网络数据管理系统包括哪些内容？
13. 什么是无线传感器网络的信息安全？
14. 如何选择无线传感器网络的加密算法？

参考文献

[1] Elson J, Estrin D. Time synchronization for wireless sensor networks. Proceedings of 15th International Parallel and Distributed Processing Symposium, 2001

[2] Sichitiu M L, Veerarittiphan C. Simple accurate time synchronization for wireless sensor networks. Proceedings of IEEE International Conference on Wireless Communications and Networking, 2003

[3] 王小平，罗军，沈昌祥. 无线传感器网络定位理论和算法. 计算机研究与发展，2011，3

[4] 朱剑，赵海，徐久强，李大舟. 无线传感器网络中的定位模型. 软件学报，2011，7

[5] Huang Yuefeng, Yang Xinyu, Yang Shuseng, et al. A cross-layer approach handling link asymmetry for wireless Mesh access networks. IEEE Transactions on Vehicular Technology,

2011,60 (3):1045-1058

[6] Zhao Peng, Yang Xinyu, Ye Anhua, et al. Joint multipath routing and admission control with bandwidth assurance for 802.11-based WMNs. Proceedings of IEEE International Conference on Wireless Communications and Networking,2011

[7] Fan Xiaojing, Yang Xinyu, Yu Wei, et al. HLLS: a history information based light location service for MANETs. Proceedings of IEEE International Conference on Communications,2010

[8] Kong Qingru, Yang Xinyu, Dai Xiangjun. Research of an improved weighted centroid localization algorithm and anchor distribution. Proceedings of IEEE International Conference on Cyber-Enabled Distributed Computing and Knowledge Discovery,2010

[9] 杨新宇,史椸,朱慧君,基于本地网络的蠕虫检测定位算法. 中国科学 E 辑,2008,38 (12):2099-2111

[10] Yang Xinyu, Kong Qingru, Xie Xiaoyang. One-dimensional localization algorithm based on signal strength ratio. International Journal of Distributed Sensor Networks,2009:5(1):79

[11] Kong Qingru, Yang Xinyu, Xie Xiaoyang. A novel localization algorithm based on received signal strength ratio. Proceedings of 4th International Conference on Wireless Communications, Networking and Mobile Computing,2008

[12] Patil S, Das S R, Nasipuri A. Serial data fusion using space-filling curves in wireless sensor networks. Proceedings of First Annual IEEE Communications Society Conference,2004

[13] Oweiss K G. Data fusion in wireless sensor array networks with signal and noise correlation mismatch. Proceedings of IEEE International Conference on Acoustics, Speech, and Signal Processing,2004

[14] Honarbacht A, Rauschert P, Kummert A. Data fusion in wireless sensor networks: a new application for Kalman filtering. IEEE Region 10 Conference 2004

[15] Loureiro A F, Nogueira J M S, Ruiz L B. Management of wireless sensor networks. Proceedings of 9th IFIP/IEEE International Symposium on Integrated Network Management, 2005

[16] Kay J, Frolik J. Quality of service analysis and control for wireless sensor networks. Proceedings of IEEE International Conference on Mobile Ad hoc and Sensor Systems,2004

[17] Sancak S, Cayirci E, Coskun V, et al. Sensor wars: detecting and defending against spam attacks in wireless sensor networks. Proceedings of IEEE International Conference on Communications,2004

[18] 周贤伟,等. 无线传感器网络与安全. 北京:国防工业出版社,2007

第5章　传感器

本章主要介绍传感器的原理、定义、主要分类和工作过程。针对无线传感器网络中对传感器尺寸的特殊要求，特别介绍了微型传感器系统。

5.1　传感器概述

人们为了从外界获取信息，必须借助于感觉器官。而单靠人们自身的感觉器官，在研究自然现象和规律以及生产活动中它们的功能就远远不够了。为适应这种情况，就需要传感器。因此可以说，传感器是人类感官的功能延伸。

5.1.1　传感器的定义

国家标准 GB7665-87 中对传感器的定义是："能感受规定的被测量并按照一定的规律转换成可用信号的器件或装置，通常由敏感元件和转换元件组成"。传感器是一种检测装置，能感受到被测量的信息，并能将检测感受到的信息按一定规律变换成为电信号或其他所需形式的信息输出，以满足信息的传输、处理、存储、显示、记录和控制等要求[1,2]。

在现代工业生产尤其是自动化生产过程中，要用各种传感器来监视和控制生产过程中的各个参数，使设备工作在正常状态或最佳状态，并使产品达到最好的质量。因此可以说，没有众多的优良的传感器，现代化生产也就失去了基础。

由此可见，传感器技术在发展经济、推动社会进步方面的重要作用是十分明显的。世界各国都十分重视这一领域的发展。

5.1.2　传感器的分类

传感器用途纷繁、原理各异、形式多样，它的分类方法也很多。

(1) 按被测量与输出电量的转换原理划分，可分为能量转换型和能量控制型两大类。能量转换型传感器直接将被测对象(如机械量)的输入转换成电能，属于这种类型的传感器包括压电式传感器、磁电式传感器、热电偶传感器等。能量控制型传感器直接将被测量转换成电参量(如电阻等)，依靠外部辅助电源才能工作,并且由被测量控制外部供给能量的变化,属于这种类型的传感器包括电阻式、电容式、电感式等[3,4]。

(2) 按被测参数分类,包括尺寸与形状、位置、温度、速度、力、振动、加速度、流量、湿度、黏度、颜色、照度和视觉图像等非电量传感器。

(3) 按测量原理分类,主要有物理和化学原理,包括电参量式、磁电式、磁致伸缩式、压电式、半导体式等。

(4) 按被测量的性质不同划分为位移传感器、力传感器、温度传感器等。

(5) 按输出信号的性质可分为开关型(二值型)、数字型、模拟型。数字式传感器能把被测得模拟量直接转化成数字量,他的特点是抗干扰能力强、稳定性强、易于与计算机连接、便于信号处理和实现自动化测量。

5.1.3　传感器的特性

1. 传感器静态特性

传感器的静态特性是指测量静态输入信号时,传感器的输出量与输入量之间所具有的相互关系。因为这时输入量和输出量都与时间无关,所以输入与输出之间的关系,即传感器的静态特性可用一个不含时间变量的代数方程,或以输入量作横坐标,把与其对应的输出量作纵坐标而画出的特性曲线来描述。表征传感器静态特性的主要参数有线性度、灵敏度、迟滞、重复性、漂移等[5]。

(1) 线性度:指传感器输出量与输入量之间的实际关系曲线偏离拟合直线的程度。定义为在全量程范围内实际特性曲线与拟合直线之间的最大偏差值与满量程输出值之比。

(2) 灵敏度:传感器静态特性的一个重要指标,其定义为输出量的增量与引起该增量的相应输入量增量之比,用S表示灵敏度。

(3) 迟滞:传感器在输入量由小到大(正行程)及输入量由大到小(反行程)变化期间其输入和输出特性曲线不重合的现象称为迟滞。对于同一大小的输入信号,传感器的正反行程输出信号大小不相等,这个差值称为迟滞差值。

(4) 重复性:指传感器在输入量按同一方向作全量程连续多次变化时,所得特性曲线不一致的程度。

(5) 漂移:指在输入量不变的情况下,传感器输出量随着时间变化,此现象称为漂移。产生漂移的原因有两个方面,一是传感器自身结构参数;二是周围环境(如温度、湿度等)。

2. 传感器动态特性

所谓动态特性,指传感器在输入变化时其输出的特性。在实际工作中,传感器的动态特性常用它对某些标准输入信号的响应来表示。这是因为传感器对标准输入信号的响应容易用实验方法求得,并且它对标准输入信号的响应与它对任意输入信号的响应之间存在一定的关系，往往知道了前者就能推定后者。最常用的标准输入信号有阶跃信号和正弦信号两种，所以传感器的动态特性也常用阶跃响应和频率响应来表示。

5.2 常见传感器

根据工作原理，传感器可分为物理传感器和化学传感器两大类。物理传感器应用的是诸如压电效应，磁致伸缩现象，离化、极化、热电、光电、磁电等物理效应。化学传感器包括那些以化学吸附、电化学反应等现象为基本原理的传感器。目前，大多数传感器是基于物理原理工作的。化学传感器由于技术问题较多，如可靠性问题、规模生产问题等，目前使用量还无法比拟物理传感器。

5.2.1 电阻式传感器

电阻式传感器是把测量量如位移、力、压力、加速度、扭矩等非电物理量转换为电阻值变化的传感器。主要包括电阻应变式传感器、电位器式传感器（位移传感器）、锰铜压阻传感器等。电阻式传感器与相应的测量电路组成的测力、测压、称重、测位移、测加速度、测扭矩等测量仪表是冶金、电力、交通、石化、商业、生物医学和国防等部门进行自动称重、过程检测和实现生产过程自动化不可缺少的工具之一。

电阻应变式传感器是利用电阻应变效应，由电阻应变片和弹性敏感元件组合起来的传感器。将应变片粘贴在各种弹性敏感元件上，当弹性元件感受到外力、位移、加速度等参数作用，弹性敏感元件产生应变，再通过粘贴在上面的电阻应变片将其转换成电阻值的变化。通常，电阻应变式传感器主要由敏感元件、基底、引线和覆盖层组成。其核心元件是电阻应变片，即敏感元件。其中应变片包括金属电阻应变片和半导体式应变片。

电位器式传感器的结构由电阻元件及电刷（活动触点）两个基本部分组成。电刷相对于电阻元件的运动可以是直线运动、转动和螺旋运动，因而可以将直线位移或角位移转换为与其成一定函数关系的电阻或电压输出。

电位器的材料：

（1）电阻丝：康铜丝、铂铱合金及卡玛丝等。

（2）电刷：常用银、铂铱、铂铑等金属。

（3）骨架：常用材料为陶瓷、酚醛树脂、夹布胶木等绝缘材料，骨架的结构形式很多，常用矩形。

5.2.2 电容式传感器

电容式传感器以不同类型的电容作为传感元件，并通过电容传感元件把被测物理量的变化转换成电容量的变化，然后再经过变送器转换成电压、电流或频率等信号输出。电容式传感器在非电测量和自动检测中得到了广泛的应用，主要用于测量位移、振动、角度、加速度等信号量，还可扩展至压力、差压、液面等方面的测量。

电容传感器包括如下一些特点：

(1) 自身发热小。由于电容值只与电极的几何尺寸有关，而与电极材料无关，且电容式传感器大多采用真空空气和其他气体作为绝缘介质，其介质损耗非常小，热能的损失也很小。因此，电容式传感器的自身发热几乎可以忽略。

(2) 静态引力小。在信号检测过程中，只需要施加较小的作用力就可获得较大的电容量。

(3) 动态响应好。具有良好的动态响应能力。可以工作频率可以达到几兆赫兹。

(4) 结构简单，适应性强。电容式传感器结构简单，易于制造，可以保证较高的精度，且体积小，便于特定场合的应用。

(5) 非接触式测量。在进行振动测量时，可以将运动机件作为电容器的极板，将测量探头作为另一个极板。实现非接触式测量。

当然，电容式传感器自身的输出阻抗较高、带负载能力差以及寄生电容对策良知的影响也是电容式传感器的不足之处。

5.2.3 电感式传感器

电感式传感器利用电磁感应原理将被测量的变化转换成线圈自感系数的变化。主要用于测量直线位移或角位移。此外，经过转换，还可以测量振动、压力、应变、流量等信号的变化。

电感式传感器的特点包括：

(1) 结构简单。电感式传感器无活动触点，工作可靠。

(2) 灵敏度和分辨率高。

(3) 线性度和重复性较好。

5.2.4 温度传感器

利用物质各种物理性质随温度变化的规律把温度转换为电量的传感器。温度传感器是温度测量仪表的核心部分，品种繁多。按测量方式可分为接触式和非接触式两大类，按照传感器材料及电子元件特性分为热电阻和热电偶两类。

1. 接触式温度传感器

接触式温度传感器的检测部分与被测对象有良好的接触,又称温度计。

温度计通过传导或对流达到热平衡,从而使温度计的指示值能直接表示被测对象的温度。一般测量精度较高。在一定的测温范围内,温度计也可测量物体内部的温度分布。但对于运动体、小目标或热容量很小的对象则会产生较大的测量误差,常用的温度计有双金属温度计、玻璃液体温度计、压力式温度计、电阻温度计、热敏电阻、温差电偶等。它们广泛应用于工业、农业、商业等部门。在日常生活中人们也常常使用这些温度计。随着低温技术在国防工程、空间技术、冶金、电子、食品、医药、石油化工等领域的广泛应用和超导技术的研究,测量120 K 以下温度的低温温度计得到了发展,如低温气体温度计、蒸汽压温度计、声学温度计、量子温度计、低温热电阻、低温温差电偶等。低温温度计要求感温元件体积小、准确度高、复现性和稳定性好。利用多孔高硅氧玻璃渗碳烧结而成的渗碳玻璃热电阻就是低温温度计的一种感温元件,可用于测量1.6 K~300 K范围内的温度。

2. 非接触式温度传感器

它的敏感元件与被测对象互不接触,又称非接触式测温仪表。这种仪表可用来测量运动物体、小目标和热容量小或温度变化迅速(瞬变)对象的表面温度,也可用于测量温度场的温度分布。

最常用的非接触式测温仪表基于黑体辐射的基本定律,称为辐射测温仪表。辐射测温法包括亮度法(如光学高温计)、辐射法(如辐射高温计)和比色法(如比色温度计)。各类辐射测温方法只能测出对应的光度温度、辐射温度或比色温度。只有对黑体(吸收全部辐射并不反射光的物体)所测温度才是真实温度。如欲测定物体的真实温度,则必须进行材料表面发射率的修正。而材料表面发射率不仅取决于温度和波长,而且还与表面状态、涂膜和微观组织等有关,因此很难精确测量。在自动化生产中往往需要利用辐射测温法来测量或控制某些物体的表面温度,如冶金中的钢带轧制温度、轧辊温度、锻件温度和各种熔融金属在冶炼炉或坩埚中的温度。在这些具体情况下,物体表面发射率的测量是相当困难的。对于固体表面温度自动测量和控制,可以采用附加的反射镜使与被测表面一起组成黑体空腔。附加辐射的影响能提高被测表面的有效辐射和有效发射系数。利用有效发射系数通过仪表对实测温度进行相应的修正,最终可得到被测表面的真实温度。最为典型的附加反射镜是半球反射镜。球中心附近被测表面的漫射辐射能受半球镜反射回到表面而形成附加辐射,从而提高有效发射系数。至于气体和液体介质真实温度的辐射测量,则可以用插入耐热材料管至一定深度以形成黑体空腔的方法。通过计算求出与介质达到热平衡后的圆筒空腔的有效发射系数。在自动测量和控制中就可以用此值对所测腔底温度(即介质温度）进行修正而得到介质的真实温度。

5.2.5　压力传感器

压力传感器是工业实践中最为常用的一种传感器，其广泛应用于各种工业自控环境，涉及水利水电、铁路交通、智能建筑、生产自控、航空航天、军工、石化、油井、电力、船舶、机床、管道等众多行业。

通常使用的压力传感器主要是利用压电效应制造而成的，这样的传感器也称为压电传感器。

晶体是各向异性的，非晶体是各向同性的。某些晶体介质，当沿着一定方向受到机械力作用发生变形时就产生了极化效应，即电效应；当机械力撤掉之后又会重新回到不带电的状态。科学家就是根据这个效应研制出了压力传感器。

压电传感器中主要使用的压电材料包括石英（二氧化硅）、酒石酸钾钠和磷酸二氢胺。其中石英是一种天然晶体，压电效应就是在这种晶体中发现的。在一定的温度范围之内，压电性质一直存在，但温度超过这个范围之后，压电性质完全消失（这个高温就是所谓的“居里点”）。由于随着应力的变化电场变化微小（也就说压电系数比较低），所以石英逐渐被其他的压电晶体所替代。而酒石酸钾钠具有很大的压电灵敏度和压电系数，但是它只能在室温和湿度比较低的环境下才能够应用。磷酸二氢胺属于人造晶体，能够承受高温和相当高的湿度，所以得到了广泛的应用。

目前压电效应也应用在多晶体上，如压电陶瓷，包括钛酸钡压电陶瓷、PZT压电陶瓷（锆钛酸铅：其中P是铅元素Pb的缩写，Z是锆元素Zr的缩写，T是钛元素Ti的缩写）、铌酸盐系压电陶瓷、铌镁酸铅压电陶瓷等。

压电效应是压电传感器的主要工作原理，压电传感器不能用于静态测量，因为经过外力作用后的电荷只有在回路具有无限大的输入阻抗时才得到保存。实际的情况不是这样的，所以这决定了压电传感器只能够测量动态的应力。

压电传感器主要应用在加速度、压力等的测量中。压电式加速度传感器是一种常用的加速度计。它具有结构简单、体积小、重量轻、使用寿命长等优异的特点。压电式加速度传感器在飞机、汽车、船舶、桥梁和建筑的振动和冲击测量中已经得到了广泛的应用，特别是航空和宇航领域中更有它的特殊地位。压电式传感器也可以用来测量发动机内部燃烧压力的测量与真空度的测量。也可以用于军事工业，例如用它来测量枪炮子弹在膛中击发的一瞬间的膛压的变化和炮口的冲击波压力。它既可以用来测量大的压力，也可以用来测量微小的压力。

压电式传感器也广泛应用在生物医学测量中，比如心室导管式微音器就是由压电传感器制成的。因为测量动态压力是如此普遍，所以压电传感器的应用非常广。

除了压电传感器之外，还有利用压阻效应制造的压阻传感器，利用应变效应制造的应变式传感器等，这些不同的压力传感器利用不同的效应和不同的材料，在不同的场合能够发挥它们独特的用途。

5.2.6 压电式传感器

基于压电效应的传感器其敏感元件由压电材料制成。压电材料受力后表面产生电荷。此电荷经电荷放大器以及测量电路放大和变换阻抗后就成为正比于所受外力的电量输出。压电式传感器用于测量力和能变换为力的非电物理量。压电式传感器的工作原理是基于压电材料的压电效应，将力、压力、加速度、力矩等非电量转换为电量的器件。

压电式传感器的特点是：使用频带宽；灵敏度高；信噪比高；结构简单，工作可靠；重量轻。

压电传感器的缺点是：某些压电材料需要防潮措施，而且输出的直流响应差，需要采用高输入阻抗电路或电荷放大器来克服这一缺陷。

常用的压电材料主要分为两大类：压电晶体和压电陶瓷。这两种压电材料都具有较大的压电常数，机械性能优良，时间稳定性和温度稳定性好等优点。是较为理想的压电材料。

5.2.7 气敏湿敏传感器

声表面波器件的波速和频率会随外界环境的变化而发生漂移。气敏传感器就是利用这种性能在压电晶体表面涂覆一层选择性吸附某气体的气敏薄膜，当该气敏薄膜与待测气体相互作用（化学作用或生物作用，或者是物理吸附），使得气敏薄膜的膜层质量和导电率发生变化时，引起压电晶体的声表面波频率发生漂移；气体浓度不同，膜层质量和导电率变化程度亦不同，即引起声表面波频率的变化也不同。通过测量声表面波频率的变化就可以准确地反映气体浓度的变化。

气敏传感器是一种检测特定气体的传感器，主要包括半导体气敏传感器、接触燃烧式气敏传感器、电化学气敏传感器等，其中用得最多的是半导体气敏传感器。它的应用主要有一氧化碳气体的检测、瓦斯气体的检测、煤气的检测、氟利昂（R11、R12）的检测、呼气中乙醇的检测、人体口腔口臭的检测等。

气敏传感器将气体种类及其与浓度有关的信息转换成电信号，根据这些电信号的强弱就可以获得与待测气体在环境中的存在情况有关的信息，从而可以进行检测、监控和报警；还可以通过接口电路与计算机组成自动检测、控制和报警系统。

测量湿度的传感器种类很多，传统的有毛发湿度计、干湿球温度计等，后来发展的有中子水分仪和微波水分仪,但这些都不能与现代电子技术相结合。20世纪60年代发展起来的半导体湿度传感器,尤其是金属氧化物半导体湿敏元件能够很好地满足上述要求。金属氧化物半导体陶瓷材料是多孔状的多晶体,具有较好的热稳定性和抗污的特点,因此在目前湿度传感器的生产和应用中占有很重要的地位。

5.2.8 光敏传感器

光传感器是利用光敏元件将光信号转换为电信号的传感器,它的敏感波长在可见光波长附近,包括红外线波长和紫外线波长。光传感器不只局限于对光的探测,它还可以作为探测元件组成其他传感器对许多非电量进行检测,只要将这些非电量转换为光信号的变化即可。

光敏传感器是最常见的传感器之一,它的种类繁多,主要有光电管、光电倍增管、光敏电阻、光敏三极管、太阳能电池、红外线传感器、紫外线传感器、光纤式光电传感器、色彩传感器、电荷耦合元件(Charge Coupled Device,CCD)和互补金属氧化物半导体(Complementary Metal Oxide Semiconductor,CMOS)图像传感器等。光传感器是目前产量最多、应用最广的传感器之一,它在自动控制和非电量电测技术中占有非常重要的地位。最简单的光敏传感器是光敏电阻,当光子冲击接合处就会产生电流。

5.2.9 超声波传感器

通常,振动频率低于16 Hz的机械波称为次声波,振动频率介于16 Hz到20 kHz之间的机械波称为声波,20 kHz上的机械波称为超声波。当波在传播过程中由一种介质进入另一种介质时,由于两种介质的传播速度不同,在介质之间的界面上会产生波的反射、折射、波形转换等现象。超声波传感器正是利用这一现象来进行信息量的测量。

超声波的穿透性较强,且具有一定的方向性,传输过程中的衰减较小,反射能力较强,在实际中,超声波传感器的应用十分广泛。

按照原理不同,超声波传感器可以分为压电式、磁致伸缩式、电磁式等。其中压电式超声波传感器最为常用。

5.3 传感器的工作过程

传感器的工作过程主要包括两个步骤:根据测试要求选取合适的传感器;设计相配套的工作电路。

选择传感器需要依据传感器的静态特性和动态特性。静态特性指的是线性度、灵敏度、重复性、漂移和迟滞等特性。动态特性主要通过频率响应来体现。

5.3.1 传感器的选型

现代传感器在原理和结构上千差万别，如何根据具体的测量目的、测量对象和测量环境合理选用传感器，是在进行某个量的测量时首先要解决的问题。当传感器的型号确定之后，与之相配套的测量方法和设备也就可以确定了。测量结果的成败很大程度上取决于传感器的选用是否合理，以下选型原则是通常需要重点考虑的事项。

1. 测量对象与环境

要进行某项具体的测量工作，首先要考虑采用何种原理的传感器，这需要分析多方面的因素之后才能确定。因为即使是测量同一物理量，也有多种原理的传感器可供选择，究竟哪种原理的传感器更为合适，则需要根据被测量的特点和传感器的使用条件考虑以下问题：量程的大小，被测位置对传感器体积的要求，测量方式为接触式还是非接触式，信号的输出方法，有线或非接触测量，传感器的来源，价格能否承受，是否自行研制。

在考虑上述问题后，就能确定选用何种类型的传感器，然后再考虑传感器的具体性能指标，即具体型号。

2. 灵敏度

通常在传感器的线性范围内，希望传感器的灵敏度越高越好。因为只有灵敏度高时，与被测量变化对应的输出信号的值才会变大，这有利于信号处理。但传感器的灵敏度较高时，与被测量无关的外界噪声也容易混入，也会被放大系统放大，从而影响测量精度。因此，选用传感器本身应具有较高的信噪比，尽量减少从外界引入的干扰信号。

传感器的灵敏度是有方向性的。当被测量是单向量，而且对方向性要求较高时，应选择在其他方向上灵敏度小的传感器；如果被测量是多维向量，则要求传感器的交叉灵敏度越小越好。

3. 频率响应特性

传感器的频率响应特性决定了被测量的频率范围，必须在允许频率范围内保持不失真的测量条件，实际上传感器的响应时间总有一定的延迟，通常希望延迟时间越短越好。

传感器的频率响应越高，则可测的信号频率范围越宽。由于受到结构特性的影响，机械系统的惯性较大，因而传感器的频率低，则可测信号的频率就较低。在动态测量中，应根据信号的特点选择传感器，以免产生过大的误差。

4. 线性范围

传感器的线性范围是指输出与输入成线性的范围，理论上就在此范围内灵敏度保持定值。传感器的线性范围越宽，则它的量程就越大，并且能保证一定的测量精度。在选择传感器时，当传感器的种类确定以后首先要看它的量程是否满足要求。

但在实际上任何传感器都不能保证绝对的线性，它的线性度也是相对的。当所要求测量精度比较低时，在一定的范围内可将非线性误差较小的传感器近似看作是线性的，这会给测量工作带来很大的方便。

5. 稳定性

传感器在使用一段时间后，它的稳定性会受到影响。影响传感器长期稳定性的因素除传感器本身的结构以外，还包括传感器的使用环境。因此，要使传感器具有良好的稳定性，需要有较强的环境适应能力。

在选择传感器之前应对它的使用环境进行调查，并根据具体的使用环境来选择合适的传感器，或采取适当的措施减小环境的影响。

传感器的稳定性有定量指标，在超过使用期之后，在使用前应重新进行标定，以确定传感器的性能是否发生变化。

在某些要求传感器能长期使用而又不能轻易更换或标定的场合，所选用的传感器的稳定性要求更严格，要能够经受长时间的使用考验。

6. 精度

精度是传感器的一个重要的性能指标，它是关系到整个测量系统准确程度的一个重要因素。传感器的精度越高，价格就越昂贵。因此，传感器的精度只要满足整个测量系统的精度要求就可以了，不必过高。这样可以在满足同一测量目的的诸多传感器中选择比较便宜和简单的传感器。

如果测量的目的是定性分析，选用相对精度高的传感器即可，不宜选用绝对量值精度高的型号；如果是为了定量分析，必须获得精确的测量值，就要选用精度等级能满足要求的型号。

对某些特殊的使用场合，无法选择到适宜的传感器时，则需自行设计制造传感器，或者委托其他单位加工制作。

5.3.2　典型电路

传感器一般由敏感元件、转换元件和信号处理电路组成，如图5.1所示。敏感元件是传感器中能感受或响应被测量的部分；转换元件是将敏感元件感受或响应的被测量转换成适于传输或测量的信号（一般指电信号）的部分；信号处理电路可以对获得的微弱电信号进行放大、运算调制等。另外，信号处理电路工作时必须要有电源。

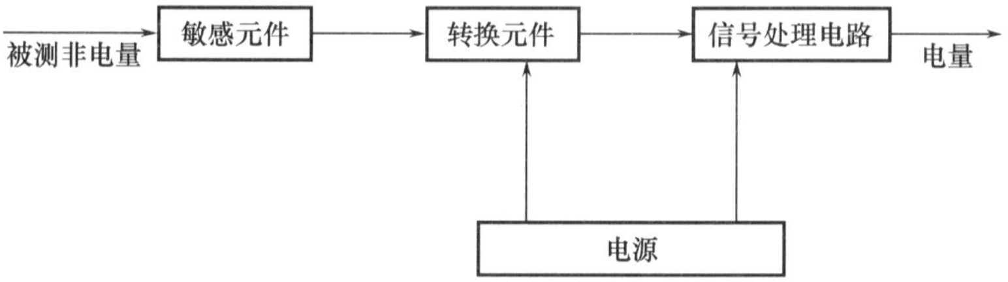

图 5.1 传感器组成结构

传感器接口技术是非常实用和重要的技术。各种物理量用传感器将其变成电信号,经由诸如放大、滤波、干扰控制、多路转换等信号检测和预处理技术,将模拟量的电压或电流送 A/D 转换,变成数字量,供计算机或者微处理器处理。

5.4 微型传感器

与传统的传感器相比,微传感器的体积很小,传感元件的尺寸一般在 0.1 ~ 100 μm 之间。当然,微型传感器并非只是将传统传感器按比例缩小而已,而是在理论基础、结构工艺、设计方法等方面都有一套特殊的理论和规律[6]。微型传感器涉及多方面的专门知识。

5.4.1 微机电系统简介

微机电系统是指可批量制作的,集微型机构、微型传感器、微型执行器以及信号处理和控制电路、接口、电源等于一体的微型器件或系统。

微机电系统(Micro-Electro Mechanical System,MEMS)基本上是指尺寸在几厘米以下乃至更小的小型装置,是一个独立的智能系统,主要由传感器、执行器和微能源三大部分组成。概括起来,微机电系统具有微型化、智能化、多功能、高集成度和适于大批量生产等主要特点。微机电系统技术的目标是通过系统的微型化、集成化来探索具有新原理、新功能的元件和系统。微机电系统涉及物理学、化学、医学、电子工程、材料工程、机械工程、信息工程及生物工程等多个学科,目前在系统生物技术的合成生物学与微流控技术等领域开拓了广阔的用途。微机电系统的制造工艺主要有集成电路工艺、微米/纳米制造工艺、小机械工艺和其他特种加工工种。微机电系统在国民经济和军事系统方面有着广泛的应用前景。主要民用领域是医学、电子和航空航天。美国已研制成功用于汽车防撞和节油的微机电系统加速度表和传感器,可提高汽车的安全性,节油 10%。仅此一项美国国防部系统每年就可节约几十亿美元的汽油费。微机电系统在航空航天系统的应用可大大节省费用,提高系统的灵活性,并将导致航空航天系统的变革。例如,一种微型惯性测量装置的样机,尺度为 2 cm × 2 cm × 0.5 cm,重

5 g。在军事应用方面，美国国防部高级研究计划局正在进行把微机电系统应用于个人导航用的小型惯性测量装置、大容量数据存储器件、小型分析仪器、医用传感器、光纤网络开关、环境与安全监测用的分布式无人值守传感等方面的研究。该局已演示以微机电系统为基础制造的加速度表，它能承受火炮发射时产生的近10.5个重力加速度的冲击力，可以为非制导炸弹提供一种经济的制导系统。设想中的微机电系统的军事应用还有化学战剂报警器、敌我识别装置、分布式战场传感器网络等。

微机电系统的研究内容一般可以归结为以下三方面：

(1) 理论基础：在当前微机电系统所能达到的尺度下，宏观世界基本的物理规律仍然起作用，但由于尺寸缩小带来的影响，许多物理现象与宏观世界有很大区别，因此许多原来的理论基础都会发生变化，如力的尺寸效应、微结构的表面效应、微观摩擦机理等。因此有必要对微动力学、微流体力学、微热力学、微摩擦学、微光学和微结构学进行深入的研究。这一方面的研究虽然受到重视，但难度较大，往往需要多学科的学者进行基础研究。

(2) 技术基础：主要分为设计和仿真技术、材料与加工技术、封装与装配技术、测量与测试技术、集成与系统技术等。

(3) 应用研究：人们不仅要开发各种制造微机电系统的技术，更重要的是如何将微机电系统技术与航空航天、信息通信、生物化学、医疗、自动控制、消费电子等应用领域相结合，制作出符合各领域要求的微传感器、微执行器、微结构等微机电系统器件与系统。

5.4.2 微光机电系统

微光机电系统(Micro-Optical-Electro Mechanical System，MOEMS)是近几年在微机电系统(MEMS)中发展起来的一支极具活力的新技术系统，它是由微光学、微电子和微机械相结合而产生的一种新型的微光学结构系统。

微光机电系统的领域可以从微光学、微电子与微机械三个领域之间的关系来了解。微光学与微电子的交集为光电领域(opto electronics)，微光学与微机械的交集为光机领域(opto mechanics)，微电子与微机械的交集是微机电系统领域(MEMS)，而微光机电系统(MOEMS)领域则是三者的交集，或称为光学微机电系统(Optical MEMS)。

微光机电系统是一种可控的微光学系统，该系统中的微光学元件在微电子和微机械装置的作用下能够对光束进行汇聚、衍射和反射等控制，从而可最终实现光开关、衰减、扫描和成像等功能。该系统把微光学元件、微电子和微机械装置有机地集成在一起，能够充分发挥三者的综合性能，不仅能够使光学系统微型化而降低成本，而且可实现光学元件间的自对准，更重要的是这种组合还会产生新的光学器件和装置。

微光机电系统与常规系统相比,具有体积小、重量轻、与大规模集成电路的制作工艺相兼容,易于大批量生产,成本低等显著优点。同时,传感器、信号处理电路与微执行器的集成,可使微弱信号的放大,校正以及补偿等在同一芯片中进行,不需要经过较长距离的传输,这样可以极大地抑制噪声的干扰,提高输出信号的品质。因此,微光机电技术的应用已经深入到许多不同的应用领域。目前,不但实现了一些小型化、集成化和智能化的光学系统,而且导致了新一代器件的诞生,如光学神经网络芯片、微光机电系统光处理芯片等。这一切必将影响光通信、光数据存储、信息处理、航空航天、医疗器械、仪器仪表等应用领域,从而对未来的科学技术、生产方式、人类生活产生深远的影响。微光机电系统的出现将极大地促进信息通信、航天技术以及光学工具的发展,对整个信息化时代将生产深远的影响。

比较成熟的微机电系统技术为微光机电系统的集成与微动作的实现提供了标准工艺和结构,微光机电系统能把各种微机电系统结构件与微光学器件、光波导器件、半导体激光器、光电检测器件等完整地集成在一起,形成一种全新的功能部件或系统。

微光机电系统可以实现大批量生产。由于采用了集成电路芯片的生产技术,微光机电系统芯片本身的封装已经达到了高度的集成化,其生产成本也大幅度降低。微光机电系统的体积非常小,尺寸小至几微米,大也不过几毫米;响应速度在 100 ns ~ 1 s 的范围内;其可动结构通常由静电致动;其结构可以做到相当复杂,可包含 100 多个元件。通过精确的驱动和控制,微光机电系统中的微光学元件可实现一定程度或范围的动作,这种动态的操作包括光波波幅或波长的调整、瞬态的延迟、衍射、反射、折射及简单的空间自调整。上述任何操作的结合都可以对入射光形成复杂的操作,甚至实现光运算和信号处理。如何通过微型光学元件来实现上述操作是微光机电系统区别于传统物理光学系统的关键。

5.4.3 微型传感器分类

比较常见的微型传感器分类标准包括如下几种:

(1) 按供电类型可分为有源和无源微传感器。

有源微传感器也称为能量转换型微传感器或换能器,其敏感元件本身能够将非电量直接转换成电信号。而无源微传感器的敏感元件本身没有能量转换能力,而是随输入信号改变自身的电特性,因此,必须采用外加激励源来进行激励才能得到输出信号。微传感器中的大部分类型都属于无源微传感器。

无源微传感器由于需要激励信号,因此其灵敏度会受到激励信号的影响。并且需要增加额外的引线,在某些特殊情况下,激励源还有可能引起易燃易爆气体的爆炸。

(2) 按信号输出类型可分为模拟和数字微传感器。

模拟微传感器将被测的非电量转换成模拟电信号。数字微传感器将被测信息转换为数字信号输出,不仅重复性好,可靠性高,而且不需要进行模拟/数字转换,就可直接输入计算机系统。

在实际使用中,由于敏感机理等原因,真正的数字传感器种类并不多。大多数数字微传感器采用了准数字式的设计。所谓准数字式微传感器是将被测信号量转换为方波进行输出,利用方波的频率或占空比来表示被测量的变化情况。这种传感器的输出信号可以直接输入到微处理器内,利用计数器进行测量值的提取和转换。

(3) 按工作方式可分为偏转型和零示型。

偏转型传感器工作时,被测量产生某种效应,利用传感器中的部件转换为可测量的效应。例如将压力转换为电阻阻值。

零示型的微传感器一般是物理量传感器,通过采用某种与被测量所产生的物理效应相反的已知效应来防止测量系统偏离零点。这种微型传感器需要使用失衡检测装置检测并恢复平衡。传统零示型传感器的典型例子是天平。在传感器中,可以将天平的砝码由电磁反馈的方式替代,使得系统恢复并保持平衡。

两种类型的传感器相比较,通常情况下,零示型测量方法的精度更高。但是,由于检测和保持平衡需要时间,因此,其响应时间较长。

(4) 按检测对象可分为物理量微传感器和化学量微传感器。

物理量包括温度、压力、流量、液位、位移等微传感器,化学量包括化学成分、气味、基因、蛋白质等微传感器。

(5) 按照微传感器的敏感原理划分

这种分类方法是相关研究人员常用的分类方法。这种分类方法有助于研究人员更加清晰地对传感器进行划分,减少类别数。

表5.1所示为两种分类方法对传感器分类的比较。

表5.1 微传感器分类方式

按照微传感器用途分类	按照微传感器工作原理分类
位移微传感器	电阻式微传感器
力微传感器	电感式微传感器
荷重微传感器	电容式微传感器
速度微传感器	电涡流式微传感器

续表

按照微传感器用途分类	按照微传感器工作原理分类
振动微传感器	磁电式微传感器
温度微传感器	压电式微传感器
湿度微传感器	光电式微传感器
密度微传感器	磁弹性式微传感器
气体微传感器	谐振梁式微传感器
……	……

5.4.4 微传感器系统

微传感器系统主要基于两个技术基础。首先是微传感器自身体积的小型化和低能耗,为微传感器系统提供了技术基础。随着微机电技术的发展,微传感器系统的种类和性价比迅速提高。其次是微传感器系统在资源利用方面的显著优势,为其提供了应用基础。微传感器系统并不是微传感器的简单叠加,而是可以共享计算和通信资源的系统[7,8]。

1. 微传感器系统的组成

在微传感器系统中,可以将微处理器、电源和微传感器安放在一起,减少了电缆和数据传输的开销。在无线传感器网络中,传感器的数据经过微处理器的处理和过滤,大大减少了需要进行传输的数据量,节约了带宽和能量。

微传感器系统应该包括:

(1) 微传感器;

(2) 接口电路;

(3) 微处理器或计算单元;

(4) 通信单元;

(5) 电源;

(6) 衬底材料或电路板;

(7) 外壳。

2. 微传感器单元

目前已经市场化且比较常用的微传感器主要包括:

(1) 压力微传感器:应用于汽车发动机系统的压力检测、轮胎压力检测、人体血压检测等。

(2) 加速度微传感器:应用于汽车防撞系统、电动玩具控制系统。

(3) 化学气体微传感器:敏感气体检测。

(4) 视觉微传感器：包括电荷耦合器件（CCD）、互补金属氧化物半导体（CMOS）两大类。主要应用于数码相机、工业视觉检测等领域。

3. 计算单元

微传感器系统对计算单元的要求包括：

(1) 利用存储在内存中的标定曲线或表格将测量数据转换成有用的信息；

(2) 对温度、湿度及其他因素导致的漂移进行补偿；

(3) 对测量结果进行平均、傅里叶变换分析；

(4) 信息存储以及信息传输。

微传感器系统使用的计算单元主要有三种：微处理器、数字信号处理器（DSP）以及现场可编程门阵列（FPGA）。数字信号处理器芯片可视为特殊的处理器，以降低编程灵活性换取高速度的计算。现场可编程门阵列是一种可根据用户需要进行编程的逻辑器件，可以实现微传感器系统所需要的一些特殊计算功能。

此外，以单片机为代表的微控制器也是微传感器系统中经常使用的器件。随着技术的发展，微控制器的功能越来越强，性价比越来越高。微控制器的时钟速度一般都较低，同时集成有 A/D 转换器，可以直接输出数字信号。而对于微传感器系统来说，其数据量往往较小，计算速度的要求并不高，因此，微控制器目前被普遍采用到微传感器系统中。

4. 通信单元

根据所采用的传输介质，微传感器系统所使用的通信方式可分为有线和无线两大类。

目前微传感器在无线传感器网络中应用使得无线连接方式的相关研究日益重要。一般情况下，有线连接更适合于数据量较大的传输，而传感器测量的大多是变化缓慢的状态量信号，因此非常适合无线传输方式。

对于工作于水下的传感器可以采用声波进行通信，为了避免给人或动物造成影响，可以采用 50 kHz 的超声波，由于声波的衰减较快，因此，一般适合短距离的通信。

采用无线通信方式的微传感器系统为无线传感器网络的兴起提供了可能。使得传感器的布设不再受制于有线连接，其应用前景十分广阔。

5. 微传感器能耗

微传感器系统的能耗对于微传感器的设计是至关重要的。能耗通常决定了传感器的外形尺寸和使用的时间。在实际应用中，可以采用电池、太阳能或可充电电池对传感器供电。而采用有线连接无疑将造成成本的大幅度上升。此外，从原理上来说，采用光、电磁波或声波供电也是可行的，但在实际应用中非常少见。

对于微传感器系统来说,虽然各个单元的能耗都是固定的,但在系统设计环节还是可以通过协调优化措施使得整个系统的能耗进一步降低。例如,由于通信单元占到传感器耗电的大部分,因此在设计系统时序时,可以考虑将计算等其他单元的工作时序与通信单元错开,这样就不会超过电池的最大输出功率限制,也更加适合电池的供电特性,延长电池的使用寿命。

处理器的能耗与其性能有很大关系,尤其是时钟速度。速度越快,能耗越大。值得注意的是,处理器在休眠状态时能耗很低,因此,结合系统性能的要求,合理利用休眠状态,可以有效地延长电池的供电时间。

通信模块的工作模式对能耗的影响最大。在实际使用中,应该在尽可能短的时间内将数据发送出去。因此,可以采用数据累积等方式,将数据累积到一定数量后,在短时间内打包发送,采用这种方式会比连续传输模式的能耗降低很多。

小结

由于传感器在工业生产和日常生活中的大量使用,处理的信息千差万别,其种类十分丰富。本章只是选取了部分典型的传感器进行介绍。此外,包括微型传感器技术在内的微机电系统为无线传感器网络的普及提供了重要的技术基础。在这一领域展开的大量的研究也将推动人们生活方式的改变。

思考题

1. 什么是传感器?
2. 传感器由哪几部分组成?各部分的功能是什么?
3. 传感器有几种分类方法?
4. 选择传感器依据哪些特性?
5. 什么是灵敏度?
6. 什么是线性度?
7. 什么是传感器的漂移特性?
8. 微型传感器系统包括哪些组成部分?

参考文献

[1] 孟立凡.传感器原理与应用.北京:电子工业出版社,2011

[2] 中国电子学会敏感技术分会.传感器与执行器大全.北京:机械工业出版社,2011

[3] 刘爱华,满宝元. 传感器原理与应用技术. 北京:人民邮电出版社,2010
[4] 杨帆,吴晗平. 传感器技术及其应用. 北京:化学工业出版社,2010
[5] 周杏鹏. 传感器与检测技术. 北京:清华大学出版社,2010
[6] 朱勇,张海霞,微纳传感器及其应用. 北京:北京大学出版社,2010
[7] 赵燕. 传感器原理及应用. 北京:北京大学出版社,2010
[8] 付少波,付兰芳. 传感器及其应用电路. 北京:化学工业出版社,2011

第6章　无线传感器网络开发

本章主要介绍了无线传感器网络的仿真平台、开发系统、语言以及典型的传感器节点硬件设计和开发实例。

6.1　仿真平台

无线传感器网络的目的是进行实时监测、感知和采集各种环境对象的数据，因此是与应用环境密切相关的网络技术。由于真实实验环境的建立存在诸多限制，如成本高、周期长、效果差等，因此需要软件仿真技术来模拟无线传感器网络的运行状况。需要说明的是，仿真结果并不能代替实际环境的实现，仅能作为研发设计的参考。

6.1.1　传感器网络的仿真技术概述

网络仿真通过对网络设备、通信链路、网络流量等进行建模，模拟网络数据在网络中的传输、交换等过程，并通过统计分析获得网络各项性能指标的估计，使设计者能较好地评价所设计网络的性能，并据此做出修改或调整，以完善网络的设计及具体功能。

无线传感器网络属于大规模网络，物理实验测试难以实行，且成本太高。无线传感器网络仿真是评估无线传感器网络性能的有效方法之一，其优越性体现在初期应用成本不高，构建好的网络模型可以延续使用，后期投资不断下降。因此，对无线传感器网络仿真平台的关键技术进行研究是相当重要的。

无线传感器网络的仿真与传统网络仿真的主要区别在于：

(1) 分布性：无线传感器网络属于分布式网络，每个节点都具有相对独立的处理能力。

(2) 动态性：无线传感器网络在实际运行时，经常处于动态变化的状况，仿真工具和模型必须能够反映出这种动态变化对整个网络的影响。

(3) 综合性：与传统网络相比，无线传感器网络涉及的领域更多，需要传感、通信、处理等多方面的模拟和仿真。

6.1.2 NS-2

NS-2(Network Simulator version2)是由伯克利大学等学校开发的一种源代码开放的共享软件,是一种可扩展、可重用、基于离散事件驱动、面向对象的通用的网络仿真工具。因为 NS-2 可扩展且是开源的,所以能够使所有使用者参与维护,因此在学术界使用广泛[1]。

NS-2 可以用于仿真各种不同的 IP 网,实现对多播、介质访问层协议、网络传输协议(如 TCP/UDP 协议)、业务源流量产生器、路由队列管理机制以及路由算法等的仿真。其支持的拓扑结构有星型拓扑(单跳)和对等式拓扑(多跳)两种。

对于传感器网络,NS-2 支持 IEEE 802.11 和 IEEE 802.15.4 两种无线介质访问层协议。而 IEEE 802.15.4 协议更适合传感器网络。因为它包含了基本的能量模型,并且更接近于普通传感器节点所用的无线协议。

NS-2 所支持的路由算法涵盖了标准 Ad hoc 协议,在仿真场景中还支持节点的简单移动,对于更复杂的移动可以引入其他程序来实现。

在 NS-2 的设计中,使用了 C++ 和 OTCL 两种程序设计语言,C++ 是一种相对运行速度较快但转换比较慢的语言,所以 C++ 语言用来实现网络协议,编写 NS-2 底层的引擎;OTCL 运行速度慢,但可以快速转换脚本语言,正好与 C++ 互补,所以 OTCL 语言用来配置仿真中的各种参数,建立仿真的整体结构。仿真结果被保存在记录文档里,也可以通过图形化的 NAM(Network AniMator)工具来观看。

NS-2 中也定义了无线信道、无线信号传输模型、天线等,但是没有考虑环境因素,比如障碍物阻挡的影响等,只是简单的定义了信号的发送、接收空闲等待。NS-2 不能建模操作系统和应用程序层代码执行的实时延迟,但可以定义介质访问层和无线信道的延迟。

NS-2 不适合大规模传感器网络的仿真,因为仿真时间会随着节点数的增加而指数倍地延长。另外 NS-2 缺乏应用层的建模,并且所提供的协议和硬件模型与真正传感器节点上用的有很大区别。NS-2 提供了大量的仿真环境元素,如仿真器、节点、链路和延迟、队列管理和分组调度、代理、分组头及其格式、错误模型、无线传播模型、能量模型、局域网、移动网络、卫星网络等。还提供了相应的数学函数支持以及完整的路由支持。

NS-2 的功能模块包括仿真器、节点、代理和链路。

(1) 仿真器:仿真器是由 Tcl 语言描述的,提供一系列用于配置的仿真参数的图形界面,也提供了选择事件调度程序类型的界面以驱动整个仿真。仿真器提供了 4 种调度程序:链表调度、堆栈调度、时序调度以及实时调度。每种调度程序由不同的数据结构实现,时序调度是系统默认的调度方式。调度程序是仿真器的核心部分,用于记录当前时间,调度网络事件链表中的事件,仿真器设有一个静态成员变量供所有的节点类访问同一个调度器,指定事件发生的时间。

(2) 节点:节点类用来描述实际网络中的节点和路由器。多个业务源可以连接到一个节点的不同端口,但一个节点的端口数是有限制的。节点有一个路由表,路由算法基于目的地址转发数据包,节点本身不产生分组而是由代理来产生和消费分组。一个节点是由节点入口对象和一系列分类器组成的混合对象。NS-2 中定义了单播节点和多播节点两种节点类型。一个单播节点具有一个单播路由的地址分类器和一个端口分类器;而一个多播节点有一个完成多播路由的分类器来区分单播分组和多播分组。

(3) 代理:代理是实际产生和接收数据包的对象,代表了网络层数据包的端点,属于传输实体,运行在主机端。节点的每一个代理自动被赋予一个唯一的端口号,代理需要知道与它相连的节点,以便把数据包转发给节点。此外,代理还需要了解数据包的大小、业务类型和目的地址。NS-2 用代理来模拟各层协议。

(4) 链路:链路是 NS-2 中的一个重要部分,用来连接节点和路由器。一个节点可以有一条或多条链路。所有链路都以队列的形式来管理分组到达、离开或丢弃,统计并保存字节数和分组数,另外有一个独立的对象来跟踪队列日志。

6.1.3 OPNET

OPNET 是一个强大的、面向对象的、离散事件驱动的通用网络仿真环境。由 MIL3 公司开发。作为一个全面的集成开发环境,在无线传输建模方面可以对各阶段进行仿真研究,包括模型设计、仿真、数据搜集和数据分析,所有的无线特性与高层协议模型无缝连接。OPNET 最初是为军事目的而开发的,后来逐步发展成为商业网络仿真和建模工具。OPNET 可以作为研究工具,也可以用于网络的设计和分析。

OPNET 最初用于仿真固定的网络,因此,包含了来自固定网络的硬件和协议模型及扩展库。改进的版本则包含了用于无线网络仿真的大量选项,例如 IEEE 802.15.4 协议。OPNET 在无线网络仿真中的特点在于其准确的信号通信模型,对物理层的信号接收、天线、天线辐射方向等都进行了详细的建模。因此,OPNET 仿真时,可以把环境中障碍的影响都考虑进去,比如地形的变化或建筑物的遮挡等。OPNET 的缺点是提供用于新的无线网络的模块组件相对较少。

OPNET 采用三层建模机制,最顶层为网络模型,包含了工程编辑器,可以设计网络拓扑;中间层为节点层,由相应的协议模型构成;最底层为处理编辑器,用限定状态机来描述协议。OPNET 同时还提供了一个称为 ESD(External System Domain)的工具,用于和外部软件或系统进行连接。通过 ESD,外部软件可以和在 OPNET 中仿真的数据进行交换[2-4]。

MIL3 公司首先开发的产品是 Modeler,并在此基础上扩充和完善了其产品系列。

1. Modeler

Modeler 主要面向研发,为研究人员提供建模、仿真及分析工具。Modeler 提供了集成的仿真环境,包括编辑器、分析工具和网络模型;此外,Modeler 还提供了进行产品测试的虚拟网络环境,以便在完成实际产品设计前进行充分验证,避免出现错误和缺陷,缩短了研发的周期。

Modeler 的主要特点包括:

(1) 网络模型设计层次化。允许进行层次模型嵌套,通过这种层次模型嵌套来模拟结构复杂的网络模型。

(2) 建模方法简单。Modeler 的建模过程分为三个层次:过程、节点和网络。过程层次主要模拟单个对象的行为;节点层次将这些对象组装成各种网络设备;网络层次最后将这些网络设备连接构成网络。

(3) Modeler 在过程层次的建模采用有限状态机来对协议和其他过程建模,在有限状态机的状态和转换条件中使用 C/C++ 语言进行描述,并对过程进行模拟。由有限状态机、标准 C/C++ 以及 400 多个函数库组成的 Modeler 核心被称为"Proto C 语言"。

(4) 源代码开放。Modeler 的所有源代码都是开源的,用户可以在 Modeler 提供的标准协议上根据自己的需要对源代码进行添加、删除和修改。

(5) 集成的调试和分析工具。为了快速验证、发现模型仿真代码中的问题,Modeler 提供了调试工具 OPNET Debugger,并在 Windows 平台下支持与 Visual C++ 的联合调试。Modeler 提供了显示仿真结果的界面,可以分析和绘制各种数据曲线,并支持将数据导出到其他的数据分析工具进行进一步分析。

(6) 功能强大、齐全的编辑器。Modeler 提供了十几个编辑器,包括项目编辑器、节点编辑器、链路编辑器、天线编辑器、数据包编辑器等。这些编辑器各自完成一定的功能,只需通过在图形化界面上完成一系列设置即可编写出所需要的代码。

2. ITGuru

ITGuru 主要面向企业网络管理人员,用于提高其发现和解决网络问题的能力。Guru 意为引导者。ITGuru 的特点在于能够辨别整个网络,包括路由器、交换机、服务器,甚至是协议以及其所支持的各种网络业务。

ITGuru 通过建立虚拟网络环境进行网络规划设计、优化以及网络问题诊断。ITGuru 通过建立网络拓扑结构、流量模型以及各种协议的配置来建立虚拟网络环境。ITGuru 的虚拟网络环境可以重现实际的网络行为,包括路由器、服务器、协议和各种具体应用。通过在虚拟网络环境下对网络的仿真，网络管理和操作人员可以更加有效地诊断故障，对所做的更改进行验证，对可能造成的结果进行预测，显然，这一功能对网络的设计者同样有很大帮助。

3. SPGuru

与 ITGuru 一样，SPGuru 也是能够对整个网络进行识别的产品，包括网络中的路由器、交换机、服务器、协议以及各种应用业务。与 ITGuru 相比，SPGuru 的功能更为丰富和强大，且主要面向大规模的网络仿真。

SPGuru 的主要功能包括：

(1) 自动模型建立，包括拓扑、配置以及流量和使用率；

(2) 对网络技术、协议以及设备制造商的设备模型提供全面支持；

(3) 离散时间、仿真引擎以及混合仿真功能；

(4) 可扩展的配置验证；

(5) 可扩展的交互性的流分析和详细报表；

(6) 自动的流量控制级目的 IP 地址可达性分析。

4. ODK 和 NetBiz

ODK(OPNET Development Kit)主要由两部分组成：ODK 库和 ODK 工具。ODK 库包含了十多个 API 集，包括用户界面、图形图像、导入导出以及优化算法等方面的功能。ODK 工具则包含了通用的编辑器以及一些特殊的编辑器(例如对话框编辑器)；此外，ODK 还提供了优化算法函数，用户可以通过 ODK 开发更具针对性的网络工具。

5. WDMGuru

WDMGuru 是面向运营商的网络规划和设计工具，专门针对光纤网络。

6.1.4 OMNET++

OMNET++(Objective Modular Network Testbed in C++)是一种开源的基于组件的模块化开放网络仿真平台，为基于进程驱动和事件驱动的两种方式仿真提供支持。作为离散事件仿真器，具备完善的图形界面接口和可嵌入式仿真内核，可运行于多个操作系统平台，可以简便定义网络拓扑结构，具备编程、调试和跟踪支持等功能，主要支持标准的有线和无线通信网络仿真，用于通信网络和分布式系统的仿真[5]。

OMNET++ 采用了混合的建模方式，同时使用 NED 语言和 C++ 语言进行建模。OMNET++ 采用 NED 语言对网络模型拓扑进行描述，采用 C++ 语言建立仿真模型，然后，用高层语言 NED 把这些仿真模块组装成更大的组件，再用 OMNET++ 所提供的编译工具编译成 .cpp 文件，最后，使用 C++ 编译器将这些文件与用户和自己设计的简单模块程序链接起来。OMNET++ 提供了用于建立仿真和实施评估结果的图形界面。

通过 NesCT,TinyOS 的源代码被翻译成能在 OMNET++ 下运行的对应的 C++ 代码,因此 OMNET++ 可以运行大多数 TinyOS 的仿真程序。但是,只有在一些特定的情况下,才能把仿真代码转换为可在平台上执行的代码,因为仿真时许多协议都进行了简化,并不是所有硬件都支持。OMNET++ 仿真规模仅受所运行计算机的内存限制,因此可以仿真大规模的网络。

OMNET++ 仿真模型由分级嵌套的模块组成。模块之间通过消息传递机制来进行通信。OMNET++ 为用户提供了描述网络系统的工具,包括分级嵌套模块、模块间的通信机制以及拓扑描述语言。

OMNET++ 模型由一些分级嵌套的模块组成,模块之间以消息机制进行通信。最顶层的模块为系统模块,其他模块都为系统模块的子模块或更下层的子模块,模块的嵌套深度没有限制,用户可以充分利用嵌套模块结构来反映实际系统。包含子模块的模块称为复合模块,没有子模块的模块为简单模块。描述整个网络时,由用户定义模块类型。定义的模块类型可以用于构建更为复杂的模块类型。用户创建了模块类型后,可以选取某个模块类型的实体作为系统模块。

模块通过交换消息建立通信。在实际仿真中,消息可以表示计算机网络中的帧、信息包、网络队列中任务、或其他可移动的实体等,消息可以包含任意复杂的数据结构。

OMNET++ 中,模型的拓扑结构可以用 NED 语言描述。NED 语言使得网络拓扑模型描述可以由大量的部件描述组成,一个网络拓扑模型描述的信道、简单/复合模块等信息可以在另一个网络拓扑模块中重用。

6.1.5 TOSSIM

TinyOS 是加州大学伯克利分校开发的开源操作系统,专为嵌入式无线传感器网络设计,操作系统基于构件的架构可以快速的更新系统的功能。目前,TinyOS 已被应用于多个平台中,并且发布版本里包含了一个叫做 TOSSIM (TinyOS mote SIMulator)的仿真工具。TOSSIM 用于对采用 TinyOS 的传感器节点进行数位级的仿真。TOSSIM 将 TinyOS 环境下的 NesC 代码直接编译为可在 PC 环境下运行的可执行文件,在 TOSSIM 环境下,不用将程序下载到真实的传感器节点上就可以对程序进行测试[6]。

开发人员对 TOSSIM 设定了四个要求:伸缩性、完整性、真实性和移植性。

针对伸缩性,一个仿真工具应该在有上千个节点的网络规模下仍能灵活地进行各种配置变化。为了实现这个目的,TOSSIM 中的每个节点都被连接到一个有向图中,并且每条边都有自己的位错误概率。对于完整性,一个仿真工具应该能捕获系统各个层次上的行为和交互。对于真实性,一个仿真工具应该能够捕捉节点与节点之间即使很短暂的交互行为。对于移植性，要求仿真工具下的代码可以在真实节点上直接运行。

相对于其他仿真工具来说，TOSSIM 更类似于一个模拟器，可以直接运行实际的应用程序代码。仿真程序代码可以直接传送到平台上运行。由于在 TOSSIM 仿真时对某些假设进行简化，因此可能有些代码无法在真实的节点上运行。例如 TOSSIM 中无线介质的位错误概率模型，一方面使得 TOSSIM 可以进行高效的扩展，但同时也使得 TOSSIM 无法评估较低层次的协议。另一个简化限制就是在 TOSSIM 中，每个节点都要运行确定的代码，当 TOSSIM 仿真一个节点的硬件时，如 I/O、ADC 等，没有为感知到的外界现象建模。TOSSIM 的一个最大缺点就是缺乏能量消耗模型，而能量消耗模型对传感器网络来说是非常重要的。

对于 TOSSIM 中的扩展，其中最重要的一个就是 TinyViz，它提供了一个显示 TOSSIM 仿真情况的图形界面。另外还有 PowerTOSSIM，一个能量消耗模型插件。TOSSIM 也提供了可与其他程序进行交互的服务，外面的程序可以利用 TCP 套接字与 TOSSIM 进行连接并观察和触发仿真行为。

TOSSIM 的体系结构如下：

（1）编译器。TOSSIM 改进了 nesC 编译器，通过选择不同的选项，用户可以把硬件节点上的代码编译成仿真程序。

（2）执行模式。TOSSIM 的核心是仿真时间队列。在 TOSSIM 中，硬件中断被模拟成仿真事件插入队列，仿真事件调用中断处理程序，中断处理程序再调用 TinyOS 的命令或触发 TinyOS 的事件。这些 TinyOS 事件和命令处理程序又会生成新的任务并插入队列，一直重复到整个仿真过程结束。

（3）硬件模拟。TinyOS 把节点的硬件资源抽象为一系列的组件，将硬件中断替换成离散事件，将硬件资源抽象为组件。TOSSIM 通过对组件行为的模拟，为上层提供与硬件相同的标准接口。

（4）无线模型。TOSSIM 允许开发者选择具有不同精确度和复杂度的无线模型。这个无线模型独立于仿真器之外，这样可以保证仿真器的简单和高效。

（5）仿真监控。用户可以自行开发应用软件来监控 TOSSIM 的仿真执行过程，两者通过 TCP/IP 协议通信。TOSSIM 为监控软件提供了实时的仿真数据，包括在 TinyOS 源代码中加入的 Debug 信息、各种数据包和传感器的采样值等。监控软件可以根据这些数据显示仿真执行的情况，同时允许监控软件以命令调用的方式更改仿真程序的内部状态，达到控制仿真进程的目的。

6.2 无线传感器网络的硬件开发

传感器网络具有很强的应用相关性，在不同应用要求下需要配套不同的网络模型、软件系统和硬件平台。可以说传感器网络是在特定应用背景下,以一定的网络模型规划的一组传感器节点的集合,而传感器节点是为传感器网络特别设计的微型计算机系统。

目前使用得最为广泛的传感器节点是 Smart dust 和 Mote。事实上这两种称谓都有尘埃和微粒的意思,意指传感器节点体积非常小。Smart dust 直译为智能灰尘,是美国国防部 DARPA 资助的一个传感器网络项目的名称,该项目开发的产品也称为 Smart dust。Mote 系列节点也由美国军方资助,是加州大学伯克利分校主持开发的低功耗的、自组织的、可重构的无线传感器节点系列[7]。

在传感器节点硬件设计中需要从以下几个方面考虑。

(1) 无线传感器节点应该在体积上足够小,保证对目标系统本身的特性不会造成影响,或者所造成的影响可忽略不计。在某些场合甚至需要目标系统能够小到不容易被人所察觉的程度,以完成一些特殊任务。

(2) 无线传感器节点需要定义统一、完整的外部接口,在需要添加新的硬件部件时可以在现有节点上直接添加,而不需要开发新的节点。同时,节点可以按照功能拆分成多个组件,组件之间通过标准接口自由组合。在不同的应用环境下选择不同的组件自由配置系统,这样就不必为每个应用都开发一套全新的硬件系统。当然,部件的扩展性和灵活性应该以保证系统的稳定性为前提,必须考虑连接器件的性能。

(3) 硬件的稳定性要求节点的各个部件都能够在给定的外部环境变化范围内正常工作。在给定的温度、湿度、压力等外部条件下,传感器节点的处理器、无线通信模块、电源模块要保证正常的功能,同时,传感器部件要保证工作在各自量程范围内。另外,节点硬件在恶劣环境下要能够稳定工作,一方面系统在各种恶劣的气候条件下不会损坏,另一方面所有测量探头都能够尽量接近检测环境以获得最真实的参数信息。

(4) 低成本是传感器节点的基本要求。只有低成本,才能大量地布置在目标区域中,表现出传感器网络的各种优点。低成本对传感器各个部件都提出了苛刻的要求。首先,供电模块不能使用复杂而且昂贵的方案。其次,能源有限的限制又要求所有的器件都必须是低功耗的。最后,传感器不能使用精度太高、线性很好的部件,这样会造成传感器模块成本过高。

6.2.1 传感器节点的模块化设计

无线传感器节点的体系结构由传感器模块、处理器模块、无线收发模块和能量供应模块四部分组成。作为一个完整的微型计算机系统,要求其组成部分的性能必须是协调和高效的,各个模块实现技术的选择需要根据实际的应用系统要求进行权衡和取舍。图 6.1 描述了构成传感器节点的各部件性能需求的依赖关系[8]。

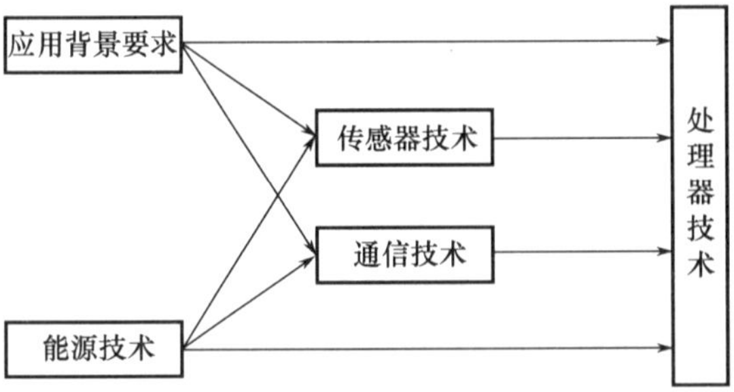

图 6.1　传感器节点各部件性能需求的依赖关系

应用背景对传感器的种类、精度和采样频率提出要求，同时对无线通信使用的频段、传输距离、数据收发速率提出要求；传感器网络的能源技术则对传感器技术和通信技术的能耗作出具体的约束，同时要求处理器本身必须是超低功耗的，并且支持休眠模式；传感器的选取、应用背景要求的采样频率以及通信技术的数据收发速率对处理器的处理能力、数据采样速度和精度以及通用 IO 控制端口的数量提出具体要求；处理器的选择则由所有这些技术要求所制约。

1. 数据处理模块设计

无线传感器网络采用的数据处理方式是分布式的。每个传感器节点都具有一定的智能性，能够对数据进行预处理，并能够根据感知到的信息做出不同的处理。这种智能性主要依赖数据处理模块实现；此外，包括网络协议栈的通信协议、各种调度管理、数据融合等算法都需要由数据处理模块来实现。可见数据处理模块是传感器的核心模块之一。对于数据处理模块的设计，需要考虑五方面的问题。

(1) 节能设计：在无线传感器节点的各个模块中，除了通信模块外，数据处理模块也是主要的耗能部件。因此应当尽量使用低功耗的微处理器和存储器芯片。

在处理器的选择方面，由于节点处理的数据有限，因此不需要选择高速处理芯片，速度高意味着耗能也高。此外，选择处理器还需要选择具有休眠功能的处理器，这样可以进一步降低能耗。

(2) 处理速度的选择：如前所述，过快的处理速度会增加系统的能耗；但是，如果处理器处理的任务较为繁重，始终处于工作状态而无法进入睡眠状态，则对于整体能耗也会有所增加，因此，处理器速度的选择必须依据实际的处理需要综合考虑。

(3) 低成本：低成本是无线传感器网络实用化的前提条件。在某些情况下，数据处理模块的成本占到总成本的 90% 以上。片上系统需要的器件数量少，系统设计简单,成本则低。但是,目前基于片上系统的设计通常适用于某些特殊的应用。

(4)体积小:节点的微型化要求尽量减少处理模块的体积。

(5)安全性:要求处理器具有安全保密机制,尤其是对于某些对安全性有要求的应用场合尤为重要。

2. 换能器模块设计

换能器模块包括传感器和执行器两部分。包含各种类型的传感器,如前面介绍过的温度传感器、湿度传感器、压力传感器等。同时,传感器节点还可能包含一些执行器,如电子开关、声光报警设备、微型电机等。

大部分传感器的输出是模拟信号,但通常无线传感器网络传输的是数字信号,因此首先需要进行模/数转换。类似地,在对执行器进行输出时,往往需要数/模转换。在节点中配置数/模和模/数转换器可以有效地降低系统的成本。在设计时,可以由一个转换器为多个传感器提供数据转换。

3. 无线通信模块设计

无线通信模块由无线射频电路和天线组成,目前采用的传输介质主要包括无线电、红外线、光波等。无线通信模块是传感器节点的主要耗能模块,所以也是传感器节点的设计重点。

1)无线电传输

无线电波易于产生,传播距离较远,容易穿透建筑物,在通信方面没有特别的限制,比较适合在未知环境中的自主通信需求,是目前传感器网络的主流传输方式。

在频率选择方面,一般选择 ISM 频段。主要原因在于无需注册公用频段,具有较大范围的可选频段。没有特定标准,可灵活使用。

在无线传感器网络中,由于节点能量受限,需要设计以节能和低成本为主要指标的调制机制。此外,在设计通信模块时需要采用无线唤醒装置,使得节点可以进入睡眠模式。

2)红外线传输

红外作为传感器网络的可选传输方式,其最大优点是这种传输不受无线电干扰,且红外线的使用也不受通信管制。但是,红外线的穿透性很差,当传输路线上存在障碍物时,其使用将受到限制,因此一般用于短距离通信。

3)光波传输

与无线电传输相比,光波传输不需要复杂的调制、解调过程,接收电路简单,传输功率也较小。光波与红外线相似,当传输路线上存在障碍物时,将无法使用,因此,其应用场合是受限的。

4. 电源模块设计

电源模块是传感器节点必备的基础模块。电池供电则是目前传感器网络节点最常用的供电方式。在某些情况下,传感器节点可以直接从外界环境中获取能量,例如太阳能、机械能、风能、电磁能等方式。

传感器节点所需的电压通常不止一种。因为模拟电路和数字电路所要求的供电电压不同,通常,存储器、换能器等需要较高的电源电压。所以在电源模块的设计中需要考虑电压转换电路的设计,并需充分考虑这些转换电路所产生的能量损耗。

5. 外围模块设计

传感器节点的外围电路主要包括看门狗、输入/输出电路和系统检测电路等。

1)看门狗

设计看门狗电路是为了增加电路系统的鲁棒性,使得节点能够防止各种原因造成的系统死机。传感器节点的工作环境往往复杂多变,存在各种各样的干扰。系统会出现计数器出错、程序跑飞等软件故障。看门狗的基本原理就是利用计数器的定时中断,当程序出现跑飞等故障时,由于程序无法正常运行,无法按时将计数器复位,导致计数器到达溢出值从而产生计数器中断,使得整个系统复位。

2)输入/输出电路

输入/输出模块的设计中需要考虑系统是否能够支持输入/输出模块的睡眠状态。在传感器节点中,休眠状态下,一般是处理器模块和通信模块首先休眠,要进一步省电,就必须进一步将输入/输出电路置于休眠状态,即所谓深睡眠状态,与此对应,处于深睡眠时,重要信息必须要保存到非易失性的存储介质中。

3)系统检测电路

系统检测主要是对整个系统的电源情况进行检测。在电量将耗尽时发出指示,提醒邻节点。此外就是在由于干扰而出现电源波动时及时采取措施,避免设备损坏。

6.2.2 传感器节点的开发实例

目前,实用化的传感器节点不多,其开发原型一般是美国国家支持项目的附属产品,国内出现的传感器节点很多也是模仿国外的 Mote 节点开发的。下面简要介绍国外在传感器网络研究中开发出来的部分传感器节点原型。

Smart dust 是美国 DARPA/MTO MEMS 支持的研究项目,其目的是结合 MEMS 技术和集成电路技术,研制体积不超过 1 mm^3,使用太阳能电池,具有光通信能力的自治传感器节点。由于体积小、重量轻,该节点可以附着在其他物体上,甚至在空气中浮动。

图 6.2 给出了 Smart dust 的系统结构。

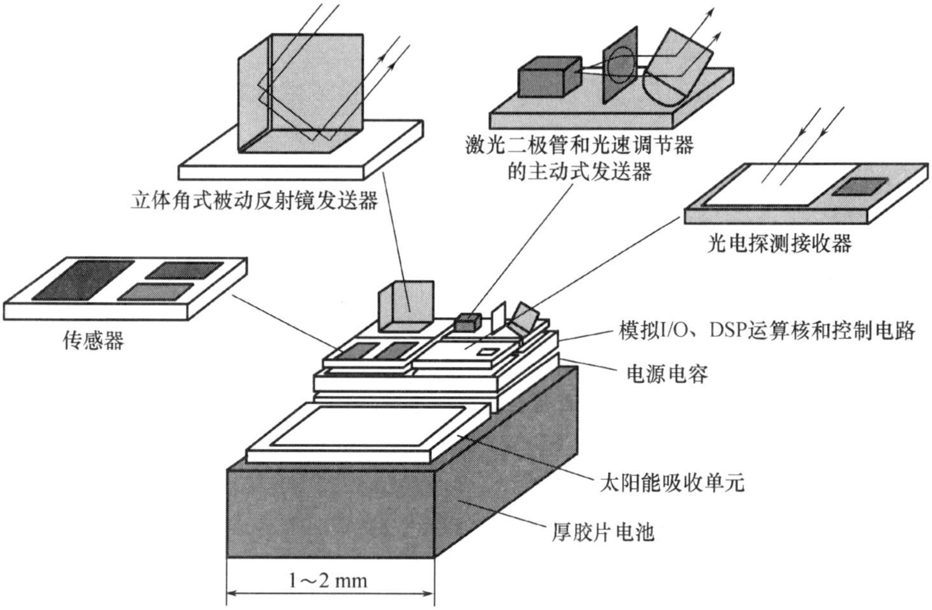

图 6.2 Smart dust 的系统结构图

图 6.2 是智能尘埃的一个概念结构模型。传感器模块根据应用需求可以将光、温度、振动、电磁、声音以及风向等传感器集成在一起,用来测量被监测对象的各项参数。通信模块由发射系统和接收系统组成。发射系统由主动式和被动式两种发射器组成,实现数据和控制信号的发送;接收系统由光电探测器组成,将收到的光信号转换为电信号,然后把电信号送到主机模块。主机模块是一个具有信号处理、系统控制、数据存储、能量管理等功能的集成电路。电源模块由厚膜电池和太阳能电池组成,给尘埃微粒提供能量。

Smart dust 节点的主要特点如下:

(1) 采用 MEMS 技术,体积微小,整个传感器节点可以控制在 1 mm^3 左右。

(2) 使用太阳能作为其工作能量的来源,具有长期工作的潜力。

(3) 采用光通信方式。一方面功耗比无线电小(如果采用被动光反射技术,则耗能更小);另一方面不需要长长的天线,在体积上也可以做得非常小。另外,通信信道空分复用,所以基站可以同时与多个节点通信。

(4) 光通信方式降低了节点功耗,但是其传输的方向性、无视距阻碍的要求给节点的部署带来很大挑战。

Smart dust 节点的通信机制:

包括射频(RF)通信和光通信两种,在“智能尘埃”系统里选择用光进行通信。如果使用射频通信,面临的一个突出问题是尘埃微粒给天线提供的空间非常小,需要使用非常短的波长(高频)通信,这就要求耗费较高的发射功率才能实现。另外,使用射频通信时需要带通滤波器和解调电路,进行频率或空间复用时还需要多点接入电路等,电路复杂,而且很难使能耗减少到 mW 级。

使用光通信时,光链路只需要简单的基带模拟或数字电路,不需要调制器,带通滤波器和解调器电路。接近于可见光或近红外线的短波长使得一个毫米级的设备可以获得高的天线增益。使用光通信的另外一个好处是许多位于不同位置的尘埃只要位于基站收发器(Base Transceiver Station,BTS)的可视范围内,基站收发器就可以同时对多个尘埃发射的信号进行解码,达到空间复用的效果。光通信的不足之处是需要不受阻断的视距光通路,不能有障碍物阻挡尘埃和接收器之间或尘埃之间的光线传播。空气中自然灰尘的浓度和水蒸气的含量也会影响光线的正常传播。另外,自由空间光通信还存在传输速率、传输距离以及每比特耗能之间的折中问题。

Smart dust 有被动和主动两种通信模式。被动模式中节点本身不发光,而是通过反射来自基站收发器的光完成信息传递。这简化了节点复杂度,而且降低了节点功耗。不能主动发送消息,只能等待主站查询,所以响应速度比较慢。主动模式在节点上增加激光、校准透镜和光束调节微镜等装置,在有数据需要发送的时候可以主动向周围的节点或者主站发送,这种方式增加了节点功耗,但减少了响应延迟。

被动方式的传感器节点依赖基站完成通信,只能构建节点直接与基站通信的集中式网络;主动方式在解决多方向激光发射方面也有困难。这些技术上的难点在一定程度上限制了 Smart dust 的应用。

6.3 无线传感器网络操作系统和编程语言

无线传感器网络的操作系统是运行在每个传感器节点上的核心软件,能够有效地管理硬件资源和任务的执行,并且使用户不需要直接面对硬件开发程序。增强了开发的效率和软件的可重用性。由于传感器节点本身的资源限制,传统的嵌入式操作系统无法在传感器网络上运行。

在为无线传感器网络设计操作系统时,会针对具体的应用来设计系统的结构,而不像传统的操作系统,为应用开发提供独立于具体应用的通用编程接口。在传统操作系统中,可以通过这些接口完成用户需要的特定功能。在无线传感器网络中,必须面向应用,对特定的应用做特别的处理,最大限度地减少操作系统的复杂度。

对无线传感器网络操作系统的设计必须考虑如下一些要求:

(1) 由于传感器节点资源有限,因此操作系统的代码量应该尽量小,复杂度要尽可能低,减少对能量、存储、计算等资源的占用。

(2) 无线传感器网络的规模有可能非常大,而且网络的拓扑结构会不定期地发生变化,应用于无线传感器网络的操作系统需要充分考虑这些可能出现的情况。

(3) 某些应用下,传感器网络对所监控的事件必须做出快速的判断和反应,因此传感器网络对系统的实时性有一定要求。

(4) 无线传感器网络的操作系统应该是多任务操作系统,并且能够支持任务间快速而频繁的切换。

(5) 传感器网络的操作系统还应该是一种分布式操作系统,整个网络的资源可以共享或者协同完成更加复杂的任务。

(6) 基于无线传感器的操作系统应该提供方便高效的编程方法,开发者能够快捷地开发应用程序,而无需关注低层硬件的具体操作。

(7) 对于部署在危险区域的传感器节点,操作系统需要具备远程配置节点的功能,通过传输技术对大量节点在线动态发布代码。

目前常用的基于无线传感器网络的操作系统有5种。

1) TinyOS

TinyOS是加州大学伯克利分校开发的传感器网络操作系统,支持nesC语言。TinyOS采用基于组件的体系结构,应用程序的各个功能由组件实现,完整的应用程序由多个组件构成。系统采用了事件驱动机制,能够快速处理由事件产生的硬件中断,并在处理完后进入休眠状态,提高了处理器模块的利用率。

2) MagnetOS

MagnetOS是由康奈尔大学开发的传感器网络操作系统。采用了虚拟机的设计,通过运行在边界节点上的程序分割服务将应用程序分成多个对象后注入传感器网络,每个对象完成某种特定功能,系统根据应用的需求将对象自动迁移到最合适的节点上。

3) MANTIS

MANTIS是由科罗拉多大学开发的传感器网络操作系统,在设计和编程方面采用了分层的多线程体系结构和标准C语言编写的内核与应用程序接口。系统提供无线代码发布功能,能够由基站向节点发送新的代码,新代码可以用于更新变量、线程甚至整个操作系统。

4) SenOS

SenOS是基于有限状态机模型的传感器网络操作系统。其内核结构由三部分组成:由状态序列器和事件队列组成的内核、状态转换表和回调函数库。状态转换表记录了根据输入确定的状态转换过程和内核检查事件队列中是否由事件发生。对于每个事件,内核根据状态转换表触发系统转换状态,并且调用相关回调函数库内的输出函数。在 SenOS 上能够较为方便地开发应用程序。

5) PEEROS

PEEROS 具有抢占式的实时内核,其调度器是基于轻量级版本的实时调度算法。为了减少对存储资源的需求,系统将当前不用的驱动器存放到 E^2PROM,在需要时再通过模块管理器载入。

6.3.1 TinyOS 操作系统

由于无线传感器网络节点的资源十分有限,传统的嵌入式操作系统难以正常有效地运行和工作,特别对能量和内存的需求矛盾比较突出。因此,需要一种全新的嵌入式操作系统来满足无线传感器节点的基本需求。TinyOS 操作系统是加州大学伯克利分校的研究人员针对无线传感器网络设计的开源嵌入式操作系统。TinyOS 操作系统主要使用了轻量级线程、主动消息通信、事件驱动模式、组件化编程等技术[9-10]。

TinyOS 操作系统最初使用汇编语言和 C 语言。但经研究人员进一步的研究及使用后发现,C 语言并不能有效和方便地支持无线传感器网络应用程序的开发。因而在对 C 语言进行了一定扩展的基础上,提出了支持组件化编程的 nesC 语言,该语言可以把组件化、模块化思想和基于事件驱动的执行模型结合起来。

TinyOS 是一款自由和开源的基于元件(component-based)的操作系统和平台,主要针对无线传感器网络。TinyOS 是用 nesC 语言编写的嵌入式操作系统。TinyOS 首先是作为加州大学伯克利分校和 Intel 研究所合作实验室的开发项目,用来嵌入到智能微机当中,之后慢慢演变成一个国际合作项目,即 TinyOS 联盟。

TinyOS 操作系统具有 4 个特点。

1) 基于组件的结构

TinyOS 提供一系列可重用的组件,一个应用程序可以通过连接配置文件将各种组件连接起来,以完成所需要的功能。采用组建结构可以提高系统的紧凑性,减少代码量和占用的存储空间。

2) 基于事件驱动的结构

TinyOS 的应用程序都是基于事件驱动模式的,采用事件触发去唤醒传感器工作。事件驱动模式尤其适用于节点较多,并发操作频繁的应用情况。当事件对应的硬件中断发生时,TinyOS 能够快速地调用相关的事件处理程序,响应外部事件并执行相应的处理操作。在处理完毕后,系统可以将节点转入休眠状态,从而有效地节省了能量。

3）任务和事件并发模型

任务（task）一般用在对于时间要求不是很高的应用中，任务之间是平等的，即在执行时按顺序先后执行，而不能互相占先执行。一般为了减少任务的运行时间，要求每一个任务都很短小，能够使系统的负担较轻。

事件（event）一般用在对于时间的要求很严格的应用中，而且可以优于任务或其他事件执行，可以被来自外部环境的事件触发，在TinyOS中一般由硬件中断处理来驱动事件。

4）分段执行

在TinyOS中由于任务之间不能互相占先执行，所以TinyOS没有提供任何阻塞操作，为了让一个耗时较长的操作尽快完成，一般来说都是对这个操作的需求和完成分开来实现，以便获得较高的执行效率。

6.3.2 nesC语言

nesC是一种扩展的C编程语言，主要用于传感器网络的编程开发，是加州大学伯克利分校研发人员专为无线传感器网络平台微型操作系统TinyOS开发的编程语言。

一个nesC应用程序由三部分组成：一组C声明和定义、一组接口类型和一组组件。nesC应用程序命名环境构造如下：

最外层的全局命名环境，包含三个命名域：一个C变量，一个用于C声明和定义的C标签命名域，一个用于组件和接口类型的组件和接口类型命名域。

通常，C声明和定义可以在全局命名环境内部引入自己的嵌套命名域，用于函数声明和定义函数内部代码段。

每个接口类型引入一个命名域，用于保存接口的指令或事件。这种命名域是嵌套于全局命名环境的，所以指令和事件定义能影响全局命名环境中的C类型和标签定义。

每个组件引入两个新命名域：规格命名域，嵌套于全局命名环境，包含一个变量命名域用于存放组件规格元素；实现命名域，嵌套于规格命名域，包含一个变量和一个标签命名域。

nesC语言的特点如下：

（1）结构和内容相分离。程序由组件构成，组件装配在一起构成完整的程序。组件定义两类域，一类用于组件的描述，另一类用于组件的补充。组件内部存在作业形式的协作。控制线程可以通过其接口进入组件。这些线程产生于作业或硬件中断。

（2）根据接口的设置说明组件功能。接口可以由组件提供或使用。组件通过接口静态连接，这样有利于提高程序的运行效率，增强程序的鲁棒性。每个组件都分为两部分,一是对该组件的说明,二是组件的执行或实现部分。组件说明使用接口来描述该组件使用了哪些服务以及能够使用哪些服务,可以将 nesC 程序看作由若干接口连接而成的一系列组件。程序中的每个组件必须说明定义该组件使用了哪些接口,同时又为其他组件提供了哪些接口。

(3) 接口有双向性:组件的接口是实现组件间联系的通道。接口要列出其使用者可以调用的命令或者必须处理的事件,从而将不同的组件联系起来。接口的典型用法是:命令向下调用,例如应用层组件可以调用那些硬件相关层组件提供的接口命令;事件向上触发,原始事件都与特定的硬件中断相关联。

(4) 组件按照功能的不同分为两类:配件和模块。配件指的是描述不同组件接口之间的关系的组件文件;模块指的是描述组件提供的接口函数功能及其实现过程的组件文件。

(5) nesC 语言的并发模型是基于开始直至完成(run to completion)的任务构建方式。事件处理程序能中断任务,也能被其他事件处理程序中断。由于事件处理程序处理的工作量很小,因此执行速度非常快,所以可以保证被中断的任务不会被无限期地挂起。

6.3.3 基于 TinyOS 系统的软件开发

为了适应无线传感器网络的特点,TinyOS 操作系统使用了四种主要技术,组件化编程、轻量级线程、主动消息通信和事件驱动模型。

1. 组件化编程

TinyOS 操作系统中的组件有四个相互关联的部分:一组命令处理程序句柄、一组事件处理程序句柄、一个经过封装的私有数据帧和一组简单的任务。任务、命令和事件处理程序在私有数据帧的上下文中执行并切换帧的状态。

TinyOS 操作系统中的组件通常分为硬件抽象组件、合成组件、高层次的软件组件三类。其中硬件抽象组件用于将物理硬件映射成为 TinyOS 操作系统中的组件,无线发送模块就是一种硬件抽象组件,可提供命令来操纵与射频收发器相连的各个单独的 I/O 引脚,并且发送信号给事件,将数据位的发送和接收通知其他组件,图 6.3 所示是无线传感器应用程序的组件结构。合成组件可以模拟高级硬件的行为,图 6.3 中的 Radio Byte 组件就属于合成组件。合成组件以字节为单位与上层组件交互,并以位为单位与下层无线发送模块组件交互,最后将无线接口映射到通用异步收发器(Universal Asynchronous Transmitter, UART)接口上。高层次的软件组件可完成控制、路由、数据传输等功能,图 6.3 中的主动消息处理模块属于高层次软件组件。这类组件可以在传输前将要发送的数据打包以及将收到的消息分发给相应的任务。

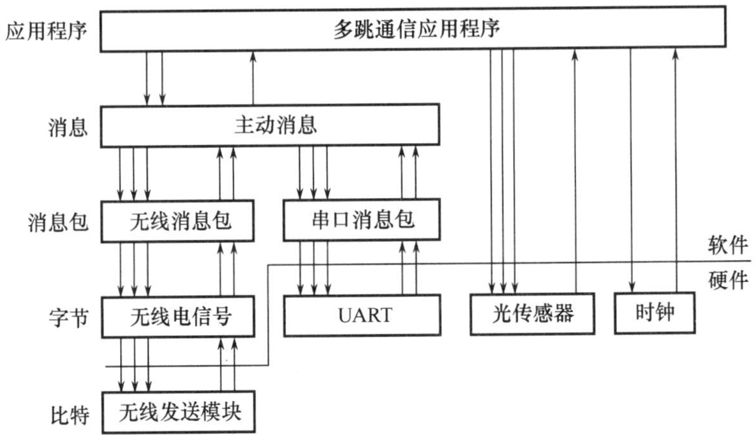

图 6.3 支持多跳无线通信的传感器应用程序的组件结构

2. 轻量级线程

在 TinyOS 操作系统中,一般的轻量级线程(task,即 TinyOS 操作系统中的任务)可按照先进先出的方式进行调度,轻量级线程之间不允许抢占。任务一旦执行,就必须执行完毕,不能被其他任务中断。而硬件处理线程(即中断处理线程)则可以打断用户的轻量级线程和低优先级的中断处理线程,故可对硬件中断做出快速响应。

3. 主动消息通道

主动消息通信是一个面向消息通信的高性能通信模型。在无线传感器网络中采用主动消息机制的主要目的是使无线传感器节点的计算能力和通信重叠。为使主动消息更适用于无线传感器网络的需求,主动消息提供了 3 个最基本的通信机制,一是带确认的消息传递,二是有明确的消息地址,三是消息分发。在 TinyOS 操作系统中,主动消息通信被视为一个系统组件,它屏蔽了下层各种不同的通信硬件,从而为上层提供一致的通信原语,为开发人员实现各种功能的高层通信组件提供方便。

在 TinyOS 的主动通信中,当数据到达传感器节点时,首先进行缓存,然后由主动消息把缓存中的数据分发到上层应用。TinyOS 操作系统不支持动态内存分配,所以要求每个应用程序在其所需的消息被释放后能够返回一块未使用的消息缓存,以用于接收下一个将要来到的消息。因为在 TinyOS 操作系统中,各个应用程序之间的执行是不能抢占的,所以不会出现多个未使用的消息缓存发生冲突。这样,TinyOS 操作系统的主动消息通信组件只需要维持一个额外的消息缓存以用于接收下一个消息。如果一个应用程序需要同时存储多个消息,则需要在其私有数据帧上静态分配额外的空间以保存消息。

一般情况下，由于 TinyOS 操作系统中只提供尽力服务方式（best-effort，在网络接口发生拥塞时，马上丢弃数据包，直到业务量有所减少为止）的消息传递机制，所以需要接收方提供确认反馈信息给发送方，以确定发送是否成功。确认消息可由主动消息通信组件生成，这样比在应用层生成确认消息包更能节省开销，而且反馈时间短。

4. 事件驱动模型

TinyOS 操作系统是事件驱动的操作系统，故当一个任务完成后，就可以使其触发一个事件，然后由 TinyOS 操作系统自动调用相应的处理函数。事件驱动分为硬件事件驱动和软件事件驱动。硬件事件驱动也就是一个硬件发出中断，然后进入中断处理函数；而软件驱动则是通过信号关键字来触发一个事件。

6.3.4 后台管理软件

可视化的后台管理软件是传感器网络系统的一个重要组成部分，是获取和分析传感器网络数据的重要工具。在选定传感器网络的硬件平台和操作系统之后，通过设计相应的网络通信协议，将这些硬件设备组建为网络。在这个过程中需要对网络进行分析，了解传感器网络的拓扑结构变化、协议运行、功耗和数据处理等方面的情况。这都需要获取关于传感器网络运行状态和网络性能的宏观和微观信息，通过对这些信息进行处理，才能对网络进行定性或者定量分析。

由于传感器网络本质上是一种资源受限的分布式系统，网络中大量的无线自主节点相互协作分工，完成数据采集、处理和传输任务。从微观角度来看，传感器网络节点状态的获取难度远大于普通网络的节点。从宏观角度上分析，传感器网络的运行效率和性能也比一般网络难以度量和分析。因此传感器网络的分析和管理是应用的重点和难点，传感器网络的分析和管理需要一个后台系统来支持。

通常传感器网络在采集探测数据后，通过传输网络将数据传输给后台管理软件。后台管理软件对这些数据进行分析、处理和存储，得到传感器网络的相关管理信息和目标探测信息。后台管理软件可以提供多种形式的用户接口，包括拓扑树、节点分布、实时曲线、数据查询和节点列表等。

另外，后台管理软件也可以发起数据查询任务，通过传输网络告知探测节点执行查询任务。例如后台管理软件询问“温度超过 80 ℃的地区有哪些”，网络在接收到这种查询信息后，将温度超过 80 ℃地区的数据信息返回给后台管理软件。

后台管理软件通常由数据库、数据处理引擎、图形用户界面和后台组件四部分组成。

数据库用于存储所有数据，主要涉及网络管理信息和传感器探测数据信息，包括传感器网络的配置信息、节点属性、探测数据和网络运行的一些信息等。

数据处理引擎负责传输网络和后台管理软件之间的数据交换、分析和处理，将数据存储到数据库。另外它还负责从数据库中读取数据，将数据按照某种方式传递给图形用户界面、接受图形用户界面产生的数据等。

后台组件利用数据库中的数据实现一些逻辑功能或者图形显示功能，它主要涉及网络拓扑显示组件、网络节点显示组件、图形绘制组件等。个人计算机的操作系统、选用的数据库系统和一些图形软件工具都可以提供这类组件，协助开发人员设计和丰富后台管理系统的功能。

图形用户界面是用户对传感器网络进行检测的可视化窗口，用户通过它可以了解网络的运行状态，也可以给网络分配任务。该界面既要保证操作人员对整个网络系统的管理，又要方便使用和操作。

目前在传感器网络领域出现了一些后台管理软件工具，如克尔斯博公司开发的 Mote View、加州大学伯克利分校的 Tiny Viz，加州大学洛杉矶分校的 EmStar、中科院的 SNAMP 等软件。这些软件都在传感器网络的数据收集和网络管理中得到了应用。

小结

本章介绍了 NS-2、OPNET、OMNET++ 和 TOSSIM 仿真工具；讲解了 TinyOS 操作系统的功能及配套的 nesC 的使用；在硬件开发部分，列举了典型的节电设计方案和实例；最后对后台管理软件进行了简单的介绍。

思考题

1. 列举常用的无线传感器网络仿真软件，说明各自的技术特点。
2. 选择无线传感器网络仿真平台时应该注意哪些问题？
3. 列举几种常用的传感器处理器芯片。
4. TinyOS 操作系统有哪些特点？

参考文献

[1] Xue Yunjiao, Lee Ho Sung, Ming Yang, et al. Performance evaluation of NS-2 simulator for wireless sensor networks. Proceedings of Canadian Conference on Electrical and Computer Engineering, 2007

[2] Hammoodi I S, Stewart B G, Kocian A, et al. A comprehensive performance study of OPNET

modeler for ZigBee wireless sensor networks. Proceedings of Third International Conference on Next Generation Mobile Applications, Services and Technologies, 2009

[3] Jiang Bing, Zhang XueWu, Chen ShiZhi, et al. Study and simulation of QOS-based routing for wireless sensor networks based on OPNET. Proceedings of IET International Conference on Wireless, Mobile and Multimedia Networks, 2006

[4] OPNET, http://www.opnet.com/

[5] Wang S, Liu KZ, Hu FP. Simulation of wireless sensor networks localization with OMNeT. Proceedings of the 2nd International Conference on Mobile Technology, Applications and Systems, 2005

[6] Notani S A. Performance simulation of multihop routing algorithms for Ad-Hoc wireless sensor networks using TOSSIM. Proceedings of the 10th International Conference on Advanced Communication Technology, 2008

[7] Pister K S J. Smart dust-hardware limits to wireless sensor networks. Proceedings of the 23rd International Conference on Distributed Computing Systems, 2003

[8] Halit Eren. 无线传感器及元器件：网络、设计与应用. 纪晓东，等译. 北京：机械工业出版社，2007

[9] Liang Yuguo. Study of protocol for wireless sensor network based on TinyOS. Proceedings of International Conference on Computer Design and Applications, 2010

[10] Gao Rui, Zhou Hong, Su Gang. Structure of wireless sensors network based on TinyOS. Proceedings of International Conference on Control, Automation and Systems Engineering, 2011

[11] 崔逊学，等. 无线传感器网络的领域应用与设计技术. 北京：国防工业出版社，2009

[12] 杜晓通，等. 无线传感器网络技术与工程应用. 北京：机械工业出版社，2010

第7章　无线传感器网络的典型应用

在20世纪90年代,美国开始了无线传感器网络相关技术及其应用的研究。起初主要是来自于军方应用的研究,例如由美国国防部提出的"智能尘埃"计划。后来由于无线传感器网络在各行业广阔的应用前景,得到了工业及学术界的广泛关注,并被列为"21世纪最重要的技术之一"。为了满足应用中对设备小型化、低成本、低功耗、高可靠性的要求,ZigBee技术应运而生。在2009年初,由IBM提出了智慧地球(Smarter Planet)的概念,把传感器嵌入和装备到电网、桥梁、公路、建筑、油气管道等各种物体中,相互连接。

本章介绍无线传感器网络的两个典型应用:在工业监控系统中,针对工业现场的实际特点对标准协议进行了改进,并设计了实际应用的基于无线传感器网络的监控系统。在矿井安全监测系统中,对矿井的具体情况进行分析,设计了相配套的节点软硬件方案。

7.1　基于无线传感器网络的工业监控系统

工业监控类应用是无线传感器网络最重要的发展方向之一。在各类复杂的工厂环境下,无线传感器网络以其组网灵活、移动方便、容易更换及可扩展性强等优势避免了传统有线网络中布线困难、监测点位置固定等问题。而且,随着电子技术的逐步完善,无线传感器网络的应用大大降低了工业监控网络的组网成本及更新难度。由于工业监控类应用需求的不断加大,工业界均致力于硬件平台及协议标准的研发和制定。应用较多的工业协议标准包括ZigBee[1]、ISA-SP100[2]、Wireless HART[3]等。但是,由于工厂环境下对象多变且干扰严重,无线传感器网络仍难以在复杂的工业环境中大规模应用。以下几个方面是无线传感器网络在工业监控应用中需要解决的问题[4-6]:

(1) 抗干扰能力差,通信可靠性低。工厂环境下往往存在较强的多径效应和电磁干扰,严重限制了无线传感器网络的通信效率,降低了节点的接包率。

(2) 能量消耗较高,持续工作时间有限。由于传感器节点大多由电池供电,各类冗繁的无效信息会加大能量消耗,导致节点失效甚至死亡[7-8]。

(3) 通信距离有限,影响数据传输。某些工厂环境中,由于某些设备间跨度较大,对数据传输距离有较高要求,而现有节点较低的远距离通信能力限制了节点在大型工厂场景中的应用。

本节主要介绍无线传感器网络在工业监控领域的应用。包括专为工业现场应用而开发的高可靠性能量均衡跨层通信协议(High Reliability and Energy-Efficient cross-layer protocol,HREE),以及以该协议为基础,针对机电装备监控进行的装置改进。

高可靠性能量均衡跨层通信协议(HREE)由非均匀簇路由协议(Reliable Efficient Uneven Cluster routing protocol,REUC)及基于单接口的多信道介质访问层协议(Single Interface based Multi-Channel mac protocol,SIMC)组成,非均匀簇路由协议以能量感知的节点密度阈值合理选择簇首,避免了随机选取模式中的簇首边缘化及网络重叠问题,然后通过节点与汇聚点间距离构建非均匀簇以平衡簇首功耗,并根据能量分布及链路质量选择高质量的可靠转发路径。基于单接口的多信道介质访问层协议以非均匀簇为框架,通过接包率预测信道质量,为各簇分配独立的基础信道以隔离簇间隐藏/暴露终端问题,并在簇内通信阶段实时监测链路质量,根据信道接包率动态调整通信信道,以此达到抵御频段选择性干扰和提高局部信道利用率的目的。仿真结果表明,相比传统的单层协议,高可靠性能量均衡跨层通信协议能有效改善无线传感器网络的能量利用效率并显著提高无线传感器网络的通信可靠性,更适用于工业监控领域[9-11]。

7.1.1 工业监控无线传感器网络的特点及相关协议分析

1. 工业监控无线传感器网络特点

与一般应用场景不同,工业监控现场由于物理环境复杂,障碍物移动频繁,信号在无线信道传输过程中会产生较多的反射和折射,这些反射波、折射波和原直射波叠加后会导致无线信号的衰落和相移,产生严重的多径效应,从而影响通信可靠性和数据的接收效率[12]。

而且,无线传感器网络在进行无线通信时,周边大型机电设备的邻频辐射以及外围移动装置(如手机、蓝牙等)会产生电磁脉冲噪声,对数据传输造成较强的通信干扰,严重影响网络的吞吐量和数据传递率[13-15]。有研究表明:使用IEEE 802.11 b/g(Wi-Fi)协议的移动设备是无线传感器网络的干扰源之一,图7.1是IEEE 802.15.4和IEEE 802.11 b/g在2.4 GHz频段的信道分布,对于重叠频道,室内的IEEE 802.11 b/g辐射功率是IEEE 802.15.4的10~100倍,而在室外将达到400倍,这将严重降低无线传感器网络的通信质量。图7.2为部分无线传感器网络信道在引入无线路由器前后接包率(Packet Reception Rate,PRR)的积累分布函数(Cumulative Distribution Function,CDF)曲线,信道22和信道26的接包率在加入无线路由器后显著降低。类似地,IEEE 802.15.1(蓝牙)和各类常见的微波设备都会对无线传感器网络造成不同程度的干扰,而且无线信号传输过程中的多普勒效应以及信道间的网内干扰也会影响信道的链路质量,继而造成信道拥塞和数据吞吐量降低。而且大量的重传还会过度耗能从而导致网络寿命的降低。所以工业现场的无线传感器网络为达到可靠传输及延长续航能力的目的,必须要求各节点具备足够强的抗干扰能力。

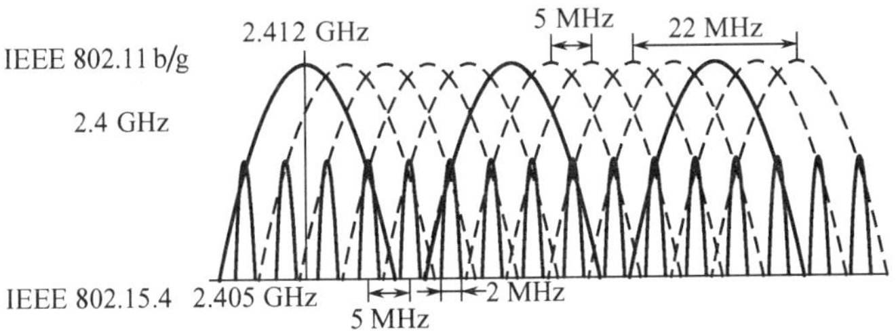

图7.1　IEEE 802.15.4及IEEE 802.11 b/g信道分布

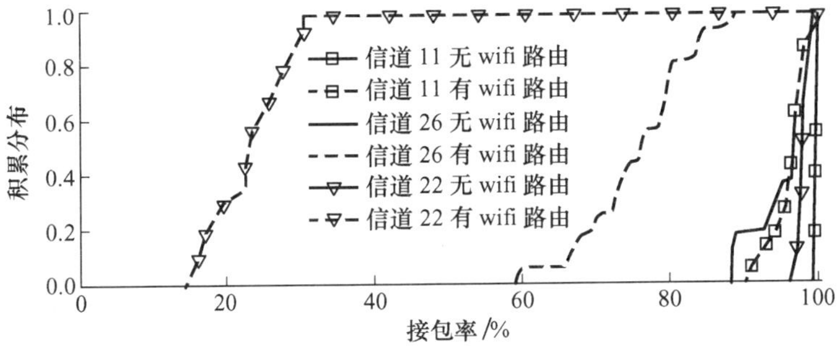

图7.2　信道11、22和26的接包率积累分布函数曲线

另外,从系统角度看,工业监控无线传感器网络具备节点相对集中,位置固定,数据容量小等特性,拓扑结构通常采用多对一的模式。工业无线传感器网络采用典型的多对一拓扑模型及硬件配置,具体如下:网络中共有 N 个位置随机的无线传感器网络节点($n_1,n_2,\cdots,n_N$),所有节点将监测数据发送至唯一的汇聚节点。各节点预设全网唯一的标识号并配置一个半双工无线射频模块,有效通信半径0~200 m(视功率调节而定),该通信距离可以覆盖节点间的最大距离,同一时间各节点只能完成单一信道的收/发任务,射频模块可以在200 μs内完成跳频。汇聚节点具备较强的处理能力且通信距离可覆盖全网。另外还要求所有节点间通信链路对称,且一跳邻节点可以实现时间同步。

2. 相关标准及协议分析

由于ZigBee协议在前面已介绍,因此下面只对工业监控系统中使用的介质访问层协议和路由协议进行进一步介绍。

1）典型介质访问层协议分析

介质访问层改进一直是无线传感器网络的研究热点之一[16]。目前从信道使用数量上来看，介质访问层协议主要可以划分为两大类：一类是典型的单信道协议，即网络中所有传感器节点共用同一个无线信道，较经典的协议有 IEEE 802.15.4、传感器介质访问控制（S-MAC）协议、超时介质访问控制（T-MAC）协议等，单信道协议对节点处理器的处理能力要求较低，易于实现，但信道利用率低，抗干扰能力差，在复杂场景下，经常由于信道拥塞和外部干扰导致传输可靠性降低。另一类为多信道协议，即网络中节点同时于多个无线信道进行数据收发，多信道协议能够充分利用信道资源，并提供良好的抗干扰能力，典型的多信道协议包括多信道介质访问层协议[17]（Muti-channel MAC，MMAC）、多频段介质访问层协议[18]（Multi-frequency Mac for wireless Sensor Networks，MMSN）等。

（1）多通道介质访问层协议分析

多通道介质访问层协议是较早提出的一种以 IEEE 802.11 标准为基础的介质访问层协议。它通过动态的信道切换技术解决了限制通信效率的隐藏/暴露终端问题，以达到提高网络数据吞吐能力的目的。多信道介质访问层协议通过在控制信道交换信道质量信息，控制节点间通信信道的使用情况，并以信道使用频度为标准将信道质量分为高、中、低三档：高质量信道是节点正在使用的信道，中质量信道是没有被邻居节点正在使用的信道，低质量信道是已被邻居使用的信道。信道切换及数据交互流程如图 7.3 所示，多信道介质访问层协议借鉴了 IEEE 802.11 中的通信量指示消息（Announcement Traffic Indication Message，ATIM）技术，所有节点在通信量指示消息窗内监听控制信道的通信量指示消息，当某节点 A 有数据包要发送时，首先在通信量指示消息窗内通过控制信道向目的节点 B 发送包含待选信道的通信量指示消息包；节点 B 收到 A 的通信量指示消息包后在 A、B 的信道列表选择质量最好的信道，并将该选定结果通过 ATIM-ACK 包通知 A（此时 B 的邻居节点 C 会侦听到该消息并将节点 B 选定的信道的质量级别下调，当节点 D 与其通信时，节点 C 会避开此信道），节点 A 收到此消息后，通过 ATIM-RES 确认信道协商，然后于协定的信道发送数据。

在协商过程中，信道的选择标准是：如果节点 B 有高质量的信道 1，便选用信道 1；否则若节点 A 有高质量的信道 2，便选用信道 2；若二者均无高质量的信道，则参照上述过程选择中质量的信道 3；若同样没有中质量信道待选，则选用两节点使用次数之和最小的低质量信道 4。

多信道介质访问层协议信道接入策略的主要目的是节点间的无干扰通信，它避免了无线通信中常见的信道拥塞问题，并提高了信道的利用率，理想状态下可以显著提高无线传感器网络的数据吞吐量。但是以下几个问题限制了多信道介质访问层协议在实际工业场景中的应用性能：

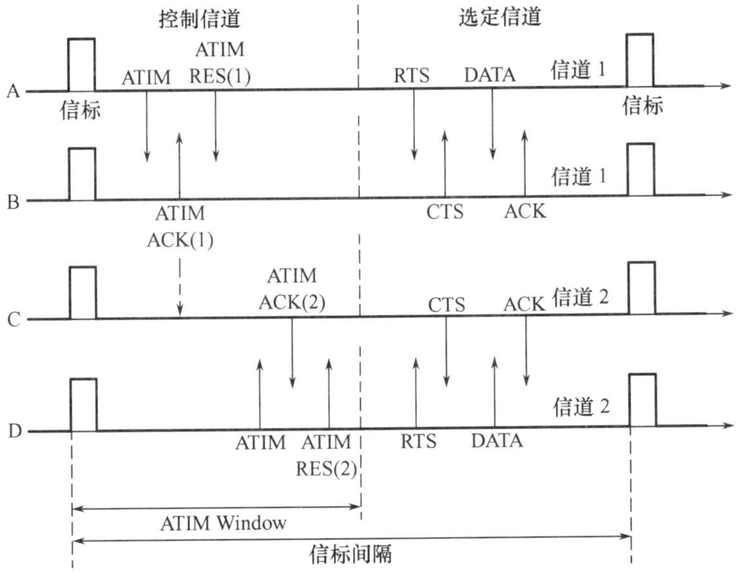

图 7.3 信道切换及数据交换过程

① 所有节点与唯一的控制信道完成信道协商,控制信道任务繁重,易产生拥塞并导致网络失控。

② 网络内所有节点需严格的时间同步,否则会发生协商失败甚至节点丢失。

③ 每次通信前控制信息交互过于繁冗,不仅影响了有效数据的发送效率,而且增加了网络的功耗和延时。

④ 信道质量仅通过信道使用频度间接判定,不能如实反映信道的实际情况。一方面有可能低估信道质量,另一方面无法衡量外部干扰对信道的影响。

(2) 多频段介质访问层(MMSN)协议分析

多频段介质访问层协议同样是典型的采用了多信道技术的介质访问层协议。多频段介质访问层协议针对不同的物理条件提供了四种特定的信道接入算法:平稳选择(even selection)、专一频道分配(exclusive-frequency-assignment)、监听分配(eavesdropping)及一致分配(implicit-consensus)。其中一致分配是多频段介质访问层协议的核心信道分配策略,它是一种将固定信道分配策略与CSMA/CA竞争接入相结合的介质访问层协议。一致分配假设所在频段内有足够多的非重叠物理信道,将信道依序号 F_{index} 进行排序,并为所有两跳内节点分配不同的通信信道。节点 ID_i 统计并记录自己两跳内的所有邻居节点信息,然后采用式 7-1 所示的固定伪随机码生成器 $Random(\ )$ 得到节点自身及两跳内邻居节点竞争信道 F_{index} 时所用的伪随机码 Rnd_i:

$$Rnd_i = Random(ID_i, F_{\text{index}}) \tag{7-1}$$

由于所有节点采用相同的伪随机码生成器,故节点只需知道邻居节点的 ID 号即可获悉其伪随机竞争码,因而无需任何额外的信息交互即可完成信道分配,使两跳内无重复信道。各节点伪随机码计算完毕后,开始进行信道竞争:对当前信道 F_{index},若节点自身的伪随机码 Rnd_i 为两跳内最大,则赢得竞争,获得信道使用权;若两跳内有两个以上最大值重叠,则 ID 号最大节点赢得竞争;节点依次竞争每个信道,直到赢得某信道使用权后退出竞争。

一致分配算法通过获取两跳邻居节点信息和采用统一伪随机码生成器的手段避免了在信道竞争过程中冗繁的信息交互,减少了发送功耗和发送延时,同时在局部网络内保证了较高的信道利用率和较低的信道负载,使网络吞吐量和传输可靠性得到了保证。但是,CSMA/CA 的一致分配算法是建立在信道足够多的前提条件下,而目前主流射频芯片在 2.4 GHz 频段内只能提供 IEEE 802.15.4 定义的 16 个标准物理信道,这就严重限制了一致分配算法的组网规模和实用性能。在工业监控网络中,若网内节点过多,会导致因部分节点无信道可用而造成的节点丢失甚至组网失败。同时,一致分配算法的信道竞争策略中,由于节点赢得竞争后不发送获取信道通知,其两跳邻居在竞选时仍保留其 ID 信息,导致对某些信道的竞争失败,从而潜在增大了信道需求。另外,为发现两跳内邻居和保持全网时间同步,多频段介质访问层协议需利用控制信道在每个信标周期内发送两个信标帧,容易造成控制信道拥塞,影响组网效率。

2) 典型分簇路由协议分析

典型的分簇路由协议包括低能自适应聚类路由协议(LEACH)、能量高效的非均匀簇路由协议(Energy-Efficient Uneven Clustering, EEUC)[19] 及蚁群优化的非均匀分簇(Ant Colony Optimization based Uneven Clustering, ACOUC)路由协议[20] 等。

(1) 低能自适应聚类路由协议分析

低能自适应聚类路由协议是无线传感器网络领域内最早提出数据聚合的分簇路由协议,其他分簇路由协议大多以低能自适应聚类路由协议为基础完成设计。低能自适应聚类路由协议对无线传感器网络节点和基本网络模型做了一些假设:所有节点具有足够的远距离发送能力;所有节点具有支持不同介质访问层协议的能力及进行数据处理的能力;所有节点总有数据发送给汇聚节点且相邻节点的数据内容具有相关性。

在低能自适应聚类路由协议中,各个无线传感器网络节点通过自组织划分为簇,各个非簇首节点将其数据发送给簇首,同时簇首接收簇内节点信息,然后对数据进行信号处理并将数据发送给汇聚节点或监控平台。在这种模式下,簇首节点较簇内节点将耗费更多能量。因此,低能自适应聚类路由协议引入了一种高剩余能量簇首随机选取算法，以循环的方式选择簇首节点，将能量负载平均分配到每个无线传感器网络节点中，以避免簇首节点能量的快速耗尽，使整个网络工作寿命得以延长。

低能自适应聚类路由协议通信过程以“轮”来划分，每轮由簇建立过程和数据传输过程组成。簇建立过程中，低能自适应聚类路由协议采用了一种分布式算法：在第 $r+1$ 轮的开始时刻 t，各节点以概率 $P_n(t)$ 选择自己作为簇首，$P_n(t)$ 满足本轮簇首节点期望个数为 k，因此，若无线传感器网络中共有 N 个节点，则

$$\sum_{n=1}^{N} P_n(t) = k \tag{7-2}$$

各节点随机产生一个 0~1 之间的概率 p，若 p 小于预设阈值 $P_n(t)$，则节点成为簇首。$P_n(t)$ 的计算公式如下：

$$P_n(t) = \begin{cases} \dfrac{k}{N - k \times \left(r \bmod \dfrac{N}{k}\right)}, & C_n(t) = 1 \\ 0, & C_n(t) = 0 \end{cases} \tag{7-3}$$

其中，k 为本轮簇首节点的期望个数；N 为网络内总节点数；r 为选举轮数；$C_n(t)$ 为节点 n 在最近几轮中是否作为簇首节点的指示函数，若节点 n 已成为簇首，则 $C_n(t)=0$，否则 $C_n(t)=1$。

节点被选为簇首后，通过广播通知其余节点。普通节点以接收到的信号强度选择加入分簇并通知簇首。分簇建立完成后，进入数据传输阶段：簇首以 TDMA 方式为簇内节点分配通信时隙并处理簇内数据，然后直接将处理后数据发送给汇聚节点。持续一段时间后，无线传感器网络重新选择簇首，不断循环。

低能自适应聚类路由协议进行分布式计算以减少控制信息发送量，并通过簇首节点轮换避免簇首节点能量的过度消耗，提高了网络的生存时间。数据融合有效降低了数据通信量，进一步降低了网络功耗。另外，低能自适应聚类路由协议提出的分簇网络这种模式为许多后续研究打下了良好的理论基础，成为此类协议的雏形。但是，低能自适应聚类路由协议自身仍有部分不足，其一跳通信互达模式虽然减小了传输延时并在一定程度上提高了系统抗干扰能力，但在工业监控现场，一跳互达所要求的节点通信距离是难以实现的，即使网络规模较小的网络，距汇聚节点较远的节点也将由于大发送功率而导致较高的能量损耗。另外，低能自适应聚类路由协议的随机选取簇首机制容易导致网内簇首分布不均，使部分簇内节点通信距离过大，发送功耗上升。

(2) 能量高效的非均匀簇路由协议(EEUC)分析

能量高效的非均匀簇路由协议是一种基于低能自适应聚类路由协议而改进的路由协议。它指出了分簇无线传感器网络中普遍存在的“热区”问题：大型分

簇网络中,距离汇聚节点近的簇首节点不仅要处理簇内节点的数据,还要承担距离汇聚节点较远的分簇的信息的转发任务,在采集周期与分簇规模相同的情况下,近端簇首节点的能量消耗会远大于远端簇首节点的能量消耗。

为解决上述问题,能量高效的非均匀簇路由协议提出了非均匀簇网络架构。距离汇聚节点较近的分簇内节点数较小,而距离汇聚节点较远的分簇内节点数较多。通过减少近端分簇的簇内负载来平衡其簇首因转发任务而额外耗费的能量。

能量高效的非均匀簇路由协议是一个分布式的竞争算法,以节点的剩余能量为主要比较依据,主要分为簇首节点选举、转发路径搜索和簇间多跳通信三个阶段。与低能自适应聚类路由协议(LEACH)相似,能量高效的非均匀簇路由协议在每轮数据通信周期的开始重新选择簇首并构造分簇。簇首选择过程如下:

首先仿照低能自适应聚类路由协议在网络内依概率选择部分节点成为候选簇首进行竞选,候选簇首依自身到汇聚节点的距离计算其竞争区域。在竞争区域内,节点等待剩余能量比自身大的邻居簇首节点先做决策,若收到邻簇首竞选成功消息,则同样退出竞选,否则节点成为簇首节点并广播竞选成功消息。

此法保证了在候选簇首的竞争区域内,只有剩余能量最高的节点能够成为簇首,从而平衡了簇首的能量消耗。簇首选择完成后,各普通节点采用与低能自适应聚类路由协议相同的方法加入分簇并通知相应簇首。

非均匀簇构建完成后,开始选择簇间的多跳转发路径。能量高效的非均匀簇路由协议引入了一个直传阈值 TD_MAX,当簇首与汇聚节点距离小于 TD_MAX 时,簇首与汇聚节点直接进行一跳通信,无需其他节点转发;否则簇首使用多跳转发方式与汇聚节点通信。转发路径选择过程中,累积通信距离最短的路径将被优先选择,即路径选择同样以能量因素为主要考虑依据以降低转发能耗。

在能量高效的非均匀簇路由协议的非均匀簇建立算法开始阶段,有 $N\times p$ 个无线传感器网络节点成为候选簇首,共发送 $N\times p$ 个竞争消息,然后各簇首还会发送 $N\times p$ 个竞选结果消息,若最终产生 k 个簇首,则发送 k 个成簇消息及 $N-k$ 个非簇首节点的入簇消息。故整个成簇过程中的网络开销为:

$$N\times p+N\times p+k+N-k=(2p+1)N=O(N) \tag{7-4}$$

由式(7-4)可知,在 N 个节点的网络中,能量高效的非均匀簇路由协议成簇的算法复杂度为 $O(N)$,通信开销很低,所产生的网络延时和能量损耗也比较小。而且,通过差异化网络结构平均分配网络负载的非均匀簇路由结构为解决“热区”问题提供了良好的思路。但是能量高效的非均匀簇路由协议的主要目标是均衡节点的能量消耗,延长网络寿命,并没有针对增强无线传感器网络通信可靠性方面的专门设计。所以在工业现场中,能量高效的非均匀簇路由协议信道利用率较低,且容易受到环境干扰的严重影响。

3）蚁群优化的非均匀分簇（ACOUC）路由协议分析

蚁群优化的非均匀分簇路由协议是一种新近提出的分簇路由算法，它延续了能量高效的非均匀簇路由协议的架构，并通过无线传感器网络蚁群算法对转发路径选择问题进行优化。该算法由分簇建立和蚁群优化组成。

蚁群优化的非均匀分簇路由协议的分簇建立部分与能量高效的非均匀簇路由协议相似，其路径搜索在分簇划分后进行，簇首节点是搜索对象。目标是寻找极低成本转发路径，转发成本定义为耗费的能量、链路可靠性和数据延时代价之和。蚁群优化的非均匀分簇路由协议以 $G=G(V,E)$ 表示整个无线传感器网络，其中 V 表示所有簇首节点和 SD，E 表示路径集合，令簇首节点集合 S 中包含 N 个元素，汇聚节点为 SD，问题解决过程可为 $p_s=U_{j=1}^{N}b^{(j)}$，其中 p_s 为 N 个簇首到 SD 的路径，$b^{(j)}$ 为簇首 s_j 到 SD 的路径，需符合以下要求：

① $b^{(j)}=s_0^{(j)}s_1^{(j)}...s_{nj}^{(j)}, j=1,2,...N$；

② $s_0^{(j)}=s_js_0^{(j)}=s_j, p_s=U_{j=1}^{N}b^{(j)}s_{n_j}^{(j)}=SD$；

③ $s_i^{(j)}s_{i+1}^{(j)}\in E, i=0,1,2,...n_j-1$；

④ 若 $m\neq n$，则 $s_m^{(j)}\neq s_n^{(j)}$。

蚁群优化的非均匀分簇路由协议目标是路由代价 $f(p_s)$ 最低：

$$\begin{aligned}f(p_s)&=\sum_{j=1}^{N}(c_e+c_t+c_q)\\&=\sum_{j=1}^{N}\sum_{i=0}^{n_j-1}\left(E(s_i^{(j)}s_{i+1}^{(j)})+\tau(s_i^{(j)}s_{i+1}^{(j)})+T(s_i^{(j)}s_{i+1}^{(j)})\right)\end{aligned}\tag{7-5}$$

其中，c_e 表示能量消耗，一次转发的 c_e 可表示为 $E(s_i^{(j)}s_{i+1}^{(j)})$，$c_t$ 表示传输延时代价，一次转发的 c_t 可表示为 $\tau(s_i^{(j)}s_{i+1}^{(j)})$；$c_q$ 表示链路可靠性，$T(s_i^{(j)}s_{i+1}^{(j)})$ 可通过如下公式计算：

$$\begin{aligned}T(s_i^{(j)}s_{i+1}^{(j)})&=\sum_{k=1}^{\infty}k\times s(k)_{ii+1}=\frac{1}{1-p_{ii+1}}\\&=\frac{1}{(1-p_{ii+1}^{f})(1-p_{ii+1}^{b})}\end{aligned}\tag{7-6}$$

其中 p_{ii+1}^{f}、p_{ii+1}^{b} 为 s_i 与 s_{i+1} 的正反向丢包率，可由物理层的 LQI 得出。目标函数为

$$\begin{aligned}\min f(p_s)&=\min\sum_{j=1}^{N}(c_e+c_q+c_t)\\&=\min\sum_{j=1}^{N}\sum_{i=0}^{n_j-1}\left(E(s_i^{(j)}s_{i+1}^{(j)})+T(s_i^{(j)}s_{i+1}^{(j)})+\tau(s_i^{(j)}s_{i+1}^{(j)})\right)\end{aligned}\tag{7-7}$$

路径选择过程中，数据源释放搜寻蚂蚁，定位每一条联通路径，各簇首维护并更新路由表。

蚁群优化的非均匀分簇路由协议在能量高效的非均匀簇路由协议的非均匀簇路由的基础上综合考虑了实时性、可靠性以及无线传感器网络节点的剩余能量等关键问题，并通过基于蚁群优化的路由算法（Ant colony optimization based Routing Algorithm for Wireless Sensor Networks, ARAWSN）得到了一个性能均衡的解决方案，在有效延长网络寿命的同时，还得到了无线传感器网络在实时性和可靠性上的显著提高。但是由于蚁群优化的非均匀分簇路由协议在利用基于蚁群优化的路由算法解决优化问题时计算量过大，而一般的无线传感器网络节点往往不具备这样的数据处理能力，所以该算法仍难以广泛应用于节点成本受限的工业监控现场。

7.1.2 高可靠能量均衡跨层通信协议

在工业无线网络中，为了达到更好的通信性能，协议栈各层协议往往需要打破独立，实现信息的共享。例如：物理层需要向介质访问层、路由层提供其误码率、信噪比及传输速率等状态参数作为后者的结构优化依据；介质访问层的信道划分关系到路由层的路由选择，同时介质访问层需要依据传输层的数据流类型来决定信道分配状态；路由层的路由信息影响到介质访问层与物理层的状态参数；等等。

然而多数传统的路由协议及介质访问层协议均是分层协议，其层次间的关系是相互独立的，各层间信息完全封闭，不同层次间往往需要经过大量的重复计算和交互才能获取某些在其他层次已经得到的数据，无谓地耗费了时间和资源。这种严格分层的体系结构降低了通信协议对应用场景的适应能力，不符合动态变化的网络特点，无法保证稳定的网络性能。尤其在干扰严重的工业测控场景中，此类协议由于只能掌握局部信息，通信性能将受到影响。例如较为经典的能量高效的非均匀簇路由协议和多频段介质访问层协议基于单接口的多信道介质访问层协议：能量高效的非均匀簇路由协议在网络划分及路径规划过程中由于不能掌握链路质量，可能导致无效重传甚至节点丢失，可靠性降低；多频段介质访问层协议由于不能掌握准确的路由信息，信道需求量骤增，实用性严重受限。

为改变这种封闭的消息结构，跨层协议被引入到无线传感器网络的设计之中。跨层协议是一种全面考虑无线传感器网络各个层次设计特点并允许任意层次和功能载体间自由分享和交互信息的设计模式，它并非摒弃了无线传感器网络传统五层系统模型，而是综合分析性能需求，从整体对协议栈进行设计，将分布在各个层次的性能参数和数据实时融合，并令各层次能够对其他层次的变化做出反馈，以实现自适应机制。

跨层协议允许设计者结合场景的应用特点来完成协议栈的设计，采用一种基于网络特点和应用的协议结构。在原有的分层协议栈基础上引入跨层优化设计可以得到特定目标的跨层协议栈，其优势在于通过使用层次信息交互，优化了协议栈的整体性能，提升了系统的适应能力，减少了通信开销。

1. 跨层通信协议

为提高无线传感器网络在干扰严重的工业监控现场的综合性能，引入了具有高可靠性且能量均衡的跨层通信协议（High Reliability and Energy-Efficient cross-layer protocol，HREE）。其设计目标是在均衡网络能量消耗、延长网络寿命的同时，提高无线传感器网络的可靠性、抗干扰能力及数据吞吐量。

1）技术要点

高可靠性能量均衡跨层通信协议由基于单接口的多信道介质访问层协议（SIMC）和高可靠性的非均匀簇路由协议（REUC）两个主体协议组成。基于单接口的多信道介质访问层协议提供了良好的抵御外部干扰和内部信道拥塞的信道接入控制机制，非均匀簇路由协议提供了相对完善的能量管理和可靠转发路径选择服务。

高可靠性能量均衡跨层通信协议中，非均匀簇路由协议主要延续了低能自适应聚类路由协议和能量高效的非均匀簇路由协议的路由思想，采用了非均匀分簇的路由体系，并对低能自适应聚类路由协议和能量高效的非均匀簇路由协议的簇首选择方式及转发路径决策条件进行了改进和完善。因为能量高效的非均匀簇路由协议采用随机选取候选簇首的机制，簇首的出现位置间没有相对关系，这就有可能会导致如图7.4所示簇首位置边缘化问题。由图7.4可见，网络中形成了五个分簇，簇首 n_1-n_5 所在簇均符合非均匀簇思想，由近到远簇内节点依次增多，其中簇首 n_4 与 n_5 距汇聚节点距离相似，但簇首 n_5 所在簇的簇内节点远多于前者，二者能耗水平将严重失衡。另外，由于簇首 n_5 处于所在簇的边缘位置，簇内通信时，远距离节点通信功耗骤增、可靠性降低。为解决簇首边缘化问题，非均匀簇路由协议引入了一种能量感知的节点密度评价体系，使剩余能量充足时，簇首总产生于节点密度较高的区域。另一方面，能量高效的非均匀簇路由协议在选择转发路径时，主要以路由损耗及剩余能量为选择依据，未引入可靠链路方面的考虑。然而在工业监测现场，各种大型机电设备运转时的电磁辐射及其他无线网络的邻频干扰均会对无线传感器网络通信造成严重影响，所以除了能量利用效率外，通信可靠性及数据吞吐量同样是工业监控无线传感器网络非常重要的性能评价指标。非均匀簇路由协议通过掌握节点分布信息来优化簇首位置分布，同时采用合理的链路质量评价机制选择可靠的路由路径，从而抵御外部干扰，提高无线传感器网络的可靠性。

基于单接口的多信道介质访问层协议以非均匀簇路由协议建立的分簇结构为基础，采用簇间多信道分配替代了ZigBee的单信道传输模式。多信道模式不仅可以提高信道的利用率，而且可以根据通信质量实时调整信道，达到抵御干扰、提高可靠性的目的。基于单接口的多信道介质访问层协议由固定信道分配与动态信道分配两部分组成，固定信道分配为各个分簇配置与邻居簇首不同的

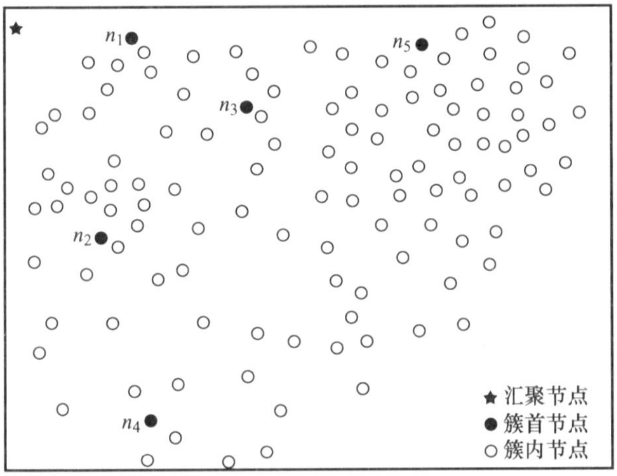

图 7.4　簇首位置边缘化

基础信道，从而减少分簇之间的信道干扰；动态信道切换依据簇内信道质量实时调整簇内节点通信信道，抵御外部干扰并避免信道拥塞。

2）体系结构

高可靠性能量均衡跨层通信协议采用跨层的结构模型，实现了路由层协议非均匀簇路由协议、基于单接口的多信道介质访问层协议及物理层等三个协议层状态信息及关键数据的共享和实时交互。图 7.5 为高可靠性能量均衡跨层通信协议的协议层次结构。其中，高可靠性能量均衡跨层通信协议只涉及网络层以下的三个层次，且主体结构仍依照传统的五层模型，只是在五层模型基础上加入层次间信息交互的拓展。

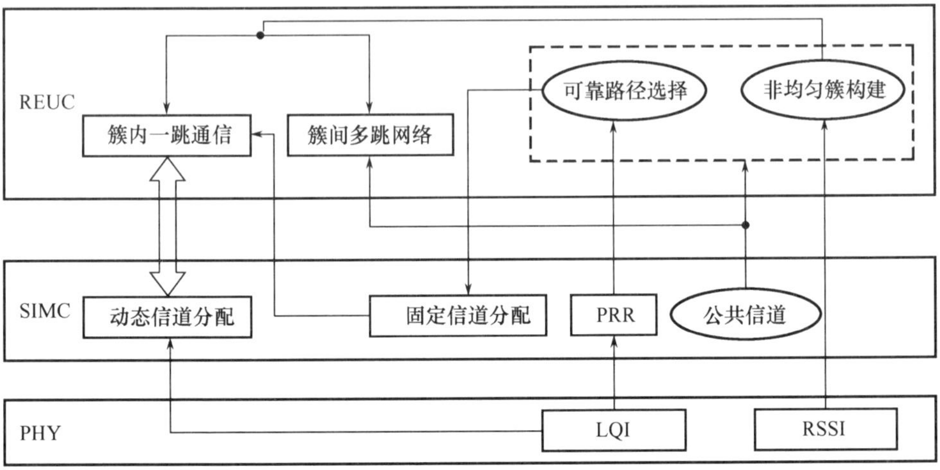

图 7.5　高可靠性能量均衡跨层通信协议的层次结构

（1）物理层共享实时链路质量品质信息（Link Quality Information，LQI）给基于单接口的多信道介质访问层协议，基于单接口的多信道介质访问层协议参考此信息评价信道质量并作出信道选择。

（2）物理层提供接收信号强度指示信息（RSSI）给网络层非均匀簇路由协议，非均匀簇路由协议依据接收信号强度指示信息，估算节点与汇聚节点间距离并完成非均匀簇构建。

（3）基于单接口的多信道介质访问层协议依据物理层的统计信息计算接包率，并将接包率值提供给非均匀簇路由协议，非均匀簇路由协议根据接包率值评估转发路径质量，以此作为路径选择依据。

（4）基于单接口的多信道介质访问层协议选定公共信道，用于完成非均匀簇路由协议的初始化过程（包括分簇建立和转发路径选择）及簇间的多跳通信。

（5）基于单接口的多信道介质访问层协议分配基础信道给各个非均匀簇路由协议分簇以完成簇内可靠通信。

（6）非均匀簇路由协议在路径选择阶段提供邻居簇首信息给基于单接口的多信道介质访问层协议，用于完成固定信道分配，避免基于单接口的多信道介质访问层协议在信道分配阶段重新收集邻居信息，减少额外通信开销。

（7）非均匀簇路由协议在各分簇内将簇内节点信息通知簇首的基于单接口的多信道介质访问层协议，基于单接口的多信道介质访问层协议以此为依据安排轮询及动态信道分配。

3）通信结构

高可靠性能量均衡跨层通信协议采用非均匀簇结构，距离汇聚节点远的分簇簇内节点少，距离汇聚节点近的分簇簇内节点多，通过减少近端簇首的簇内负载来均衡其所承担的较大的转发能耗。非均匀簇路由协议将无线传感器网络划分成双层网络。第一层为由汇聚节点和各分簇簇首节点组成的单信道（公共信道）多跳网络；第二层为在各个分簇内由簇首节点和簇内节点组成的多信道一跳（星型）网络，簇间相互独立，无重叠节点。

高可靠性能量均衡跨层通信协议通信采用“轮”的模式，每轮通信周期时长固定，循环进行，如图7.6所示。一轮通信由网络初始化阶段和通信阶段两部分组成。

网络初始化初期为分簇建立阶段：非均匀簇路由协议完成簇首节点竞选和簇内节点的入簇，然后非均匀簇路由协议为簇首选择簇间通信的可靠转发路径，最后由基于单接口的多信道介质访问层协议依据邻簇信息为各个分簇分配簇内通信时所使用的基础信道。

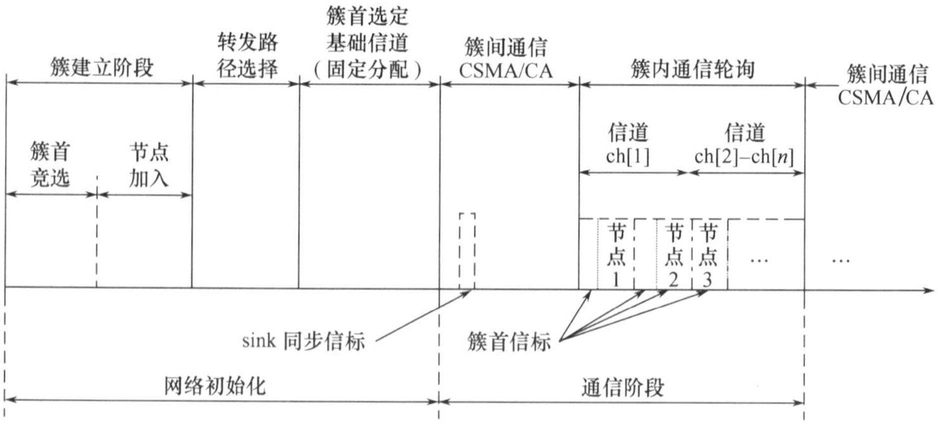

图 7.6 高可靠性能量均衡跨层通信协议的通信流程

通信阶段由簇内通信和簇间通信两部分组成,簇间通信采用多跳 CSMA/CA 模式,由簇首节点和汇聚节点参与,通过公共信道完成通信。簇间通信负责完成各个分簇簇首向汇聚节点发送监测数据,汇聚节点向各簇首下传控制信息及时间同步信标等通信任务。簇内通信采用一跳轮询模式,以基础信道及动态多信道切换为数据通信载体在簇首及其相应簇内节点间进行,主要完成监测数据的收集及控制信息的交互。时间同步方面,汇聚节点在簇间通信通过汇聚节点同步信标负责簇首层时间同步及矫正,簇首节点在簇内通信时通过簇首同步信标负责簇内节点时间同步及矫正。在簇内数据通信过程中,节点会根据信道的实时质量进行选择,受干扰严重的信道会被剔除网络,直至干扰消失。信道评判的标准在 IEEE 802.15.4 定义的"接收器能量探测 RSSI/LQI"的基础上引入节点接包率阈值以增强对信道质量的预测精度。

2. 高可靠性非均匀簇路由协议非均匀簇路由协议

非均匀簇路由协议是一种针对工业监测场景特别设计的路由协议,其主要思想来自低能自适应聚类路由协议和能量高效的非均匀簇路由协议,以非均匀簇为基础构架。其主要特点是可靠性高、能量均衡且易于实现。非均匀簇路由协议主要由簇首竞选、节点加入分簇及可靠转发路径选择三部分组成。

1）非均匀簇路由协议的簇首竞选

簇首竞选是非均匀簇路由协议构建非均匀簇的第一步,由于非均匀簇构建方法沿袭自能量高效的非均匀簇路由协议,而能量高效的非均匀簇路由协议的簇首选择机制存在簇首位置边缘化等潜在问题,故需要对能量高效的非均匀簇路由协议的簇首选择机制进行改进。

在非均匀簇构建过程中,为避免能量高效的非均匀簇路由协议随机选取候选簇首导致的簇首位置边缘化问题,同时保证节点的能量均衡,各节点维持一个能量感知的节点密度阈值 N_i。阈值 N_i 是一个实时更新的动态数据，其数值能够反映节点自身剩余能量和邻居节点数目的综合水平。N_i 会随着节点剩余能量的减小而持续降低，使边缘节点在网络周期的后期有更多机会加入候选簇首序列。这种机制可以保证在组网初期，节点能量充足时簇的划分以性能最优为主要目标：簇首节点均处于局部节点密度较大的中心位置，与汇聚节点距离相近的分簇的节点容量相当，簇内通信距离平均，避免了部分簇首位于网络的边缘区域及簇内出现远距离通信。而在网络周期后期，部分局部区域的中心位置节点剩余能量不足时，簇的划分以延长网络周期为主要目标：边缘位置节点因剩余能量较多而可以替换中心位置节点，有更多机会成为候选簇首，从而均衡节点间能量消耗、延长无线传感器网络生存周期。

另外，构建非均匀簇的关键技术之一是计算簇首节点在簇内通信阶段所使用的发射半径的算法。为了达到非均匀簇的效果，簇内通信的竞争半径应随着簇首节点和汇聚节点间距离的增大而相应增大，以加大自身的覆盖范围。

簇首竞选任务启动后，各节点收集一跳邻居节点的分布信息，根据节点密度信息决定自己是否能够成为候选簇首以参与簇首竞选。未参与竞选的节点转入休眠状态等待加入分簇。节点 n_i 根据自身到距汇聚节点 SD 的距离 $d(n_i,\text{SD})$ 分别计算竞争发射半径 R_i（通过发射功率控制）及能量感知的节点密度阈值 N_i，计算公式如下：

$$R_i = \left(1 - c \cdot \frac{d_{\max} - d(n_i,\text{SD})}{d_{\max} - d_{\min}}\right) R_c^0, \quad c \in (0,1) \tag{7-8}$$

$$N_i = \left\lceil \frac{R_i}{R_c^0/n} \right\rceil \cdot N' \cdot Q_i' = \left\lceil n - cn \cdot \frac{d_{\max} - d(n_i,\text{SD})}{d_{\max} - d_{\min}} \right\rceil \cdot \frac{N}{m} \cdot \frac{E_i}{E_{i-\text{total}}}, \quad n \in Z^+ \tag{7-9}$$

其中，c、n 为控制取值范围的参数，R_c^0 为簇首节点的最大竞争半径；$d_{\max}$ 为网络中各节点到汇聚节点 SD 的最大距离；$d_{\min}$ 为网络中节点到 SD 的最小距离；n 为网络级数，根据网络规模将一个距离段内的节点划入一个级别并统一计算 N_i；E_i 为节点 n_i 的剩余能量；$E_{i-\text{total}}$ 为 n_i 的初始能量；$Q_i' = E_i/E_{i-\text{total}}$ 为 n_i 的剩余能量比值。每轮竞选中，随着 Q_i' 减小，N_i 相应减小，使低密度节点有机会在周期末段成为候选簇首，防止中心位置节点因过度承担簇首任务而较早耗尽能量。n_i 到汇聚节点 SD 间距离 $d(n_i,\text{SD})$ 可通过物理层在每次通信时提供的接收信号强度（RSSI）值得到，接收信号强度与 $d(n_i,\text{SD})$ 的函数关系如下：

$$\text{RSSI} = -(10\alpha\log_{10} d(n_i,\text{SD}) + A) \tag{7-10}$$

其中，α 表示信号传播常量，也称为传播损耗指数，A 为 1 m 范围内的接收信号强度。从而，

$$d(n_i,\text{SD}) = 10^{\frac{|\text{RSSI}| - A}{10\alpha}} \tag{7-11}$$

由于此处接收信号强度值仅用于大致估算距离 $d(n_i,\mathrm{SD})$，而非用于精确的节点定位，故无需再对接收信号强度值进行进一步的滤波等提精处理。若物理层不直接提供接收信号强度值，可通过式(7-12)由链路质量指示链路质量信息转化成接收信号强度值，二者关系为

$$\mathrm{RSSI} = -\left(81 - \frac{(LQI \times 91)}{255}\right) \tag{7-12}$$

候选簇首竞争成为簇首的规则为：当候选簇首 n_i 具有在邻候选簇首集合 $n_i \cdot S_{\mathrm{UCH}}$ 中最大的剩余能量时，n_i 成为候选簇首。另外，在竞选过程中，若 n_i 成为簇首，则其竞争发射半径范围内不允许再有其他簇首产生。

候选簇首的模拟分布图如图 7.7 所示，圆圈内为圆心处候选簇首的竞争范围。按照上述规则，候选簇首 n_1 与 n_2 可以同时成为簇首，因为两者均不在对方的竞争范围内；而候选簇首 n_3 与 n_4 在同一轮中则只能有一个成为簇首，因为 n_4 在 n_3 的竞争范围内。

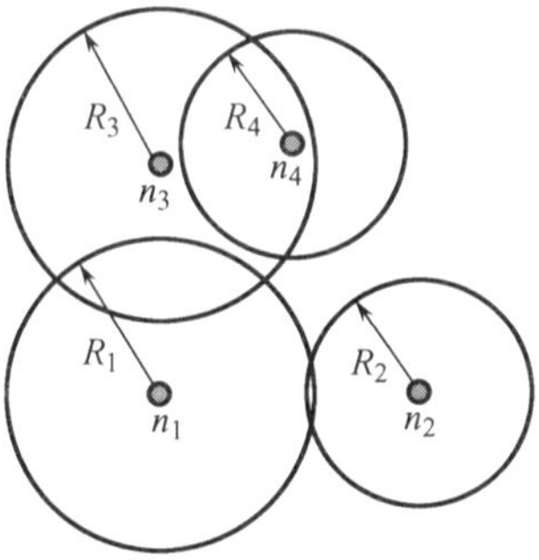

图 7.7 候选簇首竞争区域

非均匀簇路由协议的簇首竞选过程涉及的消息类型见表 7.1。

表 7.1 簇首竞选消息类型

消息名称	消息携带内容	消息功能
SINK_CPCH_MSG	同步时间、节点总数	发起簇首竞争，供节点估算距离
NODE_NBDR_MSG	节点 ID、剩余能量	邻居节点发现，剩余能量通告
HEAD_CPTE_MSG	节点 ID、竞争发射半径 R_i、剩余能量 E_i	传递簇首竞选的相关参数
WIN_HEAD_MSG	节点 ID、竞选结果标志(成功)	广播竞选结果，避免簇首重叠
QUIT_HEAD_MSG	节点 ID、竞选结果标志(失败)	广播竞选结果，减少邻节点运算量

非均匀簇路由协议簇首竞争流程如图 7.8 所示，具体步骤如下：

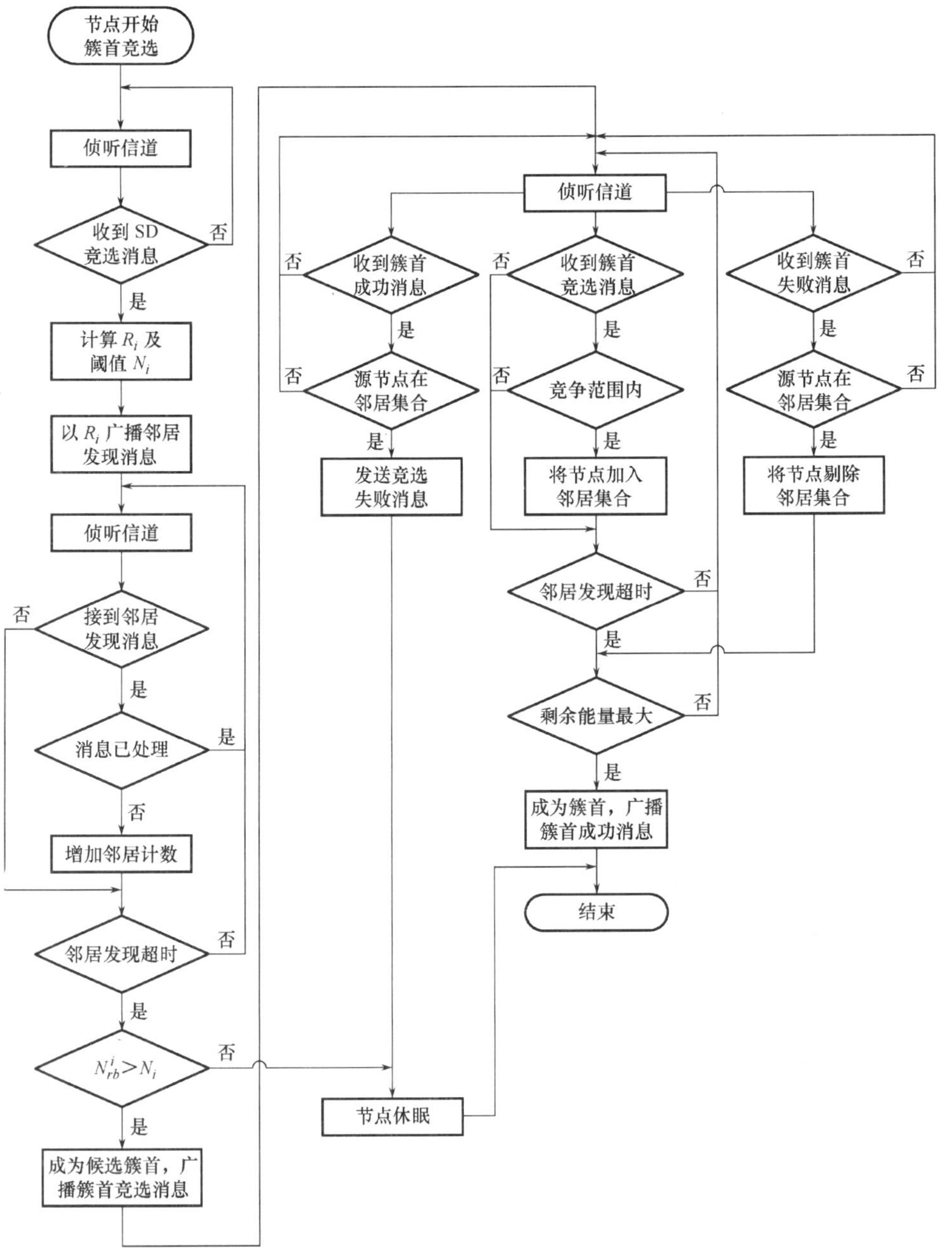

图 7.8　簇首竞选流程

(1) 汇聚节点 SD 以全功率向网络覆盖范围内的所有无线传感器网络节点广播包含同步时间及网络节点总数 N 的候选簇首选择消息 SINK_CPCH_MSG，通知所有节点开始进行簇首竞选。

(2) 节点 n_i 接收到来自汇聚节点 SD 的 SINK_CPCH_MSG 消息后，依据接收信号强度(RSSI)或链路质量指示(LQI)计算自身距汇聚节点SD的直线距离$d(n_i,SD)$,并依据式(7-8)、式(7-9)分别计算竞争发射半径R_i及能量感知的节点密度阈值N_i。

(3) 节点n_i以R_i为发射半径广播邻居发现消息NODE_NBDR_MSG,同时根据收到的NODE_NBDR_MSG记录邻居节点数N_{nb}^i。如果$N_{nb}^i < N_i$,表示节点当前的剩余能量及所处位置的节点密度不适合作为簇首,节点n_i转入休眠状态;否则,n_i成为候选簇首。

(4) 所有候选簇首n_i以最大竞争半径R_c^0为发射半径广播簇首竞选消息HEAD_CPTE_MSG,该消息包含以下节点信息:节点ID、剩余能量E_i及竞争发射半径R_i。当n_i收到来自n_j的HEAD_CPTE_MSG时,依照前文所述规则,若两节点间距离$d(n_i,n_j)$满足

$$d(n_i,n_j) < \max(R_i,R_j) \tag{7-13}$$

则将n记入n_i的邻候选簇首集合$n_i \cdot S_{UCH}$。

(5) 候选簇首n_i将$n_i \cdot S_{UCH}$中节点按剩余能量E_i由高到底排序。若n_i的剩余能量E_i最大,则n_i成为簇首,并以最大竞争半径R_c^0广播竞选成功消息WIN_HEAD_MSG;否则;若n_i收到$n_i \cdot S_{UCH}$中邻居候选簇首节点的竞选成功消息WIN_HEAD_MSG,则退出竞选并广播竞选失败消息QUIT_HEAD_MSG;若n_i收到邻候选簇首集合$n_i \cdot S_{UCH}$中其他节点n_j的QUIT_HEAD_MSG,则将节点n_j从$n_i \cdot S_{UCH}$中删除。

2) 节点加入分簇

簇首竞选完成后,之前所有未参与竞选及竞选失败的无线传感器网络节点由休眠状态转入工作状态,并根据接收信号强度,选择分簇加入,完成簇的建立。节点加入过程中涉及的消息类型如表7.2所示。

表7.2 节点加入消息类型

消息名称	消息携带内容	消息功能
INVITE_HEAD_MSG	簇首ID、竞争半径、同步时间	发起节点邀请,非簇首节点时间校正
JOIN_CLUSTER_MSG	节点ID、簇首ID、申请入簇标志	通知簇首加入节点信息

节点加入分簇的流程如图7.9所示,具体步骤如下:

(1) 所有非簇首停止休眠,开始侦听公共信道。

(2) 各簇首节点以R_i为半径广播节点邀请消息INVITE_HEAD_MSG,等待竞争范围内的非簇首节点加入。

(3) 非簇首节点在固定时间内接收来自簇首的INVITE_HEAD_MSG消息,然后选择接收信号强度RSSI最大(直线距离最近)的簇首为目标簇首,并向其发送请求加入消息JOIN_CLUSTER_MSG以完成节点加入。

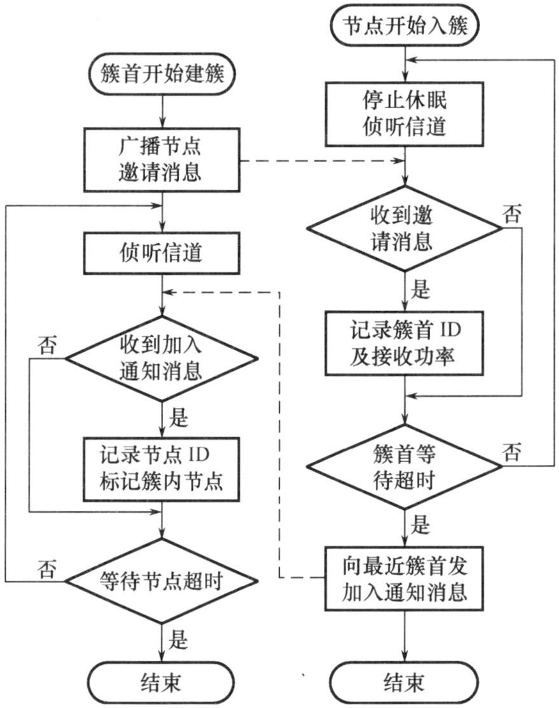

图7.9　节点加入分簇流程图

（4）簇首接收各节点的JOIN_CLUSTER_MSG，同时将源节点标记为簇内节点。

3）非均匀簇路由协议转发路径选择

非均匀簇路由协议在完成分簇建立后，需要为各个簇首选择一条用于簇间通信的路由路径，该路径提供数据转发服务，使簇首与汇聚节点能够完成数据和指令的交互。在选择簇首节点的转发路径时，转发效率及能量消耗都需得到充分的考虑，以提高无线传感器网络的整体性能。

为了便于估算转发路径的能量消耗及算法仿真时预测节点寿命，此处采用射频无线通信能量消耗模型，无线传感器网络节点在发送和接收数据时所消耗的能量分别为

$$E_{Tx}(r,d) = E_{\text{radio}}(r) + E_{\text{Tx-amp}}(r,d) \tag{7-14}$$

$$E_{Rx}(r) = E_{\text{radio}}(r) = rE_{\text{elec}} \tag{7-15}$$

其中，$E_{\text{Tx}}(r,d)$为无线传感器网络节点发送r比特数据至相距为d的节点所消耗的能量，它由射频电路损耗$E_{\text{radio}}(r)$及功放损耗$E_{\text{Tx-amp}}(r,d)$两部分组成：$E_{\text{Rx}}(r)$为节点接收r比特数据时所消耗的能量，仅由$E_{\text{radio}}(r)$组成；E_{elec}为每发送或接收1比特数据时射频电路的能量损耗。当节点距离d小于距离阈值d_0时，

$E_{\text{Tx-amp}}(r,d)$采用自由空间模型，当节点距离 d 大于等于 d_0 时，采用多路径衰减模型

$$E_{\text{Tx-amp}}(r,d) = \begin{cases} r\varepsilon_{\text{fs}} d^2, & d < d_0 \\ r\varepsilon_{\text{mp}} d^4, & d \geq d_0 \end{cases} \tag{7-16}$$

其中，ε_{fs}、ε_{mp}分别为自由空间模型和多路径衰减模型的功率能耗参数。基于式(7-14)、式(7-15)能耗模型，当某簇首节点 n_1 通过另一簇首节点 n_2 转发 r 比特数据至汇聚节点 SD 时，若 $d(n_1,n_2) < d_0$，两节点共同消耗的能量为

$$\begin{aligned} E_{1\text{-}2\text{-SD}} &= E_{\text{Tx}}(r,d(n_1,n_2)) + E_{\text{Tx}}(r,d(n_2,\text{SD})) + E_{\text{Rx}}(r) \\ &= r(E_{\text{elec}} + r\varepsilon_{\text{fs}} d^2(n_1,n_2)) + r(E_{\text{elec}} + r\varepsilon_{\text{fs}} d^2(n_2,\text{SD})) + rE_{\text{elec}} \\ &= r\varepsilon_{\text{fs}}[d^2(n_1,n_2) + d^2(n_2,\text{SD})] + 3rE_{\text{elec}} \end{aligned} \tag{7-17}$$

同理，若 $d(n_1,n_2) > d_0$，能量消耗为：

$$\begin{aligned} E'_{1\text{-}2\text{-SD}} &= E'_{Tx}(r,d(n_1,n_2)) + E'_{Tx}(r,d(n_2,\text{SD})) + E_{\text{Rx}}(r) \\ &= r(E_{\text{elec}} + r\varepsilon_{\text{mp}} d^4(n_1,n_2)) + rE_{\text{elec}} + r(E_{\text{elec}} + r\varepsilon_{\text{mp}} d^4(n_2,\text{SD})) \\ &= 3rE_{\text{elec}} + r\varepsilon_{\text{mp}}[d^4(n_1,n_2) + d^4(n_2,\text{SD})] \end{aligned} \tag{7-18}$$

由式(7-17)和式(7-18)可知，数据转发时影响能量消耗水平的主要因素为源、宿节点与 SD 间的相对位置关系：$d^2(n_1,n_2) + d^2(n_2,\text{SD})$和 $d^4(n_1,n_2) + d^4(n_2,\text{SD})$。故为保证节点的能量使用效率，只有处于源节点与汇聚节点 SD 之间区域的节点才有可能成为转发节点，即簇首 n_i 的转发节点 n_j 必须满足

$$d(n_i,\text{SD}) > \max(d(n_i,n_j),d(n_j,\text{SD})) \tag{7-19}$$

另外，由于工业现场电磁环境较为复杂，单纯以能量优化为目标而选择的转发路径往往由于可靠性的不足而导致大量的拥塞，甚至是数据丢失。为加强无线传感器网络对干扰环境的适应能力，非均匀簇路由协议引入链路可靠性 S 作为簇间路径的选择标准之一，以此来建立高可靠性的通信网络。链路质量采用无线传感器网络节点的数据接包率来作为衡量标准，链路可靠性 S 及接包率 $P_{i,j}(T)$定义如下：

$$S_i = \prod_{k=i}^{SD} P_k = P_{i,j}(T) \cdot S_j \tag{7-20}$$

$$P_{i,j}(T) = \frac{m_{i,j}(T)}{\mu_i \times T} \tag{7-21}$$

其中，S_i 为节点 n_i 到汇聚节点 SD 的路径上各转发节点接包率的乘积，n_j 为 n_i 的上一跳转发节点；$m_{i,j}(T)$为节点 n_i 在 T 时间内接收到的来自节点 n_j 的有效数据包的个数，μ_i 为 T 时间内节点 n_j 的平均发包速率。通过接包率 $P_{i,j}(T)$可以间接地反映一跳内的链路质量。在所有符合相对位置关系的簇首节点中，非均匀簇路由协议采用了转发路径的能量-可靠性系数 σ 来作为转发节点的选择依据，其形式如下：

$$\sigma_{j,i} = S_i \cdot \frac{E_j}{E_{j-\text{total}}} = P_{i,j}(F_{\text{index}}) \cdot S_j \cdot \frac{E_j}{E_{j-\text{total}}} \tag{7-22}$$

其中，$\sigma_{j,i}$为节点 n_j 成为节点 n_i 转发节点的能量-可靠性系数，$\sigma_{j,i}$越大，说明节点 n_j 的剩余能量及经由其形成的联通汇聚节点 SD 的通信链路综合性能越佳。该系数通过乘积关系反映了路径的整体性能，在兼顾节点间能量均衡的同时，避免了传统转发路径选择算法中抗干扰能力差及容易受信道拥塞影响的问题，使无线传感器网络能够在多跳簇间传输中获得较好的传递效率。

非均匀簇路由协议在路径选择过程中涉及的消息类型见表 7.3。

表 7.3 路径选择消息类型

消息名称	消息携带内容	消息功能
PRR_SINK_MSG	节点 ID、链路可靠性指数、节点剩余能量	节点接包率监测，决策信息传递
PRR_CHFW_MSG	节点 ID、链路可靠性指数、节点剩余能量、节点与 SD 位置关系	间接节点接包率监测，决策信息传递

路径选择流程如图 7.10 所示，具体步骤如下：

（1）汇聚节点 SD 在给定时间内，以最大功率向整个网络重复广播接包率监测消息 PRR_SINK_MSG，包含信息设置为：$\text{ID} = \text{ID}_{\text{SD}}$、$S_{\text{SD}} = 1$，$E_j/E_{j-\text{total}} = 100\%$。

（2）各簇首节点初始化链路可靠性指数 $S_{\text{forward}} = 0$ 及一跳转发节点剩余能量 $\text{E}_{\text{forward}} = 0$ 后，侦听信道，等待汇聚节点 SD 或簇首节点接包率监测消息。

（3）若簇首节点 n_i 接收到汇聚节点 SD 的 PRR_SINK_MSG 消息，以自身实际计算出的 S_{forward}、$\text{E}_{\text{forward}}$等值刷新 PRR_SINK_MSG 消息，并将自身与汇聚节点的距离信息 $d(n_i,\text{SD})$加入其中，组成接包率转发监测消息 PRR_CHFW_MSG，以最大竞争半径 R_c^0 广播。若簇首节点 n_i 接收到来自簇首节点 n_j 转发的 PRR_CHFW_MSG，将 n_j 加入 n_i 的邻簇首集合 $n_i \cdot S_{\text{NBCH}}$，并在接包率统计超时后提供给介质访问层。

（4）若 n_j 满足式(7-19)所示规则，则将 n_j 进一步加入 n_i 的候选转发簇首集合 $n_i \cdot S_{\text{UFCH}}$，如 $\sigma_{j,i} > \sigma_{\text{forward}}$。令 $\sigma_{\text{forward}} = \sigma_{j,i}$，按式(7-20)刷新 S_i，更新 n_j 为转发节点并类似步骤(3)，刷新节点 ID、$\text{E}_{\text{forward}}$及 S_{forward}后转发 PRR_CHFW_MSG 消息。否则放弃步骤(3)，接收到的 PRR_CHFW_MSG 消息。

（5）返回步骤(2)，侦听信道，更新路径信息。

通过在路径选择阶段内节点间信息的不断交互，所有簇首节点将确定一条多跳的转发路径，该路径兼顾簇首间的能量均衡性及数据的可靠性，在延长网络寿命的同时提高了网络的传输效率，减少了干扰对无线传感器网络的影响和拥塞重传导致的额外功耗。

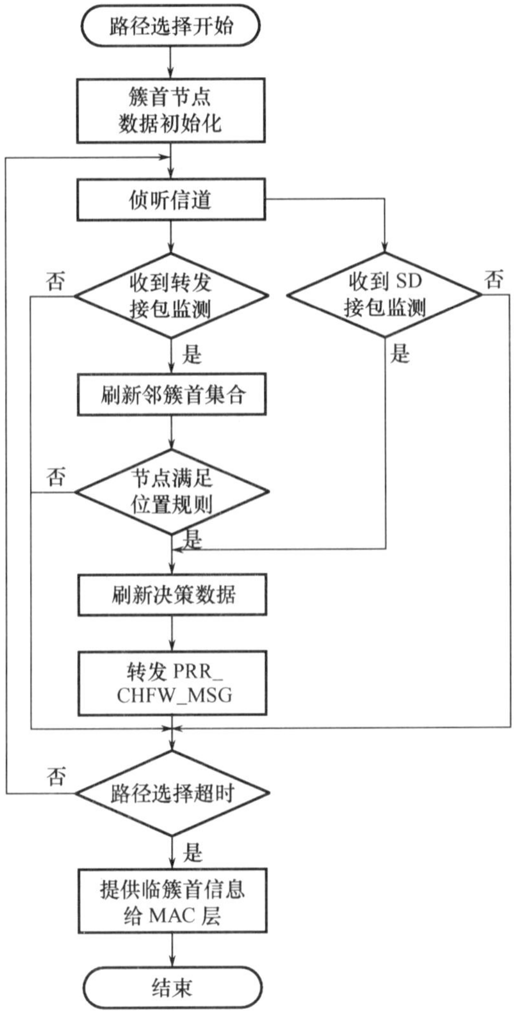

图 7.10 路径选择流程图

3. 基于单接口的多信道介质访问层协议

基于单接口的多信道介质访问层协议是一种针对复杂干扰环境而特别设计的基于单接口的多信道介质访问层协议。它基于目前市场上主流传感器节点所采用的单接口结构而设计,以非均匀簇路由协议的分簇网络为载体,通过动态信道分配与固定信道分配相结合的技术,分层次地保证了无线传感器网络的整体通信可靠性,并在一定程度上提高了网络的数据吞吐量。基于单接口的多信道介质访问层协议的主体内容由固定信道分配与动态信道分配两部分组成。

1）基于单接口的多信道介质访问层协议的固定信道分配（Fixed Channel Assignment，FCA）

基于单接口的多信道介质访问层协议的固定信道分配应用于每轮开始时的网络初始化阶段，主要负责为各个分簇分配簇内通信阶段所使用的基础信道。基于单接口的多信道介质访问层协议采用分布式计算的方法，以很小的通信代价和物理信道需求量实现了为所有一跳邻居分簇分配不同的通信信道的目标。

与传统的单层网络不同，非均匀簇路由协议在完成分簇的划分后，各分簇主体之间距离远大于单层网络中普通节点之间的距离，而且簇内通信时簇首节点均以受限半径（非均匀簇竞争半径限制）完成数据发送。所以在这种情况下，只要保证一跳邻簇间使用不同的物理信道作为簇内通信基础信道，即可避免分簇之间在簇内通信阶段的相互干扰并防止某些固定频段的干扰源对整个网络造成影响。

基于单接口的多信道介质访问层协议借助分簇结构，以分簇为单位替代了传统固定信道分配算法中的节点，为一跳邻簇分配不同信道，实现了物理信道需求的大幅降低，使目前主流射频芯片（CC2420、CC2430等）所支持IEEE 802.15.4标准在2.4 GHz频段内所定义的15个非重叠的物理信道完全可以满足大多数网络的信道分配需求。另外，相比于传统的随机分配算法，基于单接口的多信道介质访问层协议的固定信道分配算法可以利用有限次竞争完成所有节点的信道分配，同时也能够解决单纯的ID号映射信道序号类算法所存在的一跳邻居分簇信道重叠问题。

在基于单接口的多信道介质访问层协议中，固定信道分配在簇首节点间完成，各簇首节点使用相同的竞争机制（伪随机码生成器）竞选信道，保证各个簇首节点只需要掌握待选信道序列以及所有一跳邻居簇首节点的ID号，即可以完成簇内通信基础信道的竞争。伪随机码生成器如下：

$$h_{i,\text{index}} = \frac{\beta \times (\mid F_{\text{index}} - F_{15} \mid + 1)^{\gamma}}{2ID_i} \tag{7-23}$$

其中，$h_{i,\text{index}}$为簇首节点n_i在竞争信道F_{index}时产生的伪随机数，γ是一个调节平衡参数，用以控制$h_{i,\text{index}}$的规模，β用来匹配节点控制器的运算精度，F_{15}为IEEE 802.15.4的第15信道，一般应用背景下，该信道受其他无线网络干扰最为轻微，采用该信道作为整个网络簇间通信的公共信道，以保证公共信道受到的干扰强度最低。因为各簇首节点有唯一的ID号，故式（7-23）可以保证对任意的候选信道F_{index}，各簇首节点都会获得全网唯一的伪随机码用于信道竞争，在信道竞争过程中，评判标准如下：

$$\text{DF}_i = \{F_{\text{index}} \mid h_{i,\text{index}} = \max(h_{i,\text{index}}, h_{n_i \cdot S_{\text{NBCH}}[1],\text{index}}, h_{n_i \cdot S_{\text{NBCH}}[2],\text{index}} \cdots)\} \tag{7-24}$$

其中，DF_i为簇首节点n_i分配到的信道序号，$n_i \cdot S_{\text{NBCH}}[\ ]$为非均匀簇路由协议

传递给基于单接口的多信道介质访问层协议的邻居簇首集合。

若簇首 ID_i 的伪随机数 $h_{i,\text{index}}$ 大于所有邻簇簇首的伪随机数,则 n_i 所在簇获得信道 F_{index} 作为簇内通信基础信道。

由式(7-23)可知,对于任意固定的 F_{index},都有

$$h_{i,\text{index}} \propto \frac{1}{ID_i} \tag{7-25}$$

于是,为了进一步简化竞争过程,减少组网时间,在实时性要求较高的应用场景中,基于单接口的多信道介质访问层协议在以邻簇代替邻节点来限制信道需求数量的基础上,通过直接比较簇首节点 ID 来决定信道竞争结果,此时信道分配标准如下:

$$DF_i = \{F_{\text{index}} \mid (ID_i \leqslant \min(ID_{n_i \cdot S_{\text{NBCH}}[1]}, ID_{n_i \cdot S_{\text{NBCH}}[2]}, ID_{n_i \cdot S_{\text{NBCH}}[3] \cdots})\} \tag{7-26}$$

若簇首节点 n_i 的 ID 小于 $n_i \cdot S_{\text{NBCH}}[\ ]$ 内所有邻簇簇首的 ID,则 n_i 获得 F_{index} 作为簇内通信阶段的基础信道。此改良方法有效减少运算复杂度,并通过 ID 的唯一性保证了每轮信道分配的有效性,避免了传统算法中由生成器非单调性造成的信道重叠问题。

固定信道分配与非均匀簇路由协议的路由路径选择同步进行。当簇首节点 n_i 获得邻居簇首集合 $n_i \cdot S_{\text{NBCH}}[\ ]$ 后,开始固定信道分配。期间涉及消息类型如表 7.4 所示。

表 7.4 固定信道分配消息类型

消息名称	消息携带内容	消息功能
CHANNEL_WIN_MSG	簇首节点 ID、基础信道序号	通知信道分配成功

图 7.11 为基于单接口的多信道介质访问层协议固定信道分配的流程图,具体算法如下:

(1) 簇首节点初始化各参数,按信道序号 F_{index} 升序排列信道并核对来自路由层的邻居簇首集合 $n_i \cdot S_{\text{NBCH}}[\ ]$。

(2) 簇首竞争当前信道,各簇首节点按式(7-26)判断竞争结果。若簇首节点满足赢得竞争条件,执行步骤(5);否则,执行步骤(3)。

(3) 簇首节点竞争信道 F_{index} 失败,侦听公共信道。

(4) 当簇首节点接收到来自一跳邻居簇首节点的 CHANNEL_WIN_MSG 消息后,自 $n_i \cdot S_{\text{NBCH}}[\ ]$ 中删除获得当前信道 F_{index} 的簇首节点,令 index = index + 1,返回步骤 2,开始下一轮信道竞争。

(5) 簇首节点竞争信道 F_{index} 成功,簇首节点获得当前待竞争信道 F_{index} 作为簇内通信阶段的基础信道,然后退出竞争,并与公共信道广播信道 F_{index} 竞争胜

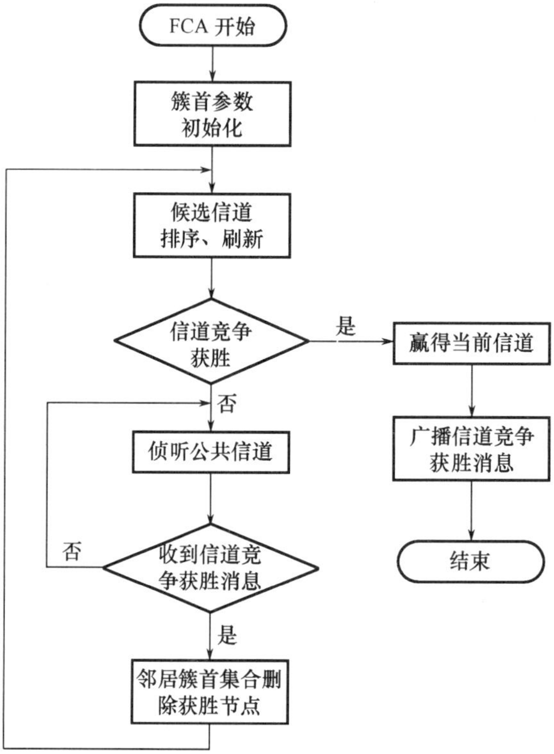

图 7.11 FCA 流程图

利消息 CHANNEL_WIN_MSG。

2）基于单接口的多信道介质访问层协议动态信道分配（Dynamic Channel Assignment，DCA）

虽然在基于单接口的多信道介质访问层协议的固定信道分配后，簇内通信期间的簇间干扰得到避免，但在工业监测现场，各种突发的局部干扰仍会影响特定频段或特定区域内的信道通信质量，而且当簇内节点过多时，簇内基础信道可能因负载过重导致信道拥塞、通信效率下降等问题。所以基于单接口的多信道介质访问层协议在簇内通信阶段引入了一种基于滑动阈值的动态多信道分配算法。

动态信道分配工作于簇内通信阶段是簇首节点针对某一簇内节点的短时的、局部的信道调整策略。它以簇首节点与某一簇内节点通信信道上的接包率预测值为信道质量评价标准，根据信道的实时通信质量为簇内节点动态分配通信信道。基于单接口的多信道介质访问层协议的动态信道分配算法与非均匀簇路由协议的路径选择算法遥相呼应，以较低的通信代价和硬件要求，从整体上保证了无线传感器网络在各个通信阶段内每一个局部节点的可靠通信，避免了外部干扰、无效重传及信道拥塞导致的数据包丢失、系统延时及能量损耗。

在簇内通信过程中，每个簇首节点 n_i 维护一个动态的待选信道列表 $F_i[j_{max}]$，该列表用来保存所有可供该簇首选择从而分配给簇内节点的通信信道。为了保证动态信道分配的效率，减少类似多信道介质访问层协议中冗繁的信道协商握手过程，$F_i[j_{max}]$ 需要满足以下条件：

(1) 信道列表 $F_i[j_{max}]$ 中的所有待选信道不能与邻居簇首集合 $n_i \cdot S_{NBCH}[\ ]$ 中任意簇首所使用基础信道相同，防止节点与邻居分簇中处于边缘位置的节点产生隐藏/暴露终端问题。

(2) 信道列表 $F_i[j_{max}]$ 中信道初始化时按照序号升序排列，其中与邻居分簇基础信道中心频率间隔最大的信道总置于列表的最前端，保证簇间干扰最小的信道得到优先使用。

(3) 在动态信道分配过程中，被淘汰的信道按接包率降序置于信道列表 $F_i[j_{max}]$ 末尾，避免短时间内受干扰较严重的信道被二次使用。

(4) 信道列表 $F_i[j_{max}]$ 随动态信道分配进行实时调整，在所有信道都有了信道质量记录后，按照在分配过程中监测到的信道质量由高到低降序排列，保证高质量信道得到优先使用。

采用动态信道列表虽然增加了无线传感器网络节点的内存开销，但相比传统多信道协议中随机选择的分配信道方式，不仅增加了信道分配的针对性，减少了低质量信道的无效切换，还使簇内信道相对集中，更加便于簇首节点管理；而相比多信道介质访问层协议中冗繁的控制信道握手协商的方式，也减少了通信开销和系统时延。

基于单接口的多信道介质访问层协议通过估算簇内通信信道的数据包接收率来评价其信道质量。动态信道分配过程中，簇首节点在簇内通信阶段计算各簇内节点在其当前信道的接包率，对于发包速率高且数据连贯性强的节点，直接采用接包率统计值评估信道质量，对于数据交换率较低的节点采用指数加权移动平均值(Exponentially-Weighted Moving Average, EWMA)预估器得到接包率的预测值进行信道质量评估，指数加权移动平均值计算如下：

$$PRR_t(n_j, F_{index}) = \frac{m_t(n_j, F_{index})}{M_t(n_j, F_{index})} \tag{7-27}$$

$$E_t(n_j, F_{index}) = \sigma E_{t-1}(n_j, F_{index}) + (1-\sigma) PRR_t(n_j, F_{index}), \quad (0 < \sigma < 1) \tag{7-28}$$

其中，$m_t(n_j, F_{index})$ 为第 t 个簇内接包率统计周期内簇首节点在信道 F_{index} 上收到来自簇内节点 n_j 的有效数据包数，$M_t(n_j, F_{index})$ 为 t 周期内节点 n_j 在信道 F_{index} 上发给簇首节点的有效包数(不包含控制信息和握手信息)，$PRR_t(n_j, F_{index})$ 为簇首节点在当前信道 F_{index} 上对节点 n_j 接包率的统计值；$E_t(n_j, F_{index})$ 为簇首节

点与簇内节点 n_j 间第 t 次对信道 F_{index} 的接包率预测值；$E_{t-1}(n_j,F_{\text{index}})$ 为第 $t-1$ 次的接包率预测值；σ 为权重系数，起到调节指数加权移动平均值预估器的作用：σ 越大，指数加权移动平均值平稳性越强，即 $E_{t-1}(n_j,F_{\text{index}})$ 的主导作用越强，$E_t(n_j,F_{\text{index}})$ 抗突发干扰能力变强，同时也更稳定；σ 越小，指数加权移动平均值灵敏度越强，即 $PRR_t(n_j,F_{\text{index}})$ 的主导作用越强，$E_t(n_j,F_{\text{index}})$ 对 $PRR_t(n_j,F_{\text{index}})$ 变化更为敏感，指数加权移动平均值具有更强的时效性。

采用指数加权移动平均值预估器后，基于单接口的多信道介质访问层协议的动态信道分配算法可以在评估信道质量时提高预测准确性，同时降低突发统计误差和误码对长通信周期和通信频率较低的节点的信道质量预测的不利影响。在实际应用中，可以通过调节权重系数 σ 使基于单接口的多信道介质访问层协议满足不同场合（数据发送周期）的需要。

接包率的指数加权移动平均值预测值可以反映信道的实际通信质量，当接包率预测值低于预期水平时，表示该信道遇到了严重的干扰，质量变差，已经不适于继续承载数据收发任务，此时簇首节点应为受影响的簇内节点重新分配通信信道以改善网络质量。由于无线射频模块在切换信道时会产生相应的时延，如芯片 CC2420 在 2.4 GHz 频段上从当前物理信道跳频至一个新的信道最多可产生 48 μs 的延迟，这在高速传输过程中是一个不可忽略的量值，而且切换过于频繁还会导致功耗的增加，甚至导致节点丢失，所以簇内通信阶段的动态信道分配信道分配频率不可过高。另外，在工业现场往往出现因瞬间的强噪声（大型电磁设备启/停，移动通信设备接入网络等）导致信道质量突然大幅下降，但在很短的时间内噪声立刻消失，信道质量迅速恢复的情况。如果这类情况下簇首节点对受扰簇内节点盲目地进行信道切换，不仅不能有效地提高无线传感器网络的整体性能，而且还增加了通信的时延和能量消耗，浪费了有限的信道资源。

为了减少此类无效切换的发生，增强无线传感器网络对瞬态干扰的容忍度，基于单接口的多信道介质访问层协议采用一种滑动阈值信道选择算法：给定判定信道质量的指数加权移动平均值阈值 E_{TH}，用 $num_{\text{bad}}\in[N_{\text{low}},N_{\text{high}}]$ 统计 $E_t(n_j,F_{\text{index}})<E_{\text{TH}}$ 的次数，若 num_{bad} 小于滑动阈值 N_{TH} 的下限，则切换信道；若信道质量恢复，即 $E_t(n_j,F_{\text{index}})\geqslant E_{\text{TH}}$，则向上限滑动 N_{TH} 以增加簇首节点对当前信道的瞬态干扰的容忍度，并保持当前信道。滑动阈值 N_{TH} 与信道质量的恢复能力相关，恢复能力越高，信道容忍度越高。判定阈值 E_{TH} 由应用场景对数据传输的可靠性及实时性要求决定。

基于单接口的多信道介质访问层协议执行过程中涉及的消息类型见表 7.5。

表 7.5 基于单接口的多信道介质访问层协议消息类型

消息名称	消息携带内容	消息功能
SWTICH_CHAN_MSG	簇首节点 ID、分簇号、目标节点序号、预分配通信信道	通知簇内节点切换通信信道
SWTICH_ACK_MSG	节点 ID、待发消息数量、所切换信道	确认信道切换
DATA_ASK_MSG	簇内节点 ID、轮时长、同步时间	时间同步、轮询数据请求
DATA_SEND_MSG	节点 ID、数据标志(有)、待发送数据	通知簇首有数据发送、数据发送
DATA_NONE_MSG	节点 ID、数据标志(无)	通知簇首无数据发送

图 7.12 为基于单接口的多信道介质访问层协议的滑动阈值信道选择算法动态信道分配的流程图。滑动阈值信道选择算法具体步骤如下：

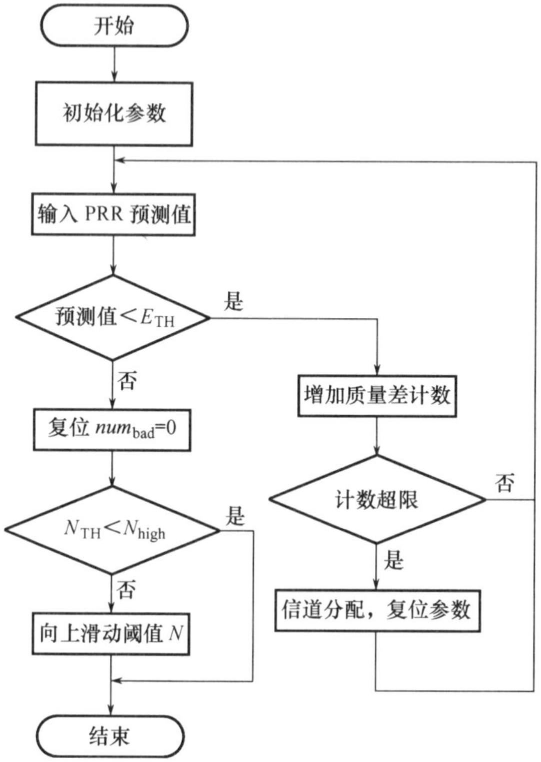

图 7.12 滑动阈值信道选择算法流程图

(1) 簇首节点完成各参数初始值设置，其中信道质量差计数 $num_{bad}=0$，阈值 $N_{TH}=N_{low}$，令当前信道为簇内通信基础信道，即 $F_{index}=DF_i$。

(2) 接包率预测值统计。簇首节点侦听分配给目标簇内节点的通信信道

F_{index}，接到来自簇内节点的有效数据包后，按式(7-27)和式(7-28)计算该信道的接包率预测值 $E_t(n_j, F_{index})$。

(3) 信道质量判定。若信道 F_{index} 的接包率预测值小于阈值，即 $E_t(n_j, F_{index}) < E_{TH}$，信道质量差，执行步骤(4)；否则，信道质量好，执行步骤(6)。

(4) 信道分配判定：首先记录信道质量差次数，$num_{bad} = num_{bad} + 1$。若 $num_{bad} < N_{TH}$，则信道 F_{index} 的通信质量仍在容忍范围之内，继续完成数据传输，返回步骤(2)；否则，执行步骤(5)。

(5) 实施信道分配：簇首节点以 $E_t(n_j, F_{index})$ 标记当前信道的接包率预测值，实时调整待选信道列表 $F_i[j_{max}]$。指定新通信信道 $F_{index} = F_i[1]$，启动信道分配进程，复位 $num_{bad} = 0, N_{TH} = N_{low}$。返回步骤(2)。

(6) 增加信道容忍度，阈值滑动：复位 $num_{bad} = 0$ 并在 $[N_{low}, N_{high}]$ 内向上限滑动 N_{TH}。

滑动阈值信道选择算法可以在保证高可靠性高吞吐量的同时有效降低信道分配的频率和盲目性，避免节点因信道切换紊乱而脱离网络，使基于单接口的多信道介质访问层协议在干扰环境复杂的工厂环境中具有更高的实用性。

簇内通信采用轮询机制：轮询机制是一种簇首节点主动询问的通信模式，簇首节点在掌握所有簇内节点信息后，在每轮通信周期中按一定顺序逐个向簇内节点通过 DATA_ASK_MSG 消息索取数据信息，所有簇内节点若需发送数据，在接收到 DATA_ASK_MSG 后向簇首节点发送数据传输消息 DATA_SEND_MSG，否则，发送无数据传输消息 DATA_NONE_MSG 通知簇首询问下一个节点。

由于动态信道分配是针对簇首与簇内某一节点而言，所以在复杂的干扰环境中，每一簇内都会有多个工作在不同信道的节点。为了进一步降低簇首的跳频频率，簇首节点轮询顺序安排原则如下：

(1) 使用相同信道的节点排列在一起待询。

(2) 使用簇内基础信道的节点优先进行数据交换。

(3) 使用簇间控制信道的节点最后进行数据交换。

(4) 其余信道按节点数目降序排列。

(5) 某节点完成信道分配后，若新信道待询位置在原信道后，该节点自动插入新信道序列，否则直接完成数据交换。

经过滑动阈值信道选择算法，在簇首节点启动信道分配进程后，轮询及信道分配流程如图7.13所示。

簇首节点于当前信道向目标节点发布信道分配命令 SWTICH_CHAN_MSG，该消息中包含了簇首节点为目标簇内节点预分配的信道序号，当目标簇内节点接收到来自簇首节点的 SWTICH_CHAN_MSG 后，向簇首节点发送信道分配确认消息 SWTICH_ACK_MSG，并切换至 SWTICH_CHAN_MSG 消息中指定的新信道

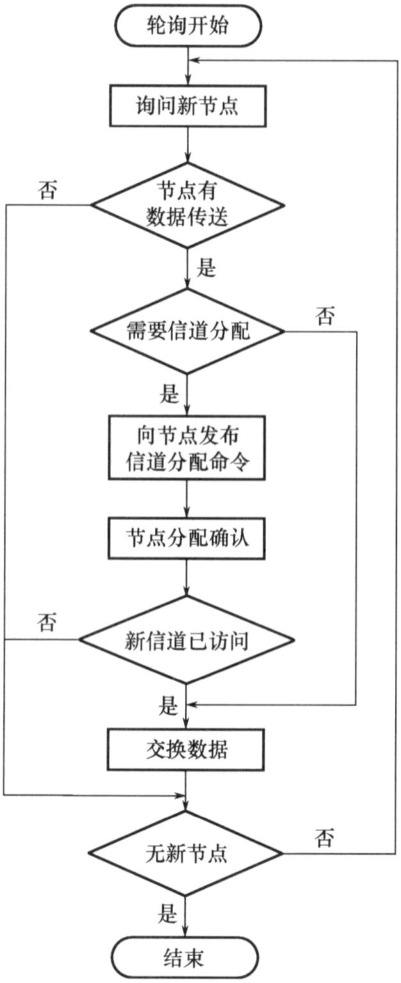

图 7.13 轮询、信道分配流程

等待数据传输,待簇首收到目标节点 SWTICH_ACK_MSG 后,便可于新信道与目标节点进行数据交换。

7.1.3 跨层协议仿真与性能分析

1. 仿真环境

NS-2 是一种以有线、无线网络仿真为主要目的,源码公开且无需付费的离散事件型网络模拟器,采用较为常见的系统模型。离散事件模拟就是事件规定了系统状态的改变,且状态的修改仅在事件发生时进行。在 NS-2 中,常见的事件类型包括分组到达、定时器超时等。NS-2 的核心部分是一个离散事件模拟引擎，通过该引擎，原则上允许用户模拟任何系统，而非仅局限于通信网络。

NS-2 的功能扩展通过组件的添加来完成。目前，NS-2 的组件支持局域网、广域网、移动通信网络及卫星通信网络等网络类型，并且支持分层路由、多播路由、动态路由等路由方式。另外，NS-2 还提供了用于跟踪事件进度的 trace 操作，可以把网络模拟过程中沿时间顺序发生的事件和状态信息记录在 trace 文件中以备研究分析。

NS-2 采用了一种分裂对象模型，即每一个组件都由 C++ 和 ObjectTcl(Otcl)这两种面向对象语言来编写。其中 C++ 是常见的程序设计语言，而 Otcl 是 MIT 开发的 Tcl 脚本语言的一种面向对象的扩展，主要在 Tcl 中引入了对象、类、继承等面向对象的技术。C++ 主要负责组件功能的具体实现，Otcl 负责在运行脚本过程中完成组件的批量配置。因为 Otcl 不需要编译，所以这种分裂对象设计可以大幅提高 NS-2 的运行效率。

2. 高可靠性能量均衡跨层通信协议模型的构建及配置

1）移动节点模型

NS-2 无线网络模型的基础为移动节点(MobileNode)模型，并通过特定的组件来支持无线网络的模拟。MobileNode 模块最早由卡内基梅隆大学(CMU)的 Monarch 完成，其组成结构如图 7.14 所示，包括信道(channel)、节点物理接口(network interface)、无线传播模型(radio propagation)、介质访问层协议、接口队列(interface queue)、链路层(link layer)、地址解析协议(Address Resolution Protocol，ARP)、路由协议(RTagent)等。其节点移动、位置更新、拓扑维护、接口管理、数据传输等节点功能均通过 C++ 完成，而诸如介质访问层、链路层、通道等构件的配置均在 Otcl 中完成。

MobileNode 模型中几个主要组件功能介绍如下：

无线信号传输模型：根据距离和发送功率信息计算节点接收数据包时的信号强度。

信道：无线信道的功能是将数据包复制给除源节点外所有连接到本信道上的移动节点。所有节点需根据传播模型判断数据包是否能够有效接收。

介质访问层：NS-2 中现有介质访问层协议模型实现的是 IEEE 802.11 中的分布式协调功能(Distributed Coordination Function，DCF)介质访问协议。

2）高可靠性能量均衡跨层通信协议模型

由于高可靠性能量均衡跨层通信协议中多信道介质访问层协议为基于单物理接口，而非采用多接口硬件，与 NS-2 中模型有相似之处，所以为了提高模型建立效率和对顶层协议的兼容性，应以 NS-2 原移动节点信道模块为基础扩展节点模型。扩展过程中主要涉及两方面内容：一是移动节点对多信道的支持；二

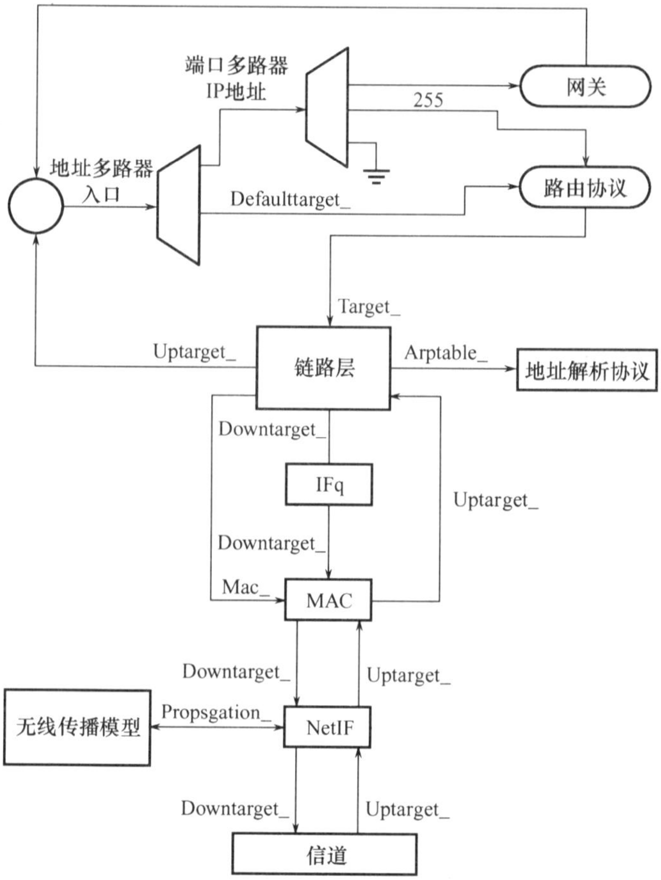

图 7.14 NS-2 移动节点模型

是移动节点对信道动态切换的支持。扩展多信道后,多信道移动节点模型如图 7.15 所示。

在扩展过程中,信道接入控制主要由介质访问层完成,而所有信道共用同样的介质访问层协议是基于单接口的多信道介质访问层协议,所以 NS-2 中介质访问层以上模块划分无需改变,只需在原有模块下实现高可靠性能量均衡跨层通信协议的具体协议内容即可。而对介质访问层以下部分,首先加入一个信道管理模块(ChanAss),该模块负责收集和管理各信道实时的通信质量,包括信道负载,节点数量、当前传输模型下干扰强度等信息。另外,介质访问层的信道接入、切换决策通过该模块执行。由于在仿真环境下,配置多个 NetIF 与配置多个信道效果基本相同,在通过信道管理模块模拟加入切换延迟后,直接配置多个 NetIF 可以避免 NetIF 的重复加载,应将 NetIF 与信道模块绑定,通过对 NetIF 编号直接映射定义在不同发射频段的信道,借此实现多信道的划分。当介质访问

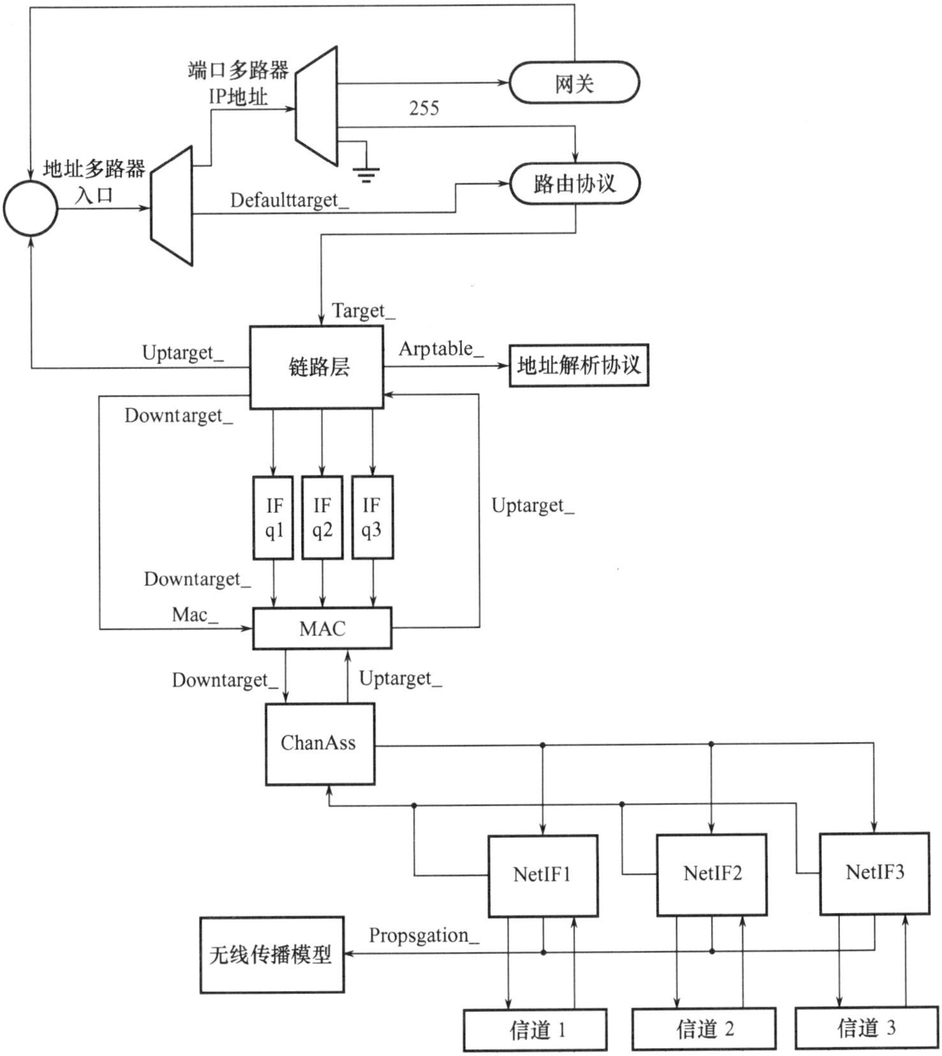

图 7.15　多信道(多接口)NS-2 移动节点模型

层通过信道管理模块指定发射信道时只需提供与信道对应的 NetIF 编号即可。另外,考虑到扩展后节点对未来多接口多信道模型的支持,将链路层下单接口队列 IFq 接口改为与底层 NetIF 一一对应的多接口模式,以存储不同接口收发的缓存数据。

3) 环境干扰模型

为了模拟工业监控应用背景中复杂的无线链路环境,在 NS-2 仿真过程中引入了中心频率随机的邻频干扰源(影响节点的接收功率和信噪比),并采用阴影(Shadowing)无线通信传输模型。不同于单纯以距离来计算接收功率的自由空间模型和双径地面反射模型,阴影模型充分考虑了多径效应和随机干扰,更能反映工业环境的实际情况。阴影模型分为两部分,第一部分是以路径 d 计算接受功率 $\overline{P_r(d)}$ 的路径损耗模型,它以接近中心的距离 d_0 为标准,由下式计算以 dB 计量的 $\overline{P_r(d)}$:

$$\left[\frac{\overline{P_r(d)}}{P_r(d_0)}\right]_{\mathrm{dB}} = -10\omega\log\left(\frac{d}{d_0}\right) \tag{7-29}$$

其中,ω 为路径损耗指数,若为模拟障碍物场景,将 ω 取值为 5。标准接收功率 $P_r(d_0)$ 可由自由空间模型计算得到:

$$P_r(d_0) = \frac{P_t G_t G_r \lambda^2}{(4\pi)^2 d_0^2 L} \tag{7-30}$$

式中,d_0 为信号传输距离;P_t 为信号发射功率;G_t 为发射天线增益;G_r 为接收天线增益;λ 为信号波长;L 为系统损耗。

Shadowding 模型的第二部分是传输距离固定时接收功率的正态随机变化值,以 dB 表示时,该变化值符合高斯分布,故阴影模型可以表示为:

$$\left[\frac{\overline{P_r(d)}}{P_r(d_0)}\right]_{\mathrm{dB}} = -10\omega\log\left(\frac{d}{d_0}\right) + X_{\mathrm{dB}} \tag{7-31}$$

其中,X_{dB} 为高斯随机变量,均值等于 0,其方差 σ_{dB} 即阴影方差,此处取 $\sigma_{\mathrm{dB}}=6.8$ 以模拟工厂环境。

3. 仿真结果与性能分析

1) 基于单接口的多信道介质访问层协议性能分析

首先在路由层协议均使用 NS-2 提供的简化的分层路由协议的情况下,将基于单接口的多信道介质访问层协议与 IEEE 802.15.4 的 CSMA/CA 机制多信道介质访问层协议在数据吞吐量、数据包投递率等方面进行了对比。

图 7.16 为基于单接口的多信道介质访问层协议在分别使用 4 个信道和 16 个信道的情况下与使用单一信道的 IEEE 802.15.4 的吞吐量比较。可以看出,随着网内分簇数的不断增加,簇间形成多跳网络,控制(公共)信道负载加剧,无线传感器网络吞吐量较在簇首数较少时的星型网络降低。但基于单接口的多信道介质访问层协议由于在簇内通信阶段采用多信道机制,高负载情况下吞吐量明显优于单信道的 IEEE 802.15.4,而且在同等负载下,候选信道越多,数据吞吐量越高。

图 7.17 为基于单接口的多信道介质访问层协议多信道轮询机制与 CSMA/CA 机制的数据包投递率的比较。由图 7.17(a)可见,在发包速率较低时,由于信道负载不高,基于单接口的多信道介质访问层协议的多信道轮询机制与

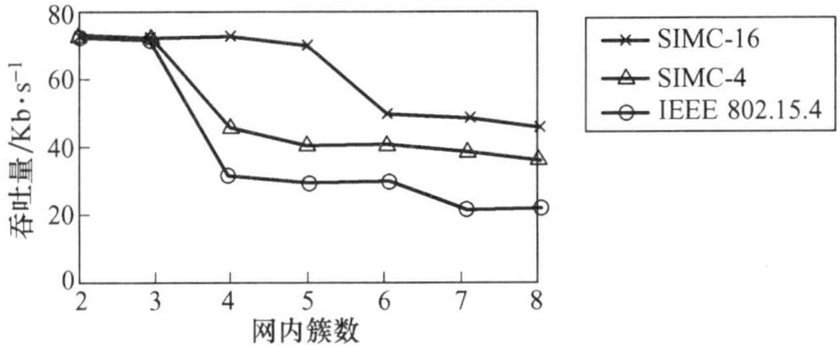

图 7.16 基于单接口的多信道介质访问层协议与 802.15.4 吞吐量对比

CSMA/CA 信道接入机制丢包率相近；但随着发包速率的不断提高，信道负载迅速超过额定容量，单信道 CSMA/CA 机制中，信道开始产生拥塞，导致数据丢包情况逐渐严重；而多信道轮询机制中，当信道拥塞导致接包率出现下降趋势时，一方面轮询机制使通信负载平均分布在整个簇内通信阶段，另一方面滑动阈值信道选择算法实时对受影响节点启动信道切换，通过引入新的信道来分担原信道的负载，使接包率始终维持在预设的接包率阈值 E_{TH} 以上。图 7.17(b) 中，在簇内节点增多导致信道质量下降的情况下，基于单接口的多信道介质访问层协议同样通过多信道轮询机制较 IEEE 802.15.4 的 CSMA/CA 获得了更高的数据包投递效率。

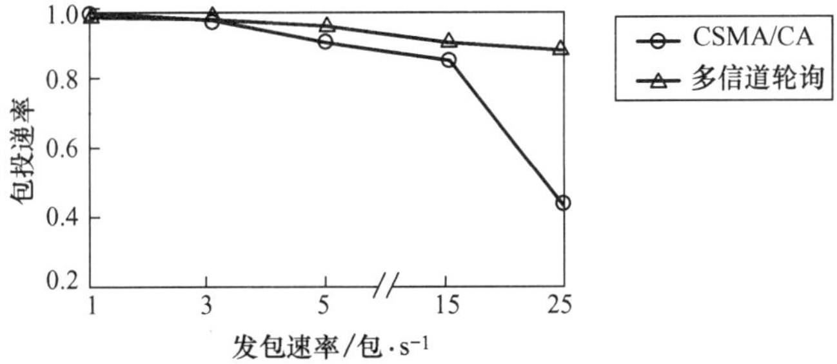

(a) 不同发包速率下的包投递率

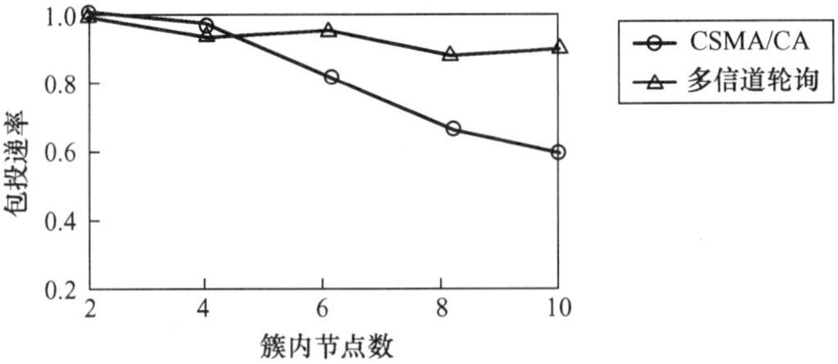

(b) 不同簇内节点数下的包投递率

图 7.17 多信道轮询与 CSMA/CA 性能比较

图 7.18 给出了基于单接口的多信道介质访问层协议与多信道介质访问层协议在不同场景下吞吐量和包投递率的对比。由于基于单接口的多信道介质访问层协议采用两级同步信标并只要求局部时间同步，所以不会像多信道介质访问层协议一样由于时钟误差导致 ATIM 窗口漂移，继而造成协商失败、数据包丢失甚至节点脱网；同时，基于单接口的多信道介质访问层协议采用轮询和滑动阈值信道选择算法信道分配机制，避免了多信道介质访问层协议在每次通信前必须进行的三次协商通信，显著提高了网络通信效率。图 7.18(a)给出了不同发包速率下基于单接口的多信道介质访问层协议较多信道介质访问层协议吞吐量的提高，在常用的发包速率范围内，基于单接口的多信道介质访问层协议在吞吐量方面至少可以获得 14.1% 的提高。另外，由于簇首数目较少，基于单接口的多信道介质访问层协议在簇间直接采用控制信道交换数据，汇聚节点无需在不同信道间频繁切换，源节点等待时间减少，丢包降低；而且基于单接口的多信道介质访问层协议以接包率评估信道质量，相比多信道介质访问层协议以信道使用次数进行评估的方案，在考虑外部干扰的实际场景中更为有效。图 7.18(b)显示在各种数据流数下，基于单接口的多信道介质访问层协议的包投递率均高于多信道介质访问层协议。

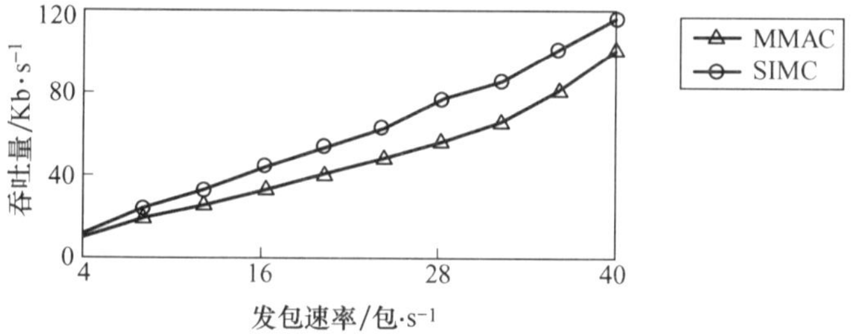

(a) 不同发包速率下吞吐量

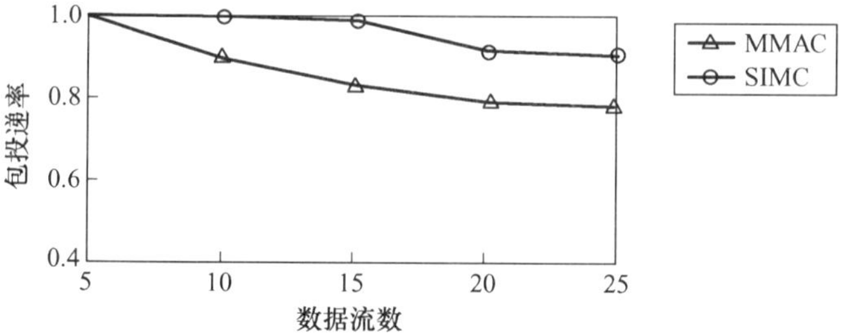

(b) 不同数据流数下包投递率

图 7.18 基于单接口的多信道介质访问层协议与多信道介质访问层协议性能对比

2）高可靠性能量均衡跨层通信协议性能分析

利用 NS-2 对高可靠性能量均衡跨层通信协议进行了仿真并将其与经典的低能自适应聚类路由协议和能量高效的非均匀簇路由协议进行了性能对比。

高可靠性能量均衡跨层通信协议采用非均匀簇路由结构，并在簇首节点选择上保持局部竞争机制，避免了簇首数目的大幅波动。另外还引入了节点分布和剩余能量的双重考量，保证了在能量充足时处于局部中心位置的无线传感器网络节点成为簇首节点，降低簇内通信功耗，提高簇内通信效率；而当中心位置节点能量不足时，边缘位置节点才成为簇首，以缓解中心节点损耗，延长网络寿命。图 7.19、图 7.20 分别为高可靠性能量均衡跨层通信协议、低能自适应聚类

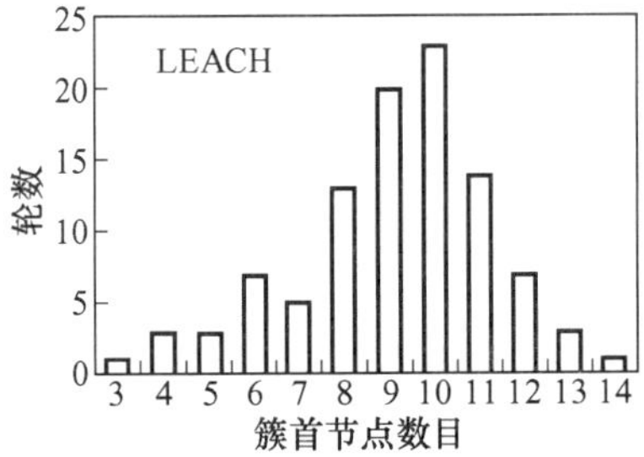

(a) 低能自适应聚类路由协议簇首数目分布

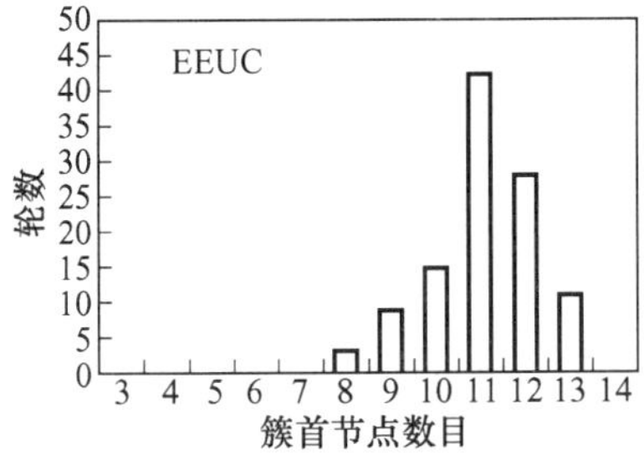

(b) 能量高效的非均匀簇路由协议簇首数目分布

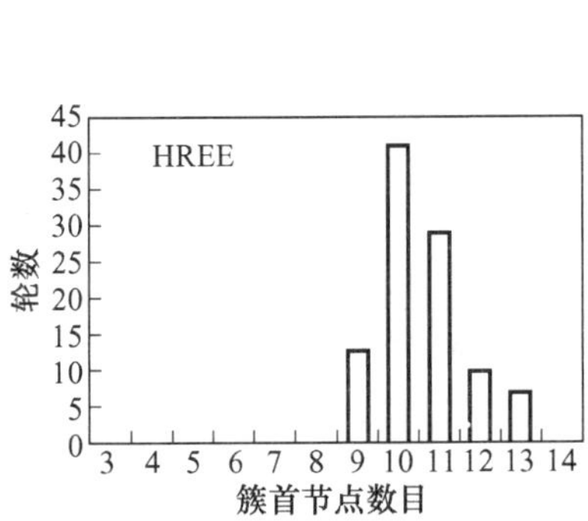

(c) 高可靠性能量均衡跨层通信协议簇首数目分布

图 7.19　各协议簇首数目分布

路由协议及能量高效的非均匀簇路由协议随机选取100轮采集周期中簇首数目分布及前400轮(节点存活率高)簇内节点与簇首间直线距离的均方差对比。由图7.19可见,高可靠性能量均衡跨层通信协议中的非均匀簇路由协议保持了能量高效的非均匀簇路由协议良好的稳定性。由于场景中 R_c^0 取值较小,故网络划分的分簇数目集中于8~12之间。簇首节点的合理分布降低了分簇的规模,避免了因簇数过多导致的簇间通信时多跳网络可靠性及接包率的降低。同时,图7.20表明高可靠性能量均衡跨层通信协议中簇首节点分布较低能自适应聚类路由协议及能量高效的非均匀簇路由协议更为合理,簇内节点与簇首间距离更为平均。

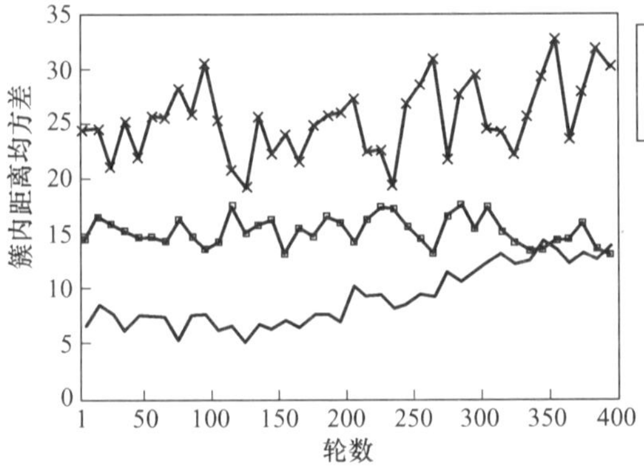

图7.20 簇内节点分布方差

在工业监测应用中,网络生存周期是衡量无线传感器网络整体性能的重要指标之一。图7.21给出了高可靠性能量均衡跨层通信协议、低能自适应聚类路由协议及能量高效的非均匀簇路由协议在不同时间段存活节点数目的比较。高可靠性能量均衡跨层通信协议由于采用非均匀簇的多跳结构,使得节点寿命优于簇首与汇聚节点间直接通信的低能自适应聚类路由协议。另外,与采用低耗转发路径的能量高效的非均匀簇路由协议相比,高可靠性能量均衡跨层通信协议虽然在路径选择时以可靠性为主要标准,但由于簇首分布更加合理,同时兼顾了能量效率,且多信道的运用及路径的高可靠性降低了无效重传及信道拥塞带来的能量消耗,故在衰亡期前段,高可靠性能量均衡跨层通信协议存活节点数较多;而在衰亡期后段,随着能量降低,N_i 减小,簇首选取机制趋于与能量高效的非均匀簇路由协议效果相同,两者节点消亡趋势基本持平。

不同于能量高效的非均匀簇路由协议及低能自适应聚类路由协议的单信道传输模式,高可靠性能量均衡跨层通信协议在非均匀簇的基础架构上,采用了多信道的传输机制,通过以下三个方面协同优化无线传感器网络的可靠传输:

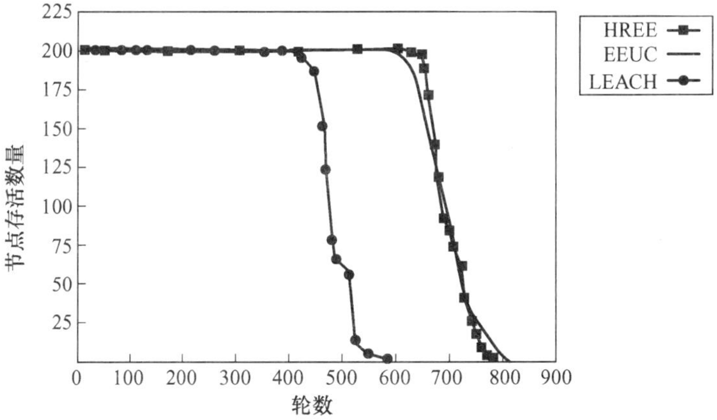

图 7.21　网络内节点存活数量

（1）高可靠性能量均衡跨层通信协议优化了簇首节点的选取机制，避免了簇内远距离传输所导致的数据丢包及误码。

（2）高可靠性能量均衡跨层通信协议选择高链路质量的簇间转发路径，提高传输效率，降低低质量链路对簇间通信的影响。

（3）多信道共用，避免信道拥塞并提供足够的抵御内部、外部干扰的能力。

图 7.22 表明簇内通信阶段，在不同簇内节点数的情况下，高可靠性能量均衡跨层通信协议的通信可靠性始终维持在 E_{TH} 之上，相比能量高效的非均匀簇路由和低能自适应聚类路由协议显著提高了簇内传输的可靠性。图 7.23 为各协议汇聚节点接包率的比较，可以反映转发路径的优劣：低能自适应聚类路由协议因簇间为一跳通信的星型网络，接包率较高，但该模式在实际应用中难以实现，而高可靠性能量均衡跨层通信协议在节点配备正常射频模块的前提下，转发成功率和可靠性较能量高效的非均匀簇路由有明显提高。

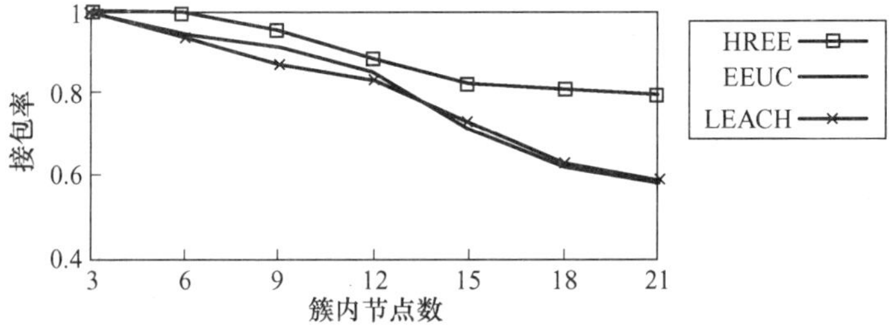

图 7.22　簇内通信接包率

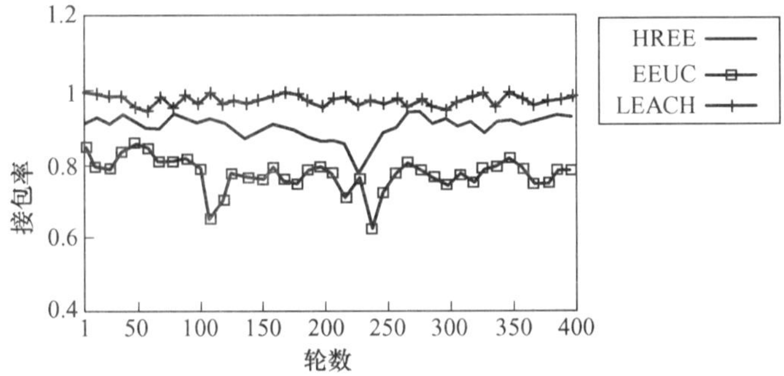

图 7.23 汇聚节点接包率

7.1.4 基于无线传感器网络的工业监控系统

机电装备监控无线传感器网络是运行在工业现场中,利用无线传感器技术完成现场机电设备重要数据采集、传输、处理及监控等功能的综合管理系统,由无线传感器节点及上位机管理软件组成。由于无线传感器网络节点采集的数据通常关系到设备的安全运行及实时状态,且机电设备体积庞大,所以机电设备监控无线传感器网络必须具备足够的可靠性及远距离通信能力。为进一步提高无线传感器网络在工业现场的适用性,需要对现有无线传感器网络节点进行射频前端改进,并对上位机监控软件和节点协议栈进行多信道通信功能的扩展。

1. 无线传感器网络节点无线射频模块

1) 无线传感器网络节点模块

无线传感器网络节点模块集数据采集、数据处理及无线收发等功能于一体,主要由无线射频模块、处理器模块、电源管理模块、传感器模块、外围接口及串口通信模块等组成,如图 7.24 所示。

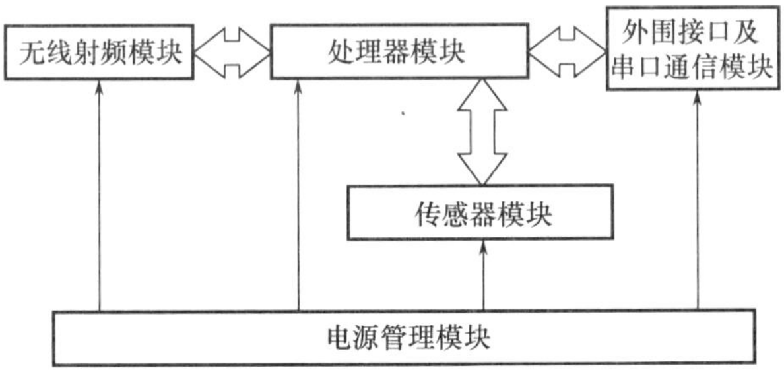

图 7.24 无线传感器网络节点硬件结构图

无线传感器网络节点系统实现框图如图 7.25 所示。

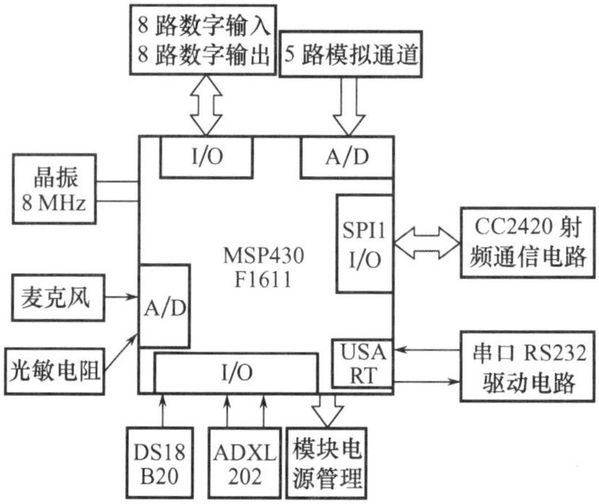

图 7.25 节点系统框图

处理器模块采用TI公司生产的16位RICS超低功耗的MSP430F1611单片机作为处理核心，主要完成节点的任务控制、时序控制、采集数据处理及模块管理等核心功能。

传感器模块负责完成对监控目标主要数据的采集，目前无线传感器网络节点已配备的特定类型传感器及功能如表7.6所示。

表 7.6 传感器功能说明

传感器	功能	传感器	功能
驻极体麦克风	声音采集	光敏电阻	光照监测
DS18B20	温度采集	ADXL202	加速度(姿态)监测

电源管理模块主要负责为无线传感器网络节点中不同芯片提供不同要求的电源，并根据CPU的指令实时调整模块的上电与断电。其中电压转换功能主要由LDO芯片LM1117-3.3及TPS60210实现，而电源管理功能通过模拟开关MAX4678完成。

外围接口及串口通信模块主要功能是为无线传感器网络节点进行如新增传感器等功能扩展预留接口，另外为节点与上位机联通进行串口通信及程序调试提供通路。串口通信采用RS232，由MAX3221完成RS232的驱动。

2）无线射频模块

（1）原射频电路设计

射频模块部分主要完成无线信号的收发任务，通过四线制SPI接口与处理器MSP430F1611相连。该部分主要包括射频芯片、Balun（Balances-unbalances，平衡-不平衡）转换电路、功率放大及天线等几部分，改进前电路结构如下：

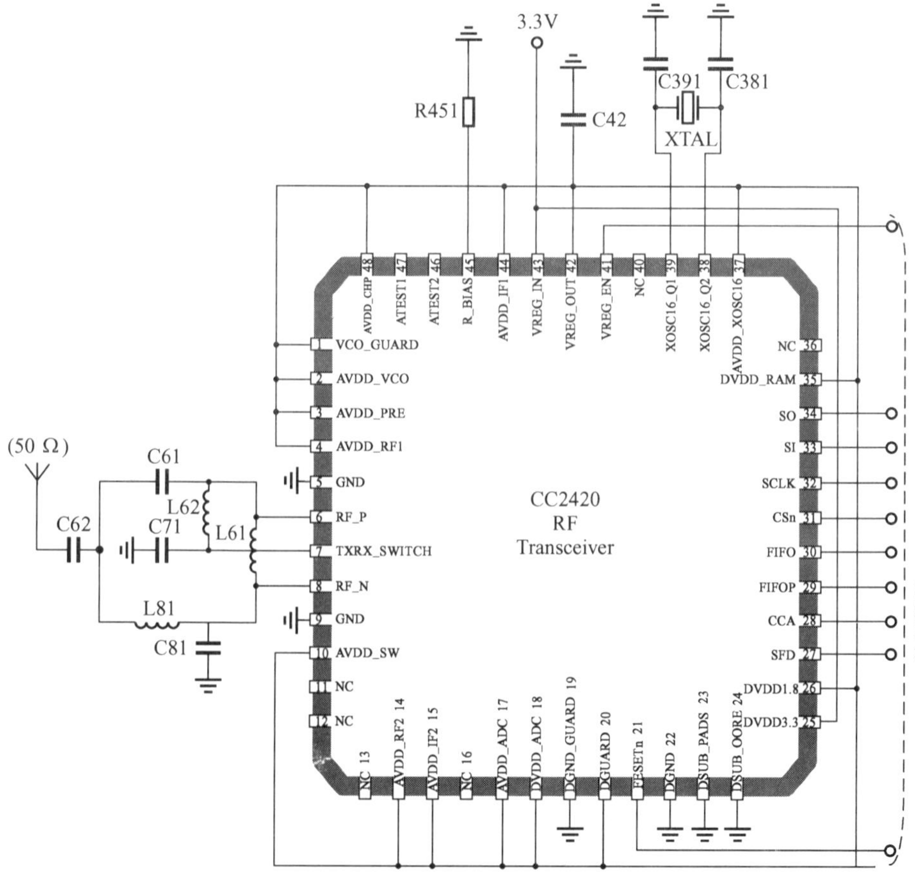

图 7.26 原射频模块电路结构

原设计采用TI公司的CC2420(见图7.26)来实现基本的射频通信功能。发射天线采用非平衡的倒F型印制电路板(Printed Circuit Board,PCB)天线,其优点是体积小、结构简单、增益高且抗干扰能力强。由于CC2420输入、输出均为差分信号,而PCB倒F天线信号为单端信号,所以设计中引入Balun转换电路来完成差分信号到单端信号的转换及阻抗匹配。

(2) 射频电路改进

为了进一步增强无线传感器网络节点的通信能力,延长当前无线传感器网络节点模块的通信距离,同时避免由于焊接、布线误差对Balun电路造成的影响,对无线传感器网络节点的射频电路进行了改进。

由于CC2420以低功耗为设计目标之一,所以其信号传输距离受到发送功率峰值的限制。为了在CC2420的基础上延长通信距离,需要在射频前端加入功率放大电路,可采用TI公司推出的高性能低成本的2.4 GHz频段射频前端

CC2591,其内部结构如图7.27所示。CC2591适用于所有2.4 GHz无线系统,它集成了可以将输出功率提高+22 dBm的功率放大器和可以将接收灵敏度提高+6 dBm的低噪声放大器,能够显著改善无线信号的发射距离和信号接收时的灵敏度。另外,CC2591还自带了Balun转换电路和射频匹配网络,可以取代原设计中的Balun转换电路,实现CC2420的差分信号与倒F天线的单端信号的阻抗匹配和转换。

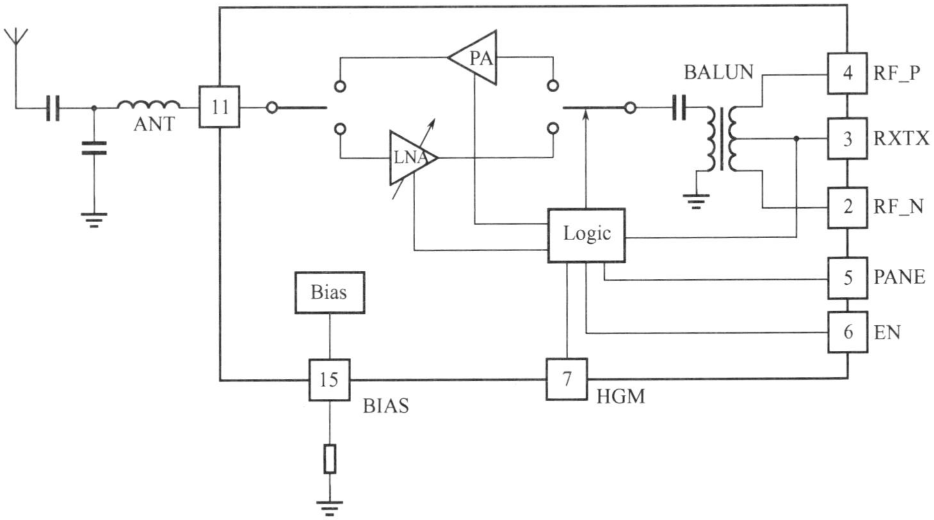

图7.27　CC2591模拟结构图

CC2591与CC2420共同组成射频前端时的典型电路如图7.28所示。其中CC2591的PAEN、EN、HGM及RXTX 4个数字控制管脚负责CC2591收发模式的设定,具体说明见表7.7。

表7.7　CC2591控制逻辑

PAEN = EN	RXTX	HGM	收发模式
0	×	×	关闭
1	0	0	低增益接收
1	0	1	高增益接收
1	1	×	高增益发送

为提高无线传感器网络节点发射功率及接收灵敏度,将CC2591的增益控制引脚HGM接高电平(+3.3 V),而收发控制引脚RXTX直接由CC2420的模式切换控制管脚RXTX_SWTICH控制,CC2591控制引脚默认+1.6 V以上为高

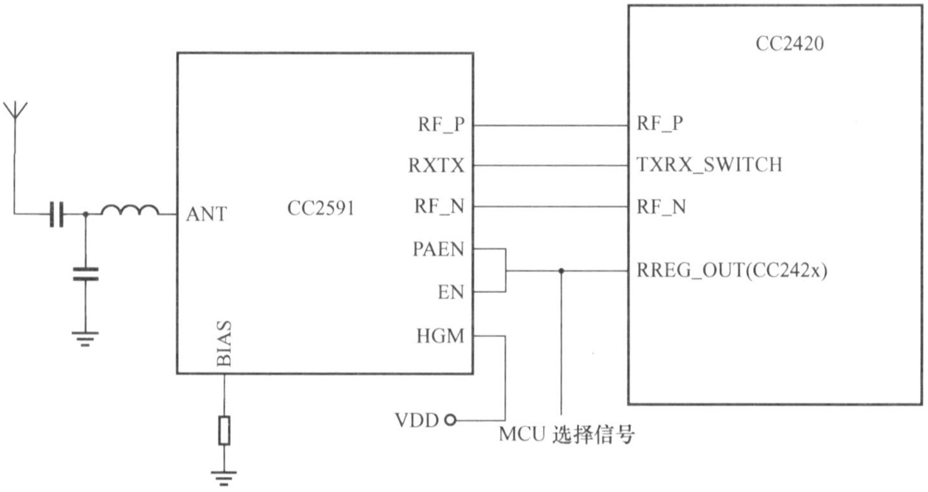

图 7.28 CC2591 与 CC2420 连接图

电平,而当供电电压为 +3.6 V 时,CC2420 的 RXTX_SWTICH 变化范围为 0 V ~ 1.8 V,足够控制 CC2591 的 RXTX 管脚。当 CC2420 通过 SPI 接口收到处理器通信任务时,经由 RXTX_SWTICH 切换 CC2591 的射频工作模式。当无线传感器网络节点处于休眠状态时,可以通过 PAEN 关闭 CC2951,节省能耗。

改进后的 CC2591 和 CC2420 组成的射频通信板实物图如图 7.29 所示。

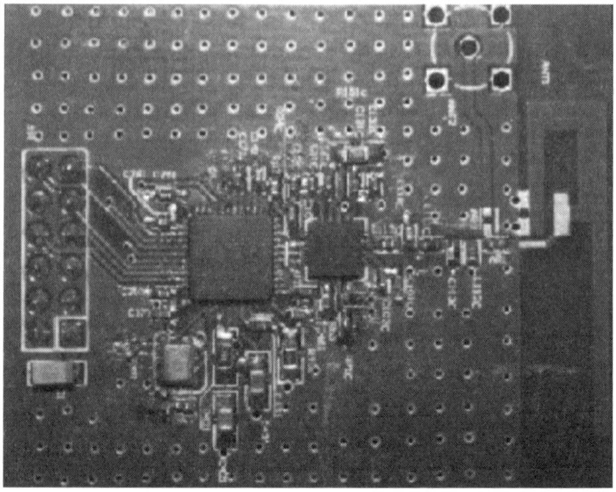

图 7.29 改进后射频板实物图

2. 机电装备监控无线传感器网络的多信道扩展

无线传感器网络节点根据功能需求的不同,分为汇聚节点、路由节点及检测节点3种，相应地有三种不同功能的协议栈与之对应。在现有协议栈的基础上，对介质访问层进行多信道动态切换扩充，可使无线传感器网络节点可以在不同的信道间进行协商切换，完成可靠的数据传输。

汇聚节点是三类节点中功能最完整的节点，其软件结构如图7.30所示。其余两类节点的协议栈均可通过在汇聚节点的协议框架下定制而来。

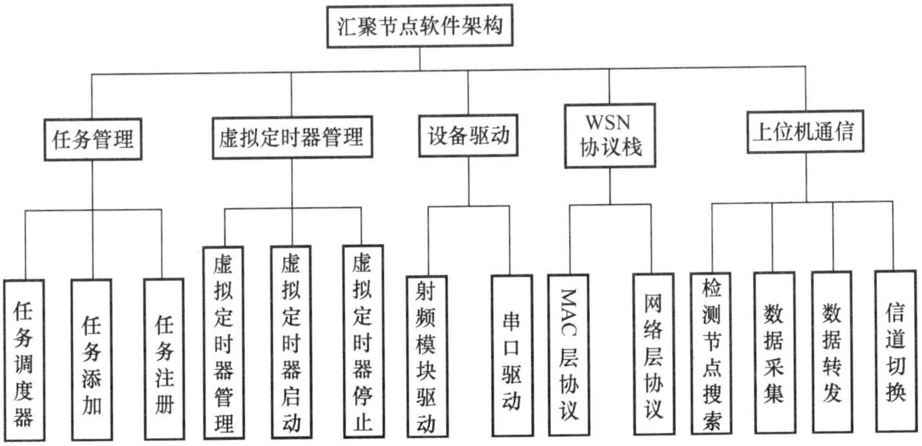

图7.30　汇聚节点软件结构

多信道的扩展主要涉及节点软件结构中的上位机通信部分、无线传感器网络协议栈部分及射频驱动部分。协议栈部分变化主要为介质访问层中引入了新的控制帧以完成节点间信道切换握手，同时提供了相应的控制帧处理机制。射频驱动部分主要变化为：将信道选择从主体驱动程序中剥离出来，供每次信道切换时完成模块的信道选择，避免因信道切换而导致整个模块全部重新驱动，减少切换时延和能量损耗。上位机通信部分主要增加了与信道切换任务对应的判断条件CMD_SWTICH_CHANNEL，该条件等级与上位机的数据采集、设备搜索等条件并列，用于启动簇首节点向目标节点发布信道切换命令，具体功能见表7.8。同时，在上位机人机界面中网络拓扑菜单下可增加信道切换按钮以实现手动控制信道的切换。

表7.8　上位机串口命令

名称	值	功能
CMD_COM_SENSOR	0x01	指定采集信号
CMD_NET_FIND	0x02	设备节点搜索
CMD_SWTICH_CHANNEL	0x04	启动信道切换

协议栈支持两种信道切换方式。一种为链路质量检测模式(主动),一种为上位机控制模式(被动)。

在链路质量检测模式中,信道切换为主动进行,流程如图7.31所示。汇聚节点将不断根据CC2420的链路质量指数LQI来间接地估计信道使用情况,当信道信噪比过低时,汇聚节点启动信道切换处理进程,在完成信道选择、节点确认、射频初始化等过程后,在新信道进行数据交换。

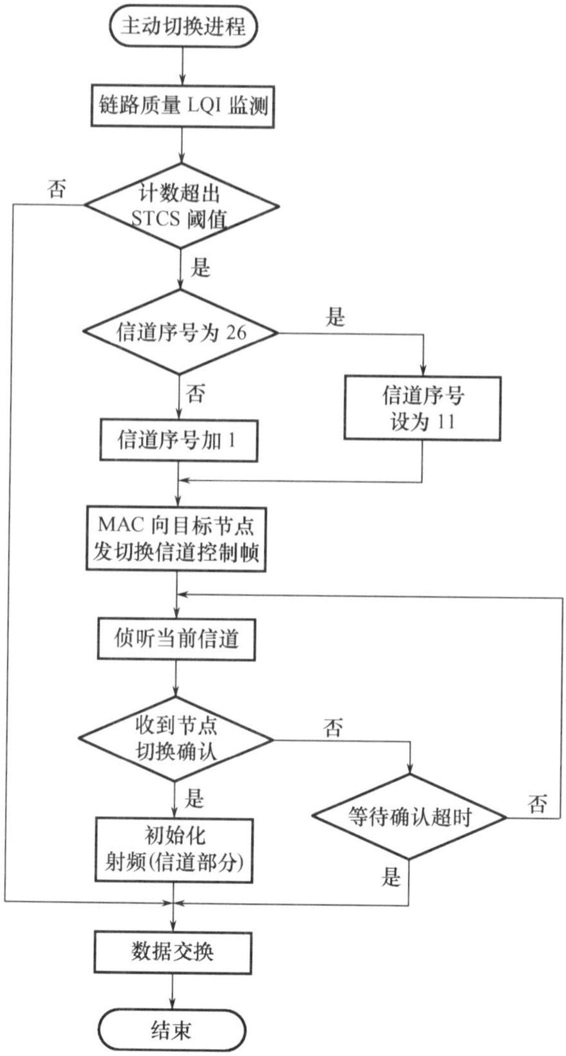

图7.31 主动信道切换流程

在上位机控制模式中，节点的信道切换为被动进行，受上位机控制，流程如图 7.32 所示。当汇聚节点自串口接到上位机发送的信道切换消息 CMD_SWTICH_CHANNEL 时，与主动切换相似，启动信道切换处理进程。在完成信道选择、节点确认、射频初始化等过程后，在新信道进行数据交换。

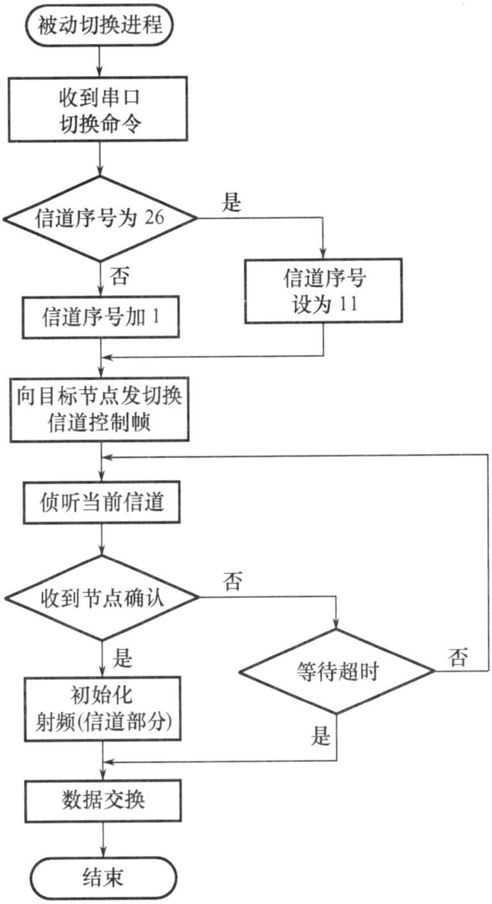

图 7.32　被动信道切换流程

3. 系统测试

首先对上位机监控平台软件进行节点联通实验，联通后操作界面如图 7.33 所示，监控平台能够通过串口准确采集传感器节点的温度、光照、声音、加速度等监控信息，同时，在原有功能基础上增加了信道切换控制（被动控制）功能。然后根据无线传感器网络平台的改进目标对改进前与改进后节点的通信距离及可靠性进行了测试和对比。

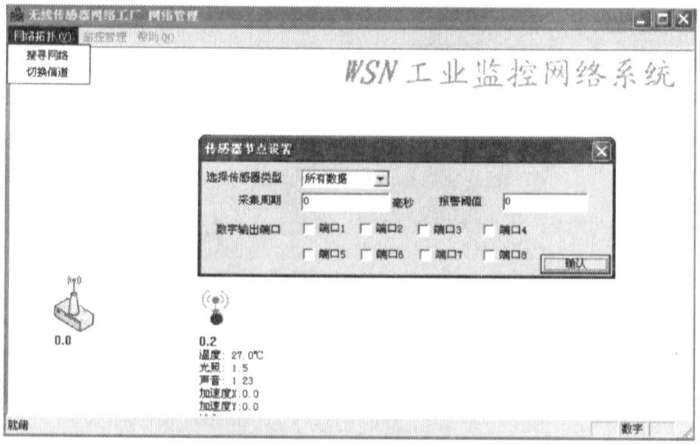

图 7.33 上位机监控界面运行效果

为完成改进后无线传感器网络节点通信距离的测定，分别采用图 7.34、图 7.35 所示改进前后的射频前端电路板与图 7.35 所示两类无线传感器网络节点母板组成收发设备，在室内环境和室外环境进行通信测试，室内无线传感器网络监控系统如图 7.36 所示。

图 7.34 改进前射频板

室内环境模拟测试多障碍物及强多径效应下节点通信能力，障碍物为距离不等的室内墙体，汇聚节点分别位于过道与房间内，检测节点逐渐远离直至节点间无法完成通信。室外环境实验分别在不同时段进行。清晨由于没有行驶车辆且行人（无线通信设备）较少，用于模拟无干扰环境；傍晚由于车辆行驶及行人较多，模拟干扰环境。节点配置与移动方式与室内环境相同。各种环境下得到的实验数据见表 7.9。

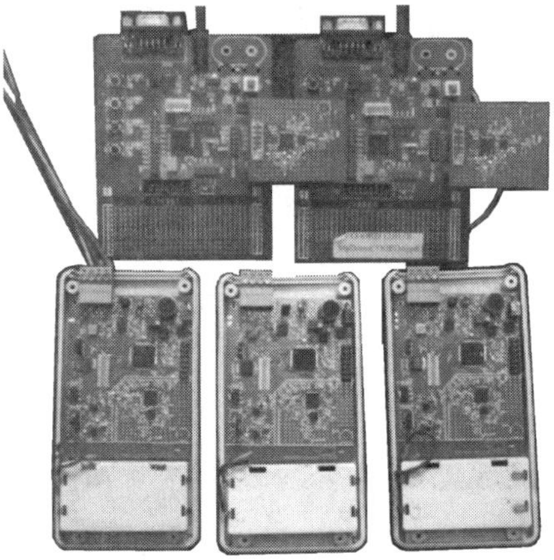

图7.35 两类无线传感器网络节点母板

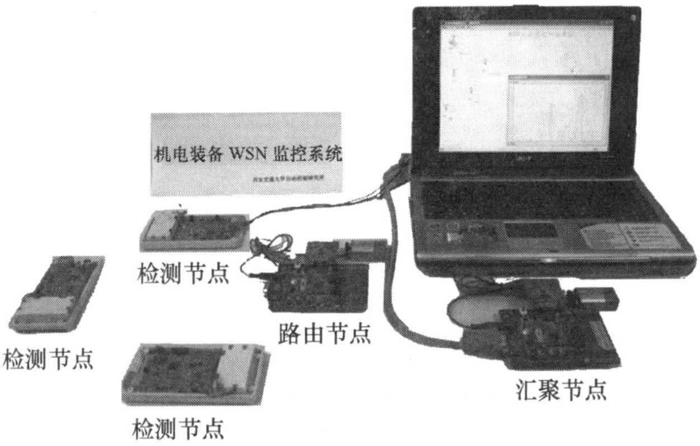

图7.36 无线传感器网络模拟实验系统

表7.9 通信距离实验数据

节点状态	室内(房间内)	室内(过道)	室外(清晨)	室外(傍晚)
改进前	35 m	48 m	320 m	260 m
改进后	50 m	120 m	950 m	780 m

由表7.9可见,障碍物及多径效应会对无线传感器网络节点的通信距离造成影响,同一节点在室内与室外的通信距离有明显差别,但经过改进后的节点由于发射功率和接收灵敏度均有提高,故各种环境下通信距离均高于改进前的节点。而且,在室外实验中,虽然傍晚的干扰环境会对节点造成影响,但改进后的

无线传感器网络节点在通信能力上较原节点仍有明显提高。

另外，在室外通信距离实验中还对改进前后无线传感器网络节点进行了接包率对比，如图7.37所示，改进后节点的通信可靠性明显优于改进前节点。主要原因有两方面：一方面是改进后节点发射功率得到提高，因此信号的信噪比随之提高，误码率及丢包率相应降低；另一方面，多信道通信技术使节点总是利用质量最好的信道进行通信，避开了受干扰严重的信道，进而提高了通信的可靠性。

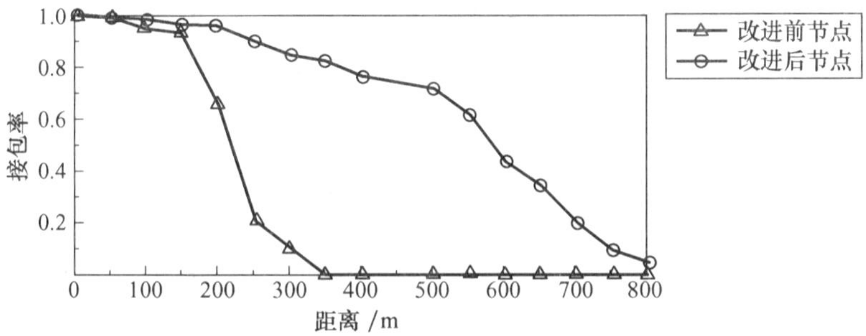

图7.37 节点可靠性实验数据对比

7.2 用于矿井安全的无线传感器网络系统

我国煤矿开采方式主要还是以井工开采为主，我国煤矿具有井下环境的特殊性、条件的多变性且多数矿井都有瓦斯、煤尘、火灾等隐患的特点。同时我国的煤矿又比较分散，生产不集中，且大部分的小型煤矿生产技术和设备水平都相对较低，抵抗灾害的能力差，这也给我国煤矿企业的安全生产带来了很大的阻碍，所以保证矿井中的生产安全意义重大。

据国家煤矿安全监察局的不完全统计[21]，进入21世纪后的近10年间，我国每年发生的煤矿事故达数千起。通过对我国煤炭开采各方面情况的了解和分析，其中的一个重要原因就是我国煤炭开采中使用的安全监测系统和国外相比还有较大的差距，并且安全监测系统的配备和利用也不够理想。

与前几年相比，我国煤炭企业在煤矿开采作业中安全监测系统的使用情况已相对较好，这也使我国的煤炭百万吨死亡率在2009年首次降到1以下，达到了0.892。但是我国目前使用的安全监测系统主要还是以现场总线为主，通过有线方式进行信息数据的收集和传输，这在矿井这个特殊的环境下存在许多的弊端。目前矿井安全监测系统存在的问题有：

（1）井下监测点数量有限，重点区域存在监控盲区。

（2）传感器接入不灵活，随着矿井中挖掘的深入，传感器无法实现快速跟进。

(3) 一旦有线网络发生故障或遭到破坏,系统就会瘫痪,可能造成严重的后果。

近几年,屡屡发生的矿难事故增强了人们在高危环境中的安全意识,国家和社会也对矿井开采工作中的安全问题高度重视,投入很大精力在安全隐患的防治工作上。随着无线传感器网络技术的日渐成熟,成为解决矿井开采中安全问题的有效途径。无线传感器网络具有自组织、扩展方便、节点不受限制等特点,正好可以弥补目前矿井安全监测系统存在的缺点。其使用的ZigBee协议具有低功耗、低成本的特性降低了节点大量布置的成本,且采用电池供电就可以维持节点使用几个月到几年的时间。无线传感器网络技术的出现,为我国现阶段矿井安全监测系统存在的问题提供了很好的解决方案,在未来基于无线传感器网络的安全监测系统一定会在矿井开采中得到广泛使用[3-4]。

7.2.1　无线传感器网络技术应用于矿井安全监测的可行性

煤矿的安全问题关系到矿井开采中广大工人的安全和社会的稳定。如何遏制频发的矿难,也成为了煤矿企业、国家和社会关注的重点。国家首先提出了煤炭企业改革,并在“十一五”期间加快推进了结构的调整,将条件不达标的煤矿进行关闭,鼓励大型煤矿对中小型煤矿进行兼并重组,取得了不错的成效。这一措施不仅减少了事故隐患,而且也优化了行业的产业结构,提高了我国的煤炭产能。

除了对煤炭行业进行整合外,国家在近几年还加大了对矿井开采过程中安全监测监控系统和安全救灾系统研究的投入[24-25]。我国的煤矿安全监测技术研究起步比较晚,在20世纪80年代,首先从当时矿井监测技术比较成熟的美国、德国、英国等国家引进了几套综合性监测系统。后来通过对引进系统技术的研究和吸收,同时结合我国矿井的地质结构情况,开发了KJ2、KJ4、KJ66、KJ92等一系列的监控系统。随着电子及计算机技术的发展,工业总线技术得到普遍的应用,又推出了一批安全监测系统如KJ95、KJF2000等,并在煤矿上装备使用。随着国家和社会对煤炭资源开采过程中安全问题的重视,我国的安全监测系统的研究也上了一个新的台阶。现阶段我国的监测系统主要是以工业总线为基础构成的有线监测网络,能够通过网络实时监测矿井下的各种环境信息。这些安全监测系统为煤矿开采工作的工人提供了相对可靠的保证,但是如上所述,其在功能实现方面还有一定的缺陷[26]。

随着传感器技术、无线通信技术等的发展,无线传感器网络在煤炭应用领域也得到了越来越多的关注。无线传感器网络的网络自组织、结构灵活、以数据为中心等特点都很适合矿井开采环境监测领域的应用,ZigBee技术的低功耗、高可靠性等也为系统的维护和安全性方面提供了保证[27]。

最近几年,国内外对无线传感器网络的领域应用研究热情高涨,取得了丰硕的成果[28-30]。美国在矿井安全监测领域的研究正在开展中,矿业安全管理部门正致力于矿用无线传感器网络定位与通信的相关研究[31];在加拿大,知名的矿山企业 INCO 公司 20 世纪末就开始对基于地下无线通信和精确定位系统的无线智能采矿技术进行研究,并且 21 世纪初该技术已经在萨德泊里盆地的几个矿井中开始使用;在我国,一些学校和科研单位正逐步地进行相关的研究,中国矿业大学在 2007 年和 2009 年分别获得了国家自然科学基金资助的“矿井工作面无线传感器组网技术”和“矿井救灾通信系统”等项目,将无线传感器网络技术应用于矿井安全监控和安全救灾项目中。相信在未来几年无线传感器网络将会在煤矿的环境监测领域得到广泛的应用,使我国矿井生产过程中的安全监测水平有较大的提高,工人的生命安全得到更充分的保障。

我国采用 2.4 GHz 作为 ISM 频段,在该频段上常用的无线通信技术有 Wifi、蓝牙、ZigBee 等。Wifi 技术使用的是 IEEE 802.11b 通信协议,数据传输速率最大可以达到 10 Mb/s,传输距离达到 10 ~ 100 m,但是其功耗较大,普通电池只能维持节点一周左右的使用时间。蓝牙技术使用 IEEE 802.15.1 通信协议,传输速率为 1 Mb/s,传输距离只有 10 m,且节点耗能大、成本较高。ZigBee 技术采用的是 802.15.4 通信协议,传输速率较低,为 250 Kb/s,传输距离一般在 75 ~ 100 m,ZigBee 主要的特点是功耗低,普通电池的寿命可达半年至数年之久。针对无线传感器网络矿井安全监测系统需要大范围布局、可扩展性强、低功耗、高可靠性等要求,Wifi 和蓝牙技术并不适用于矿井安全监测系统的应用。ZigBee 技术采用自组网,可随意扩展,且功耗只有几毫瓦,成本相对较低,适合大范围布局,这些特点都符合无线传感器网络矿井安全监测系统的要求,非常适合在矿井安全监测系统中进行应用[32-34]。

ZigBee 无线传感器网络在矿井安全监测中的应用与目前常用的安全监测系统相比,有无法比拟的优势。主要表现在:

(1) 首先无线传感器网络采用自组织网络,有很好的扩展性,随着煤矿的挖掘进程深入可以随时布置新的传感器节点并及时加入到网络中。

(2) 传感器节点的布置位置灵活,解决了有线网络中节点布置受线路的影响,有效地避免了有线通信网络中容易出现的监测盲点现象。

(3) 当一个节点出现问题的时候,系统可以自己重新构建网络,减少了由于线路出现问题导致的安全隐患。

无线传感器网络的这些特性,很好地弥补了上一代安全监测系统的不足,对整个煤炭行业生产环境的安全监测领域意义重大。

7.2.2　安全监测系统硬件设计方案

1. 总体框架

根据我国矿井的结构和分布的特点，应用于矿井安全监测系统的无线传感器网络应具备以下特点[35]：

(1) 能够及时收集各种相关的环境信息数据，并在环境数据超出范围，出现安全隐患的时候发出警报。

(2) 煤矿的巷道狭长，无线传感器网络拓扑结构适宜选择树型结构。

(3) 随着巷道向深处挖掘，需要及时增加监测点，整个网络的结构要能够随时扩展和延伸。

(4) 矿井安全监测系统需要大范围布置节点，要求传感器节点成本低。

(5) 传感器节点设备采用电池供电，所以要求节点在工作中的功耗性低。

(6) 矿井巷道曲折狭长，巷道中有大型机电设备以及堆放的杂物，系统在无线通信过程中往往会受到较强的干扰，所以要求系统具有较强的抗干扰性能。

基于上述矿井安全监测系统的要求，相关的系统方案设计如图7.38所示。

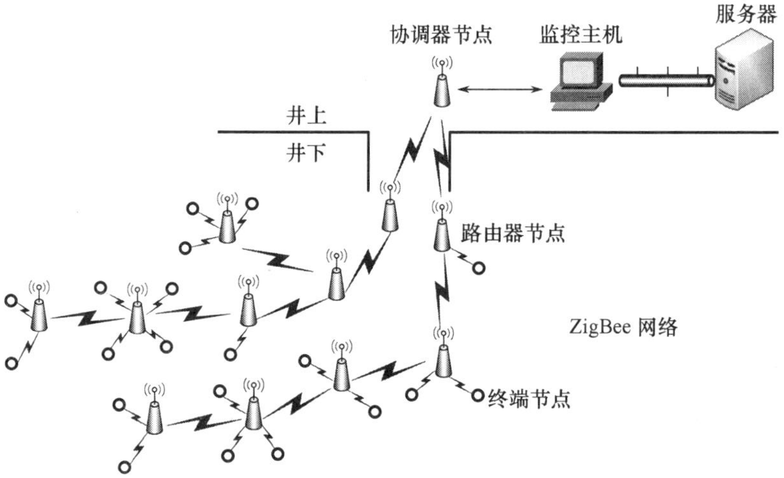

图7.38　基于ZigBee技术的矿井安全监测系统

树型拓扑结构的缺点是维护能力较差，煤矿井下的复杂环境又易造成节点的损坏。如果网络中某段的路由节点不能正常工作的话，可能导致部分终端节点与网络的联系中断，所以在巷道中布置路由节点的时候可以采用双路径网络。当网络某个路径中的路由节点损坏时，可以采用另一条路径继续通信，使系统能够更可靠地运行。

矿井安全监测系统井下部分为由节点构成的ZigBee网络，包括路由节点和传感器终端节点。终端节点上使用瓦斯传感器、温度湿度传感器等对井下相关环境数据进行采集，并通过ZigBee网络发送给井上的协调器节点。协调器节点与监控计算机相连，通过串行接口将数据传输给监控计算机。监控计算机可以对数据进行实时监测，并能够通过以太网将数据传送给其他设备或服务器。

考虑到无线矿井安全监测系统的低功耗和可靠性等要求，传感器节点采用低耗能、性能稳定的PIC18F4620单片机和外围电路简单、支持ZigBee协议的CC2420射频芯片进行硬件平台的方案设计，其设计结构如图7.39所示。

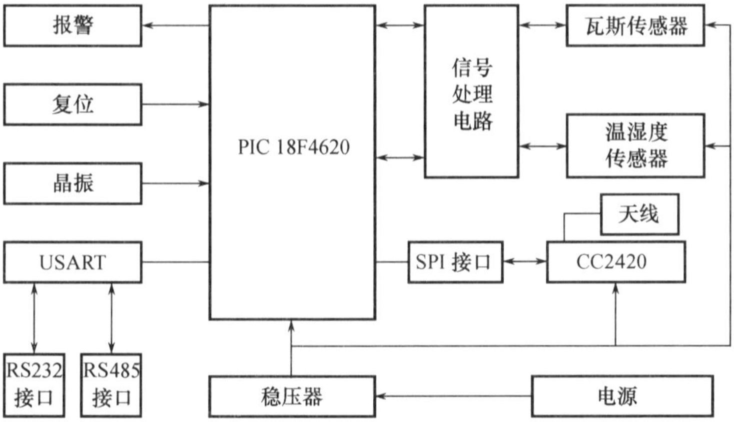

图7.39 节点硬件结构

该节点硬件平台以PIC18F4620单片机和CC2420无线射频芯片为核心，在PIC18F2620上扩展出SPI接口与CC2420进行连接，它们之间采用主从模式进行通信，同时还在外围扩展了RS232和485接口电路。针对矿井安全环境因素，系统主要采用瓦斯传感器和温湿度传感器对矿井环境相关数据信息进行采集，传感器采集的数据经过信号放大、A/D转换等处理后传输给控制器。然后节点利用CC2420射频收发器通过无线通信网络将数据发送给中心节点，当数据值超标，产生安全隐患时启动报警装置发出警报。节点采用9V电池供电，通过稳压器将电压输出转换为系统可用电压，为节点提供能量供应。

2. 基于矿井应用的主要传感器

引起矿难事故的环境因素很多，温湿度、瓦斯、振动、明火及粉尘等都是导致煤矿事故发生的影响性因素。在这些环境因素中，瓦斯和温湿度是最为重要的因素。

1) 瓦斯传感器

矿井瓦斯是指在煤矿的生产过程中，从煤河岩层内涌出的气体的总称。它的主要成分是烷烃，其中绝大部分是甲烷(CH_4)，还有少量的乙烷、丙烷、丁烷等。在空气中当瓦斯浓度达到5%～16%之间的时候，遇到明火就会发生爆炸，从而威胁到矿工的生命安全。

瓦斯传感器的主要任务是将环境中的瓦斯浓度进行转化，变成相应的电信号。系统选用MJC4/3.0L瓦斯传感器作为终端节点采集瓦斯数据的设备，该传感器具有响应速度快、线性输出、可重复性好、工作稳定等特点。传感器采集到的数据要经过信号处理电路和A/D转换电路，把数据转换成适宜传输的数字量，其实物图和基本测试电路如图7.40所示。MJC4/3.0L型瓦斯传感器属于催化燃烧式传感器，催化检测元件内部是一个铂丝线圈和包裹的氧化铝，外面敷有一层催化层，铂丝通电使检测元件保持高温，若有甲烷气体，就会在催化剂层发生催化燃烧反应，放出热量，铂丝受热温度升高电阻值变大。

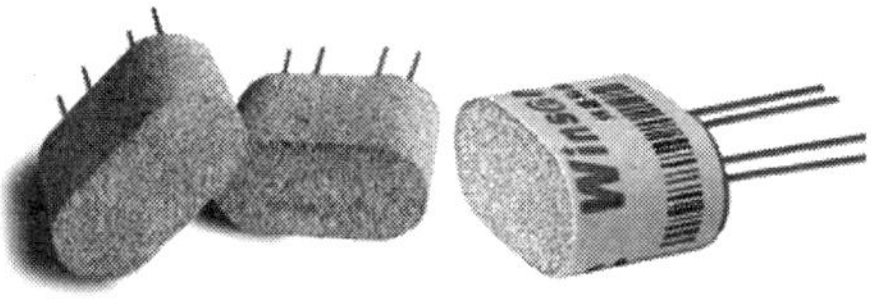

(a) 实物图

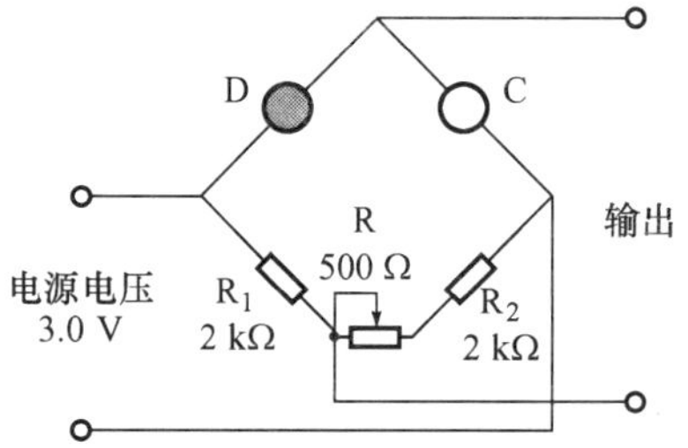

(b) 基本电路

图7.40　MJC4/3.0L型瓦斯传感器

在实际应用中，一般采用电桥输出，电桥中黑元件为催化检测元件；白元件没有催化层，为补偿元件。当环境中的甲烷气体浓度增大时，检测元件由于催化燃烧反应导致电阻值变大，电桥的输出也随之变化。

MJC4/3.0L瓦斯传感器的工作电压为3.0±0.1 V，工作电流为110±10 mA，可用电池供电。具有响应速度快、可重复性好等特点，并具有良好的可靠性和稳定性。MJC4/3.0L瓦斯传感器的具体技术参数见表7.10。

表 7.10 MJC4/3.0L 瓦斯传感器的技术参数

参数属性		参数值
工作电流/mA		110 ± 10
工作电压/V		3.0 ±0.1
灵敏度/mV	1% 甲烷	20 ~ 40
	1% 丁烷	30 ~ 50
	1% 氢气	25 ~ 45
线形度/%		≤5
测量范围/% LEL		0 ~ 100
响应时间/90%		小于 10 s
恢复时间/90%		小于 30 s
使用环境		-40 ~ +70 ℃ 低于 95% RH
储存环境		-20 ~ +70 ℃ 低于 95% RH
外形尺寸/mm		MJC4/3.0L:9.5 × 14 × 19

MJC4/3.0L 瓦斯传感器的输出电压会随着温度、湿度等数据的变化出现较小的变化，图 7.41、图 7.42 为在正常空气中和 1% 浓度的甲烷的空气中温度和湿度对该传感器输出的影响。

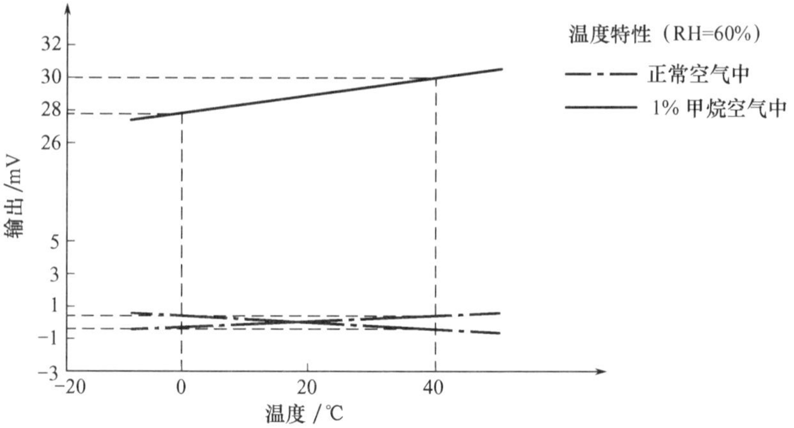

图 7.41 MJC4/3.0L 瓦斯传感器温度特性

传感器得到的模拟量为 mV 级的电压值，要先用信号放大电路将信号放大到 V 级值，然后经过 A/D 转换芯片得到相应的数字信号才能进行数据传输。

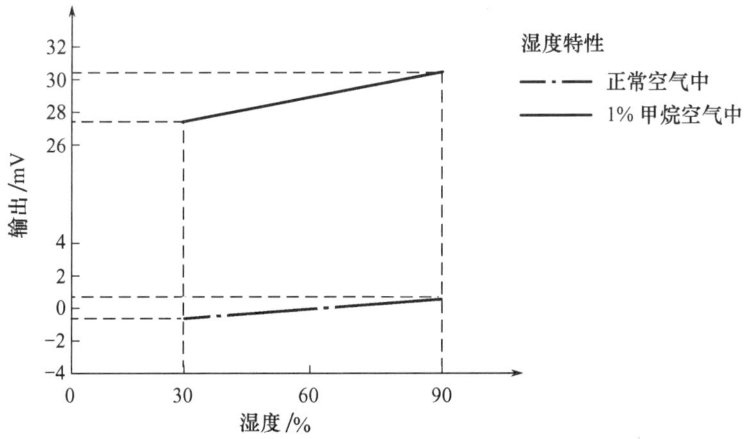

图7.42 MJC4/3.0L瓦斯传感器湿度特性

考虑到节点设备的低功耗,瓦斯传感器采用AD602运算放大器对MJC4/3.0L的输出信号进行放大。AD602运算放大器由美国AD公司开发,具有低功耗、体积小、工作电源范围广等特点,适宜在监测设备、传感器接口等应用中使用。采集到的信号经信号放大后的数据由ADC0809转换成数字信号传送给单片机。ADC0809采用5 V电源供电,功耗为15 mW,满足设备的低功耗的需求。瓦斯传感器数据转换电路结构如图7.43所示。

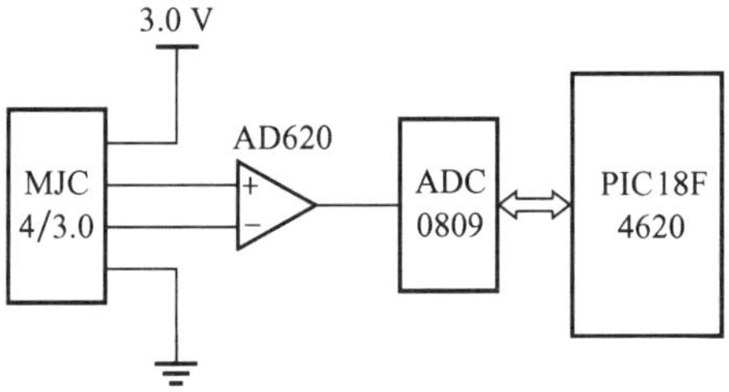

图7.43 瓦斯传感器数据转换过程

2）温湿度传感器

矿井内的温度和湿度对矿井的安全生产也有较大的影响,本方案中采用SENSIRION公司的SHT11温湿度传感器来实现对环境中的温度和湿度数据的采集。SHT11单芯片传感器采用COMS电路,只有一个火柴头大小,该芯片集成了传感器元件、A/D转换器和串行接口。其中传感器元件有两个:一个电容式聚合体的测湿元件和一个能隙式的测温元件,实物和内部结构如图7.44所示。SHT11的供电电压为2.4～5.5 V,测量分辨率分别为14位(温度)和12位(相对湿度),为了降低功耗可以分别降至12位和8位。该传感器具有很高的可靠性和稳定性，同时具有抗干扰性强、性价比高等优点。

(a) 实物图

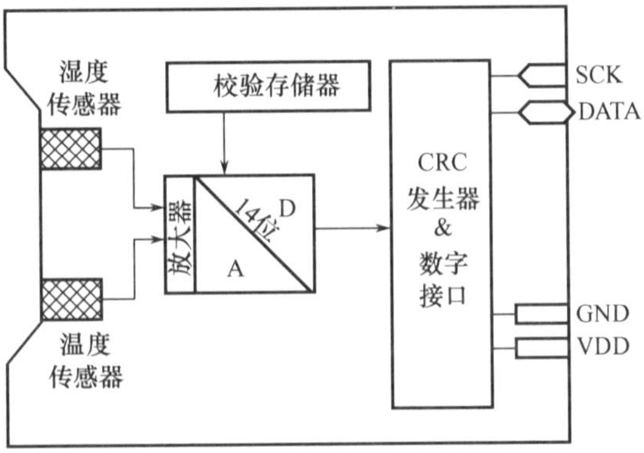

(b) 内部结构图

图 7.44 温湿度传感器 SHT11

温湿度传感器芯片内部集成了 A/D 转换电路和串行接口电路，所以不用对数据进行额外的处理，输出的数据可以直接传送给控制器。SHT11 温/湿度传感器与控制器的接口电路如图 7.45 所示，CLK 用于传感器与控制器的同步通信，可用 I/O 口的模拟时钟实现，DATA 为三态门串行输入/输出口，在 CLK 上升沿有效。为了避免数据传输时的冲突，增加上拉电阻。

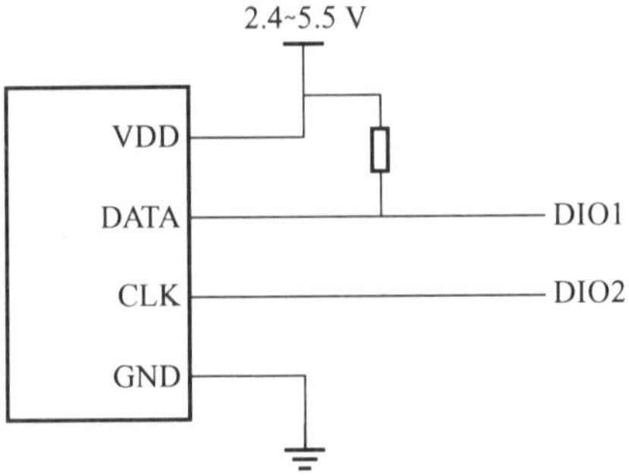

图 7.45 温湿度传感器 SHT11 接口电路

在需要测量数据的时候，控制器发送一组时序对器件进行初始化，然后发送一组 8 位的测试命令。命令包括 3 位地址位和 5 位命令位，SHT11 目前支持的地址位为 000，命令位包括对传感器的选择和状态寄存器的读/写等，使用的命令集见表 7.11。

表 7.11 SHT11 命令集

代码	命令
11110	复位
00101	湿度测量
00011	温度测量
00111	读状态寄存器
00110	写状态寄存器

SHT11 温湿度传感器输出的数据量需要一定的公式转化才能与真正的物理量相匹配。其中湿度传感器的输出值与实际的相对湿度呈非线性关系，要得到相对湿度首先要对其进行修正，修正公式为

$$RH_{\text{linear}} = C_1 + C_2 \cdot SO_{\text{RH}} + C_3 \cdot SO_{\text{RH}}^2 \tag{7-32}$$

式中，SO_{RH}为输出值，C_1、C_2、C_3 为输出值修正系数，见表 7.12。

相对湿度的输出值以温度为 25 ℃为标准，所以其真实值还要考虑温度补偿，转换公式为

$$RH = (T_{\text{C}} - 25) \cdot (t_1 + t_2 \cdot SO_{\text{RH}}) + RH_{\text{linear}} \tag{7-33}$$

式中，T_{C} 为当前温度值，t_1、t_2 为温度修正系数见表 7.12。

表 7.12 湿度传感器温度修正系数

SO_{RH}	C_1	C_2	C_3	t_1	t_2
12 位	-4	0.0405	-2.8×10^{-6}	0.01	0.000 08
8 位	-4	0.648	-7.2×10^{-4}	0.01	0.001 28

温度传感器的输出值与实际温度呈线性关系，其公式为

$$T_{\text{C}} = d_1 + d_2 \cdot SO_T \tag{7-34}$$

式中，d_1 为输出值修正系数，见表 7.13；d_2 为分辨率修正系数，为 0.01(14 位)或 0.04(12 位)。

表 7.13 温度传感器分辨率修正系数

VDD/V	5	4	3.5	3	2.5
d_1	-40.00	-39.75	-39.66	-39.60	-39.55

7.2.3 软件设计与实现

1. 开发环境

应用层程序是由 MPLAB IDE V8.63 开发工具实现的。MPLAB IDE 是 Microchip 公司用于 PIC 系列单片机应用编程的集成开发环境。MPLAB IDE 可以用其内置的编辑器编辑源代码，使用汇编语言或 C 语言进行编程，用 C18 编译器进行编译操作。程序通过 MPLAB ICD 2 仿真器进行在线仿真和向单片机中烧写[36]。

ZigBee 协议栈由 Microchip ZigBee Stack V 1.0-3.5 来实现。能够在 PIC18 系列的单片机上进行移植应用，并支持各种 ZigBee 网络拓扑结构，能够实现全功能设备和精简功能设备的功能。

2. ZigBee 协议栈程序

ZigBee 协议栈是随着 ZigBee 无线通信协议规范不断发展的，ZigBee 协议栈 Microchip ZigBee Stack V 1.0-3.5 在原始 ZigBee 协议栈的基础上完善。而为 ZigBee 协议栈创建的节点至少要满足以下条件：一个带有 SPI 接口的单片机、一个带有外部元件的无线射频收发器和一根天线。ZigBee 协议栈中包含多个源文件，有的是 ZigBee 应用程序所公用的，有的则是提供给某些特定的应用程序所用。

在 ZigBee 协议栈的源文件中，ZigBeeStack 文件夹中的源文件是 ZigBee 应用程序经常要用到的文件，主要包含的文件见表 7.14。还有一部分根据应用程序的功能特点所特有的文件，在本系统中根据节点设备的功能不同，均有各自的应用层程序文件：Coordinator.c、Router.c 和 RFD.c。这三个文件分别是协调器节点、路由节点和终端节点的应用程序，分别实现了各自的功能。

表 7.14 ZigBee 协议栈源程序文件

文件名	文件说明
zigbee.h	声明 ZigBee.c 中用到的函数，定义协议常量
ZigBeeTask.c & ZigBeeTask.h	对协议栈各层程序的执行流程进行控制
Console.c & Console.h	串口通信的接口参数配置执行文件
MSPI.c & MSPI.h	SPI 接口通信的配置及执行文件
SymbolTime.c & SymbolTime.h	为 ZigBee 协议栈工作时提供计时功能和时间信息的文件
zAPL.h	ZigBee 应用层接口的头文件，定义了应用支持的 API
zAPS.c & zAPS.h	ZigBee 协议应用支持子层的源文件

续表

文件名	文件说明
zMAC. h	ZigBee 使用的 IEEE 802.15.4 介质访问层通用头文件
zMAC_CC2420. c & zMAC_CC2420. h	针对 CC2420 无线收发芯片的 IEEE 802.15.4 介质访问层文件
zNWK. c & NWK. h	ZigBee 协议网络层源程序文件
zPHY. h	ZigBee 协议 IEEE 802.15.4 PHY 层通用头文件
zPHY_CC2420. c & zPHY_CC2420. h	针对 CC2420 无线收发芯片的 IEEE 802.15.4 物理层源程序文件
zZDO. c & zZDO. h	ZigBee 协议的 ZDO 层源文件

3. 节点程序设计

在 ZigBee 技术基础上的矿井安全监测系统的应用开发中，整个无线传感器网络的程序设计框架主要在功能实现上分为传感器终端节点、路由节点和协调器节点的程序设计。传感器终端节点的应用层程序实现的主要功能是通过瓦斯传感器和温湿度传感器来实时获取矿井内相应的环境数据信息，并将数据发送给协调器节点；路由节点应用层程序主要任务是网络路由的维护、节点的管理和数据的传输等；协调器节点的任务是创建及管理整个网络，并将从传感器节点传输来的数据通过串行口传输给监控计算机，同时将控制命令发送给网络中的节点。

在矿井安全监测系统中，对于实现不同功能的协调器节点、路由节点和终端节点，它们的应用程序都是通过调用原语，通过改变原语的状态使 ZigBee 协议栈的各子层实现相应的操作来实现的。在程序的初始阶段都要先对看门狗、硬件、协议栈及其他部分进行初始化操作，具体编程如下：

```
void main(void)
{
    CLRWDT();                              //清看门狗
    ENABLE_WDT();                          //使能看门狗定时器
    currentPrimitive = NO_PRIMITIVE;
    ConsoleInit();                         //串口的初始化操作
    HardwareInit();                        //硬件的初始化，包括定义及设置变量
    ZigBeeInit();                          //协议栈的初始化
    ……                                     //其他初始化设置
    ……                                     //功能任务程序
}
```

节点进行初始化后,协调器节点要建立并维护网络,路由节点和终端节点在协调器建好网络后搜索并加入网络,负责各自在网络中的任务。根据各自节点的需求不同,对应用层程序进行设计以实现相应的功能。

1) 协调器节点程序设计

协调器节点作为网络的中心节点,是无线传感器网络和和监控计算机的纽带。它一方面要创建网络,对网络地址进行分配,并维护网络状态;另一方面要在收到数据请求时从终端设备节点读取数据信息,并将这些数据传送给 PC 机。在协调器节点开始运行后,要先对 PIC 单片机和 CC2420 芯片进行初始化操作,然后创建网络并对网络进行监听,将接收到的数据发送给监控计算机。节点的程序流程图如图 7.46 所示。

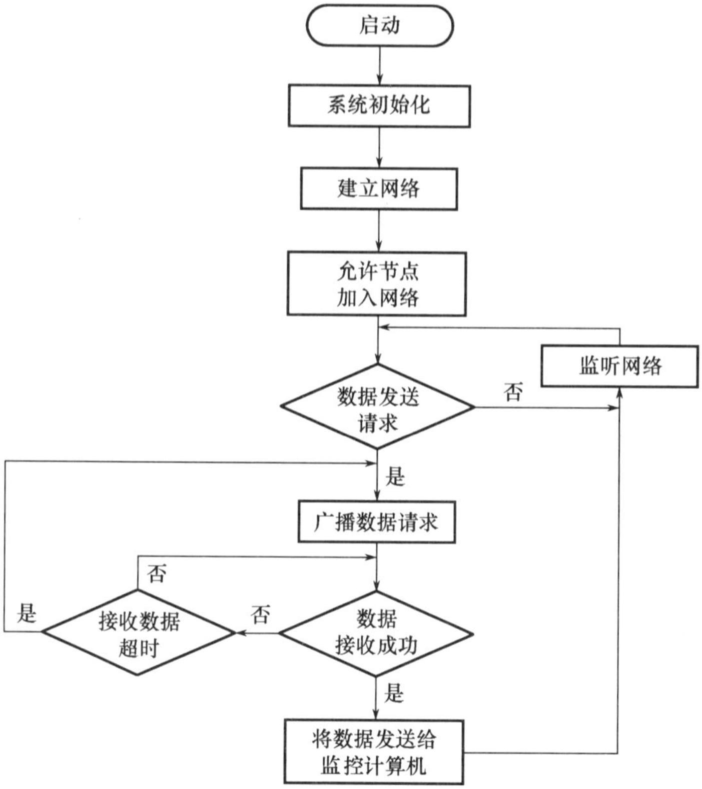

图 7.46 协调器节点程序流程图

2) 路由节点程序设计

终端节点和协调器节点之间可能因为距离等问题无法直接进行数据的传输,路由节点的功能主要是帮助协调器节点建立完整的网络,管理网络中传感器节点以及对网络中传输的数据信息进行转发,相当于一个网络中继站。在网络管理方面，当协调器节点创建网络以后，路由节点要搜索并加入网络，然后管理其覆盖范围内的传感器终端节点加入或离开网络。该节点的软件流程图如图7.47所示。

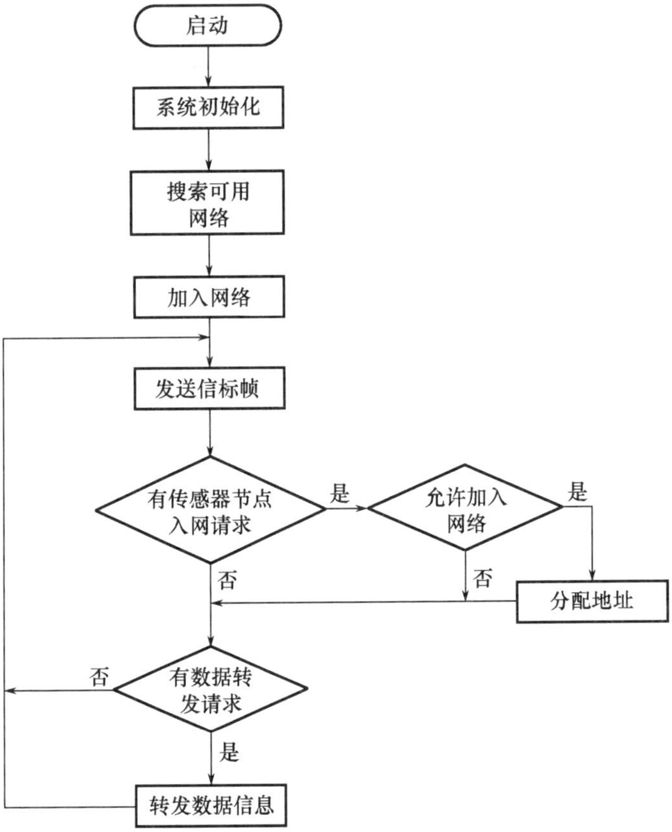

图7.47　路由节点程序流程图

3）终端节点程序设计

系统的终端节点实现的功能是利用节点上的传感器对环境对象的数据进行感知和采集，对采集的数据进行一定的处理，然后通过CC2420射频芯片将数据通过网络发送给协调器节点。终端节点在收到协调器节点的数据请求命令后才会进行相关数据的采集和发送，在没有数据请求的时候处于休眠状态，以减少能量消耗。终端节点的软件流程图如图7.48所示。

4. 网络自组织过程

整个监控系统都是建立在网络的基础上的，所以ZigBee网络的建立是所有工作得以进行的前提。在ZigBee网络中，只有协调器节点才能够创建新的网络，网络的建立过程是通过原语来实现的。当协调器节点上电开始工作后，其应

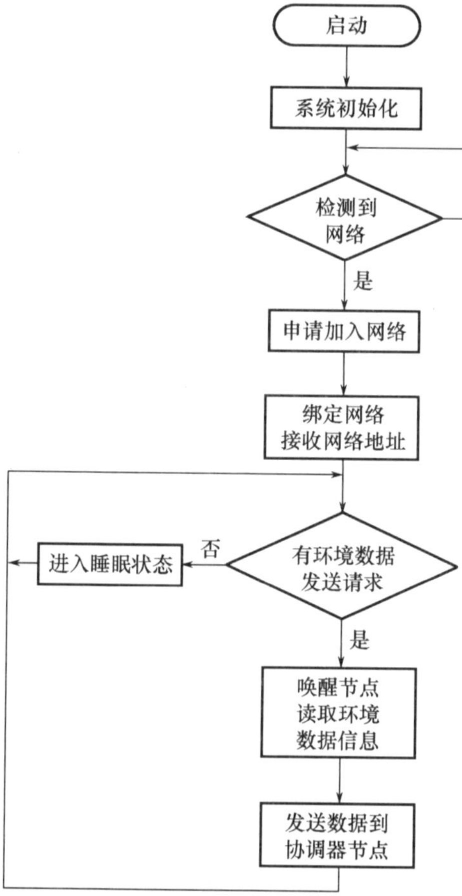

图 7.48 终端节点程序流程图

用层便通过 NLME_NETWORK_FORMATION. request 原语来请求发起新网络的建立,网络层收到请求后通过 NLME_SCAN. request 请求介质访问层对信道进行扫描,介质访问层扫描后将可用的信道用 NLME_SCAN. confirm 原语报告给网络层,网络层再次发出 NLME_SCAN. request 请求介质访问层搜索其中使用最少或未使用的信道,并将结果再次回传给网络层。协调器对使用的信道确定一个 PAN ID 和 16 位的网络地址,其中 PAN ID 应该在 0x0000 ~ 0x3fff 之间。然后网络层向介质访问层发出 MLME_SET. request 命令对这些参数进行设置,收到介质访问层的确认后再向介质访问层发送 MLME_START. request 原语,请求启动新建立的网络,经确认后通过 NLME_NETWORK_FORMATION. confirm 向应用层报告结果。协调器创建新网络的流程如图 7.49 所示。

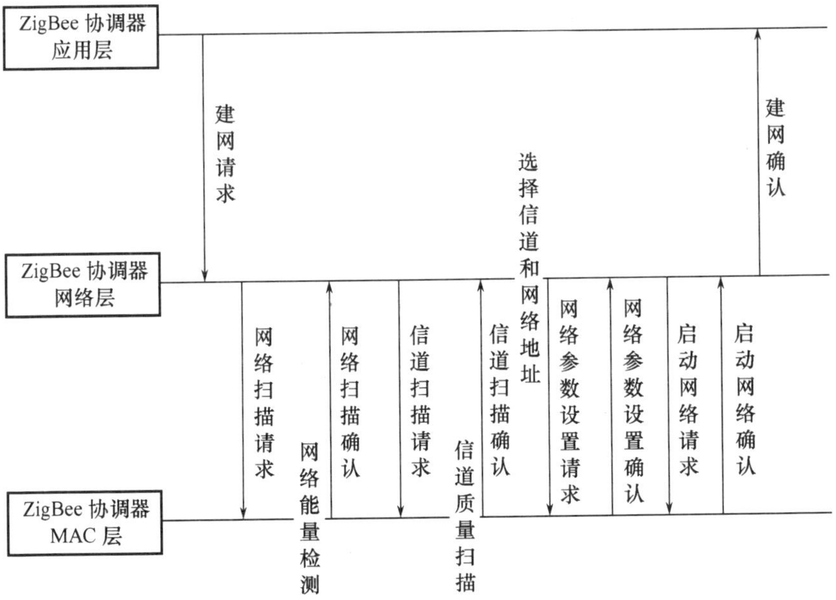

图 7.49 协调器新网络的建立流程

新的 ZigBee 网络建立后，其他节点都要加入这个网络中，ZigBee 网络中节点的加入方式有两种：父节点主动邀请和子节点主动关联。父节点主动邀请加入方式中，父节点要已知子节点的伪扩展地址，并根据地址与其建立父子关系，这一过程不需要子节点的参与；子节点主动关联方式中父节点处于等待状态，子节点通过网络发现和节点关联来加入网络。在这一过程中，子节点首先向网络层发送 NLME_NETWORK_DISCOVERY. request 原语请求网络关联，网络层要求介质访问层进行信标信息扫描，并将扫描到的信息报告给应用层；应用层选择要加入的网络，向网络层发出 NLME_JOIN. request 原语进行关联请求，网络层找到要加入的网络中到协调器路径最近的父节点并进行关联，最后将关联结果返回子节点的应用层，完成网络中节点的加入。整个网络建立完成后就可以等待数据并请求进行数据传输。

7.2.4 系统抗干扰性能分析

1. 系统的干扰源

在煤矿的开采过程中，安全监测系统是矿井安全生产的一双“眼睛”，是对矿工生命安全的重要保障。由于矿井下环境条件的特殊性，使得安全监测系统受到各种各样因素的干扰，对无线通信系统的影响极大。随着生产过程中大型的电气设备、大功率变频器以及其他无线设备的普遍使用，给安全监测系统的抗干扰性能带来了很大的挑战，这也是近年来无线传感器网络在矿井安全监测领域得不到广泛应用的原因之一。在安全监测系统中干扰形式主要表现为在正常传输的信号中夹杂着非预期的尖峰脉冲，这些脉冲可能导致系统的监测数据失真及错误报警等情况。在 ZigBee 无线传感器网络逐渐得到关注和广泛使用的今天，有效地抑制各种干扰，提高监测系统的抗干扰性能也是迫切需要解决的问题之一。

在矿井的开采环境中，系统受到干扰的干扰源主要有以下几种：

（1）电磁感应干扰。在矿井的生产现场，开采设备都是大功率的电器设备。这些设备在工作过程中无规律地启动和停止，还有防爆开关等设备内的电压互感器、电流互感器上电压电流的频繁变化，都会产生较大的电磁感应干扰，影响监测信号。同时，随着采掘设备需求的不断升高，上千伏的高压线缆将直接进入矿井工作场合中，井下长距离吊挂的高压线缆会产生较强的干扰电压，对安全监测系统的稳定性会产生一定的影响。

（2）噪声干扰。采矿设备一般是 24 小时不间断工作，工作过程中会产生强大的噪声。在通信系统中，电器噪声也是影响通信质量的因素之一。

（3）多径干扰。多径干扰是指由于井下巷道弯曲不平、空间狭小，信号在传输过程中通过巷道时，会被粗糙不平的巷道壁以及巷道中的物体反射和散射。设备接收到的信号除了直接到达的信号外，还有来自于不同路径的反射和散射信号，这些信号会导致有效信号的衰落和相移，影响通信的质量。

（4）其他无线通信系统的干扰。在无线通信领域，除了 ZigBee 为代表的无线传感器网络外，还有蓝牙、GPRS、Wifi 等都在使用无线方式进行通信。蓝牙、Wifi 网络等通信技术也和 ZigBee 一样，使用的是无需授权的 2.4GHz ISM 频段信号。随着无线通信技术越来越广泛的应用，ISM 频段会日益拥挤，各种系统间的干扰也将不可避免地出现。

（5）因为在矿井环境中无线通信系统受到干扰较强，并且干扰因素复杂，所以需要从多方面采取措施来抵抗外界的干扰。在系统的设计中要全面考虑，从硬件、软件以及路由协议等方面同时入手，尽可能地提高系统的抗干扰能力，使系统能够稳定、可靠地运行。

2. 硬件抗干扰措施

干扰源要对系统产生影响，还要具备干扰途径和敏感元件等条件，加强硬件电路的抗干扰能力主要是降低硬件电路元件对干扰源的敏感程度，从而减小干扰源对系统的影响。硬件电路的抗干扰措施主要包括以下几个方面：

（1）PCB 布局。PCB 上集合了系统中主要的器件和信号线，PCB 的布局好坏对系统硬件的抗干扰能力有举足轻重的作用。首先，PCB 的尺寸大小要合适。尺寸过大会导致阻抗增加，抗噪声能力下降；尺寸过小则临近线条之间容易引起干扰，且散热性能不好。PCB在线路布局时相关联的元件和线路尽量靠近在一起，这样可以缩短引线长度；同时布线时要尽量减小回路的面积，以达到降低回路感应噪声的目的。对于PCB空置的部分进行敷铜处理，这也可以减小地线的阻抗，提高其抗干扰能力。

（2）去耦电容。在电路中比较重要的位置增加去耦电容，可以有效地提高电路的抗干扰能力。去耦电容可以滤掉电路中的电压扰动，提高系统的可靠性和稳定性。

（3）看门狗定时器。PIC单片机内置了一个看门狗定时器（WDT），它是一个自振式的RC振荡计时器。当系统工作并且看门狗打开时，系统会定期通过CLR WDT指令清除DWT的计数值，当由于某种干扰导致系统的程序失控时，DWT的计数值不能得到及时的清除，就会导致数值溢出，从而产生RESET信号使系统复位。这有效地避免了由于干扰等因素引起的系统瘫痪。

3. 软件抗干扰措施

1）软件陷阱

在程序存储器中，往往有一部分空间并未写入程序指令。当运行中的程序由于干扰或其他因素跑飞至这些区域时，就无法继续执行下去从而导致系统故障。为了防止这种故障的出现，可以在设计中采用软件陷阱，将跑飞的程序引导到程序入口地址。

在程序存储器的非程序区，通常使用长转移指令来引入软件陷阱，具体编程如下：

```
NOP
NOP
LJMP 0000H
```

当程序跳入这些区域时，就会执行这几条指令，使程序复位重新运行，有效地避免了程序受到干扰引起的跑飞问题。

2）扩频技术

在本系统中，数据信息在网络中通过CC2420射频芯片进行数据的传递，CC2420在传递数据的过程中采用了直接序列扩频技术[37-38]。扩频通信技术作为无线通信技术的一种方法，具有功耗低、抗干扰性能强并且稳定性好等特点，适合在矿井的环境复杂、干扰噪声大的条件下使用。

在直接序列扩频技术中，先将需要发送的每个字节数据分成两个4位的数据符号，每个数据符号用一个32位的伪噪声码片序列进行编码，扩频后的码片速率可以达到2Mchip/s，共有16个伪噪声码片序列。用扩频后的码片序列直接调制载波信号，将需要发送的数据信息扩展成频带较宽、功率谱密度相对较低的信号。接收端接收到数据信号后用相同的伪噪声码对其进行解扩,则接收到的数据又恢复为原来的窄带数据信号。同时由于干扰信号与扩频码无关,在解扩的同时扩宽了频谱,然后通过滤波技术滤除大部分干扰信号,从而大大提高了系统的抗干扰能力。扩频过程中数据信号和干扰信号的变化示意图如图 7.50 所示。

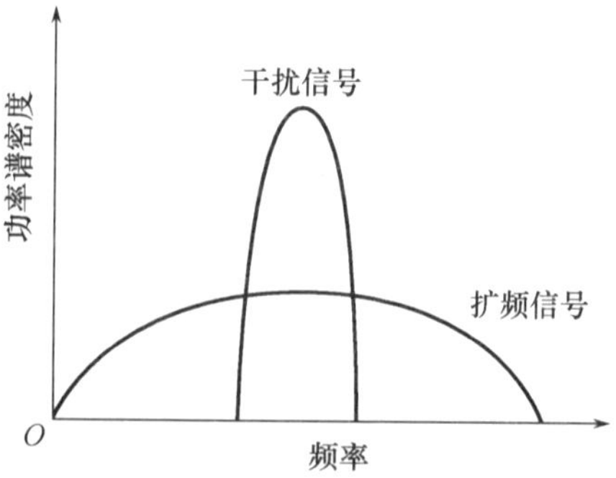

(a) 扩频后信号

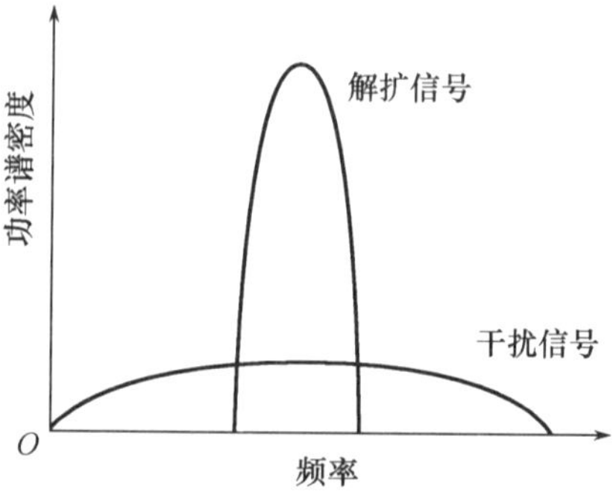

(b) 解扩后信号

图 7.50 扩频技术抗干扰示意图

4. 路由协议的抗干扰分析

由于现在无线网络的布局和应用范围日益增大,ISM 频段也越来越拥挤。以 ZigBee 为代表的无线传感器网络在工作过程中难免会受到频段内各种异构网络的干扰。其中相对于 ZigBee 网络而言,Wifi 网络的干扰最为严重。之前研究人员对于 ZigBee 受异构网络干扰的研究更偏重于其物理层自身的抗干扰性能以及与其他网络的相互协调机制,而针对干扰环境下路由协议的抗干扰性能优化相对较少。下面基于对 ZigBee 影响较大的 Wifi 网络的干扰情况,从路由角度对 ZigBee 的抗干扰性能进行分析。

1) ZigBee 与 Wifi 的信道分配

ZigBee 采用的 IEEE 802.15.4 协议在 2.4GHz 频段共有 16 个信道,在信道

范围内不叠加均匀分布；Wifi 采用的是 IEEE 802.11b 协议，IEEE 802.11 在 2.4 GHz 频段共有 13 个信道，其中 12、13 信道在法国可用。Wifi 的信道带宽为 22 MHz，其两个信道之间的大部分带宽是重叠在一起的，相互之间没有重叠的信道很少。图 7.51 为 IEEE 802.15.4 信道和部分 IEEE 802.11b 信道的分布情况，其中 IEEE 802.11b 选取了不重叠的信道 1、6、11。

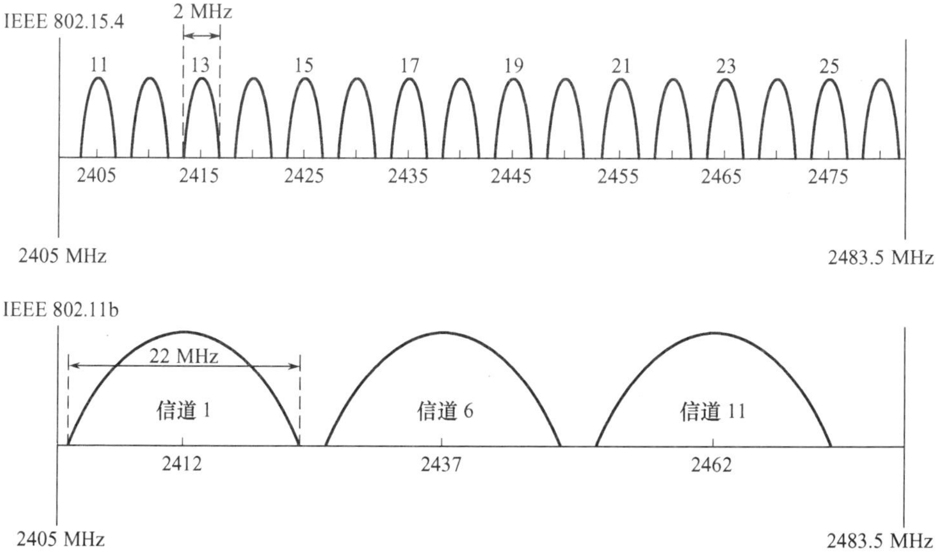

图 7.51　IEEE 801.15.4 和 IEEE802.11b 信道分布

由图中信道的分布情况可以看出，IEEE 802.15.4 信道只有信道 15、20、25、26 等信道与 IEEE 802.11b 不重叠，但在这几个信道上依然有 Wifi 等其他信道的能量存在，所以 Wifi 对 ZigBee 的干扰问题是无法避免的。

2）抗干扰路由策略分析

ZigBee 技术是专门为低功耗、低成本和高可靠性的应用需求而产生的，为了满足这些要求，ZigBee 网络通常采用的路由算法 ZBR 是一种基于 Cluster-tree + AODVjr 的路由算法[39]。

ZigBee 网络的邻居节点是以父子关系的形式存在的。Cluster-tree 算法中，节点在传输数据的时候通过目标节点的网络地址来计算网络分组的下一跳，当目标地址大于本地地址时说明目标节点是该节点的下级设备，则节点将数据分组发送给它的子节点；否则就发送给它的父节点。AODVjr 是一种简化的按需距离矢量（Ad hoc On Demand Distance Vector，AODV）的路由协议，它取消了 AODV 的 HELLO 消息机制，从而控制了路由开销。由于这种路由协议信道固定，结构不够灵活，对于 Wifi 等异构系统的抗干扰能力较弱。

针对 ZigBee 网络受异构干扰的问题，国内外研究人员在路由的优化方面也做过一定的研究[40-43]:刘瑞霞等人基于分簇网络的优势提出了分簇路由协议;Kang 等人提出了一种多信道分簇的信道分配策略,采用多信道能够有效减少网络中节点数据的碰撞;Deuk 等人提出了一种动态簇调整的方法来解决网络中的断簇问题。通过对国内外 ZigBee 网络抗干扰相关研究进行总结和分析,在目前针对 ZigBee 网络的抗干扰路由研究中,抗干扰性能是比较理想的为基于干扰认知的动态多信道切换分簇路由协议(IAMCC)。

在该协议中,整个 ZigBee 网络由多个分簇网络组成,簇间采用多信道分配策略,簇头节点管理该簇的信道分配和切换任务。其主要思想如下:

(1)在组网时,将网络分为多个节点簇,由路由节点担任簇头节点,簇与簇之间相互独立。簇内统一信道,簇与簇之间通过簇头节点进行通信。

(2)簇头节点负责簇内的信道分配,簇内节点数据向上传递以及基站向下的各种指令的传达。

(3)当簇内节点在该信道上受到其他系统干扰时,节点向簇头节点发送信道切换请求,簇头节点收到请求后选择一个合适的信道,然后由簇头节点发起并通知簇内节点进行信道切换。

在多信道切换的过程中,通常是用伪随机函数来产生新的信道,新信道的产生与簇 ID、计数器等有关。当切换到的信道仍然受到干扰时,就进行下一次的信道切换。这种切换方式不仅收敛速度慢,而且信道的切换过程会产生大量额外的能量消耗,不利于 ZigBee 低功耗网络的工作。因此对于新信道的选择策略可以加以改进,在簇头节点需要切换信道时,先收集各个节点可用的频谱资源,并对收集到的频谱资源情况进行分析和计算,选出一个适合簇内各个节点使用的最佳信道,然后向簇内节点发布信道切换要求和新信道的相关信息。这种新信道选择策略可以尽量保证切换后的信道是簇内各个节点都能够使用的,有效地避免了系统受干扰时的信道切换次数,同时降低了能耗。

3)基于干扰认知的多信道簇间路由算法

(1)干扰强度及代价

在使用 2.4 GHz 频段的无线网络中,ZigBee 网络设备的发射功率为 1 mW,即为 0 dBm,Wifi 使用的 IEEE 802.11b 要求的发射功率为 14 dBm。为了给干扰强度制定一个标准,将网络工作过程中检测到的噪声能量定义为

$$e_n = \begin{cases} 0, & e_n \leqslant w \\ e_n, & w < e_n < w + 14 \\ e_n + 14, & e_n \geqslant w + 14 \end{cases} \tag{7-35}$$

式中,e_n 为节点检测到的噪声能量;w 为设备可承受的白噪声能量上限。

当 $e_n \leqslant w$ 时表示节点受到的干扰为白噪声干扰,并不严重;当检测到的噪声能量 $e_n \geqslant w + 14$ 时,表示节点受到严重的干扰,且对其通信质量已经产生很大的

影响。

这里，定义干扰的路由代价函数为

$$C_j = e_n \cdot w_j \tag{7-36}$$

式中，w_j 为节点在单位干扰情况下的抗干扰代价。

通过式(7-36)可以反映，受干扰的强度大小与节点抗干扰的代价是成正比的，在抗干扰路由算法中要考虑干扰强度对应的抗干扰代价。

(2) 信道切换代价

在动态多信道切换分簇策略中，由于干扰源的存在使网络的簇间采用不同的信道进行通信。簇内受到干扰时进行信道切换，采用不同信道的簇间进行通信时也要进行信道切换，这些信道切换都要带来节点能量的损耗和时间延迟。在2.4 GHz 频段内，每10 MHz 的频谱变化将产生一定的延迟和额外的能量损耗，因此在路由算法的设计中要考虑信道切换的代价。在此定义信道切换代价函数为

$$C_s = |S_d - S_s| \cdot w(S_s) \tag{7-37}$$

式中，S_d 为需要切换到的信道频谱；S_s 为信道切换前的频谱；$w(S_s)$ 为一个与原信道有关的改变单位频谱所要消耗的代价。

(3) 路由算法描述及分析

由上述的路由策略分析以及路由代价函数的计算，该路由的建立过程大致如下：

① 源节点在需要建立路由时，首先在路由表中查找目的节点，没有找到则广播一个路由请求；

② 当其他节点收到路由请求后，首先看自己是否为目的节点，若不是则根据代价公式计算出路由代价，然后向邻居节点转发该路由请求，并记录相关信息；如果是目的节点，则选择路由代价最小的路径进行路由答复；

③ 源节点收到路由答复后即可建立路由，进行数据通信。

根据抗干扰路由算法 IAMCC，对 ZigBee 网络性能进行仿真分析。在150 m×150 m 的仿真环境中布置30个节点，在 Wifi 网络干扰模型的构建方面，用与频谱偏差和距离相关的函数来模拟干扰模型。在仿真过程中，干扰强度由改变受干扰的节点数量来表示，通过网络仿真，从数据平均时延和接包率等角度来分析该路由和 ZBR 路由的抗干扰性能。

在不同干扰情况下两种路由的数据传输时延如图7.52所示，通过仿真可以发现：由于 ZBR 路由协议是基于最小跳数的，所以在未受干扰时两者的数据传输时延基本一致，随着受干扰节点数量的增大，ZBR 路由的传输时延显著增大；而采用多信道分簇策略的 IAMCC 路由传输时延则没有明显增大。

两种路由在不同干扰强度下的接包率变化情况如图7.53所示。可以发现，

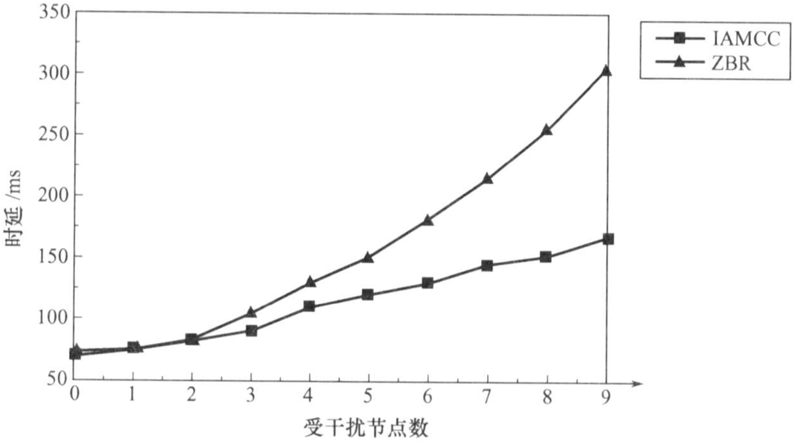

图 7.52 两种路由在不同干扰强度下的时延变化曲线

在受到轻微干扰的情况下,两者的接包率都保持在较高水平;随着受干扰节点个数的增加,两者的接包率都有不同程度的下降;当网络中有较多节点都受到干扰时,ZBR 路由接包率已经严重影响了数据的传输,IAMCC 路由由于可以对受干扰的信道进行切换,其接包率还控制在一个可接受的水平。

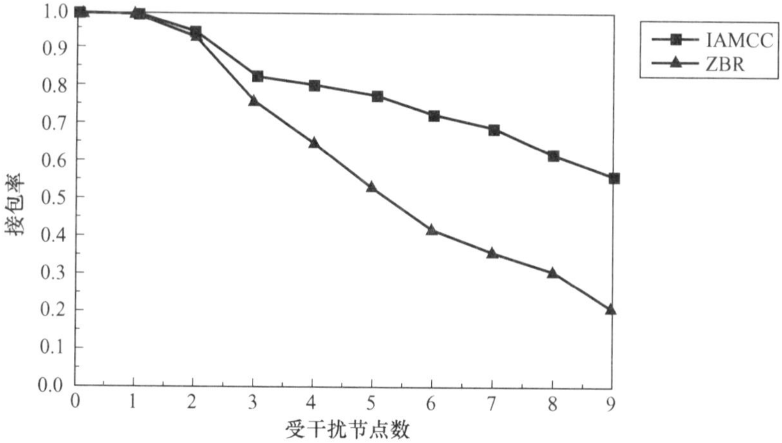

图 7.53 两种路由在不同干扰强度下的接包率变化曲线

小结

在现代工业生产中,大量使用的工业传感器使得无线传感器网络技术在该领域拥有巨大的发展前景。本章选取了两个较为典型的应用场景进行介绍。

在工业监控系统中,针对工业监控应用对无线传感器网络的网络寿命及数据可靠性方面的要求,介绍了一种高可靠性且能量均衡的无线传感器网络跨层通信协议——高可靠性能量均衡跨层通信协议(HREE),通过NS-2网络仿真平台对高可靠性能量均衡跨层通信协议进行了仿真验证,并对无线传感器网络节点进行了射频前端改进及协议栈的介质访问层多信道通信扩展。

在矿井安全监测系统中,通过对我国目前煤炭行业井工开采中安全问题和安全监测系统的研究和分析,结合ZigBee无线传感器网络技术的特点,介绍了一种基于ZigBee技术的矿井安全监测系统方案,并根据矿井环境的特殊性对无线传感器网络的抗干扰性能进行了分析和说明。

参考文献

[1] ZigBee Alliance,ZigBee Specification,2007.

[2] ISA-SP100 Society. ISA-SP100. 2008-1-15[2011-5-10]. http://www. isa. org/MSTemplate. cf m? MicrositeID=1134&CommitteeID=6891.

[3] HART Communication Foundation. Wireless HART. 2007-6-15[2011-5-10]. http://www. hartcomm. org/protocol/wihart/wireless_technology. html.

[4] 曾鹏,于海斌. 工业无线网络WIA标准体系与关键技术. 自动化博览,2009,26(1):24-27.

[5] 彭瑜. 工业无线标准WIA-PA的特点分析和应用展望. 自动化仪表,2010,31(1):1-9.

[6] Liu Y,Xiong N,Zhao Y,et al. Multi-layer clustering routing algorithm for wireless vehicular sensor networks. IET Communications,2010,7(4):810-816

[7] Heinzelman W R,Chandrakasan A,Balkrishnan H. Energy-efficient communication protocol for wireless microsensor networks. Proceedings of IEEE International conference on System Sciences,2000,3005-3014

[8] Heinzelman W R, Chandrakasan A, Balkrishnan H. An application-specific protocol architecture for wireless microsensor networks. IEEE Transactions on Wireless Communications,2002,1(4):660-670

[9] Chang R S,Kuo C J. An energy efficient routing mechanism for wireless sensor networks. Proceedings of the 20th International Conference on Advanced Information Networking and Applications,2006

[10] Lindsey S, Raghavendra C S. PEGASIS: power-efficient gathering in sensor information systems. Proceedings of 2002 IEEE Aerospace Conference,2002,1125-1130

[11] Manjeshwar A,Agrawal D P. TEEN: a routing protocol for enhanced efficiency in wireless sensor networks. Proceedings of the 15th International Parallel and Distributed Processing Symposium,2001,2009-2015

[12] Willig A,Matheus K,Wolisz A. Wireless technology in industrial networks. Proceedings of the IEEE,2005,93(6):1130-1151

[13] Pollin S, Tan L, Hodge B, et al. Harmful coexistance between 802.15.4 and 802.11: a meansurement based study. Proceedings of the International Confefence on Cognitive Radio Oriented Wireless Networks and Communications, 2008, 1-6

[14] Herrera M M, Bonastre A, Capella J V. Performance study of non-beaconed and beacon-enabled modes in IEEE 802.15.4 under bluetooth interference. Preceedings of the Second International Conference on Mobile Ubiquitous Computing, Systems, Services and Technologies, 2008, 144-149

[15] Xing GL, Sha M, Huang J, et al. Multi-channel interference measurement and modeling in low-power wireless networks. Preceedings of the 30th IEEE Real-Time Systems Symposium, 2009, 248-257

[16] 蹇强,龚正虎,朱培栋,等.无线传感器网络 MAC 协议研究进展.软件学报,2008,19(2):389-403

[17] Jovanovi M D, Djordjevic G L. TFMAC: multi-channel MAC protocol for wireless sensor networks. 8th International Conference on Telecommunications in Modern Satelite, Cable and Broadcasting Services, 2007, 23-26

[18] Zhou G, Huang CD, YAN T, et al. MMSN: multi-Frequency media access control for wireless sensor networks. Proceedings of IEEE INFOCOM 2006, 1952-1965

[19] 李成法,陈贵海,叶懋,等.一种基于非均匀分簇的无线传感器网络路由协议.计算机学报,2007,30(1):27-36

[20] 张荣博,曹建福.利用蚁群优化的非均匀分簇无线传感器网络路由算法.西安交通大学学报,2010,44(6):33-38

[21] 国家煤矿安全监察局. 煤矿安全统计分析. http://www.chinacoal-safety.gov.cn/

[22] Bandyopadhyay L K, Chaulya S K, Mishra P K, et al. Wireless information and safety system for mines. Journal of Scientific & Industrial Research, 2009, 68 (2)

[23] W Yang, Y Huang. Wireless Sensor Network Based Coal Mine Wireless and Integrated Security Monitoring Information System. Networking, ICN 2007 IEEE 6th International Conference, 2007

[24] 孙继平. 煤矿安全监控技术与系统. 煤炭科学技术,2010,(10):1-4

[25] 张国盛,林安栋. 矿井监测监控系统的发展历史及趋势. 煤炭技术,2009,(02):8-9

[26] 李继林. 煤矿安全监控系统的现状与发展趋势. 煤炭技术,2008,27(11):3-5

[27] 钟新跃,谢完成. 无线传感器网络在煤矿环境监测中的应用. 煤炭技术,2009,28(9):102-103

[28] Yarkan S, Guzelgoz S, Arslan H, et al. Underground mine communications: a survey. Communications Surveys & Tutorials, IEEE. 2009, 11(3)

[29] N Chaamwe, WY Liu, HB Jiang. An assesment of underground mine enviromental monitoring methods at Zambia's copper mines. Research Journal of Applied Science, 2010, 5(5): 345-351

[30] Tian J P, Zheng G X, Wang K Q. Application of wireless sensor network in mine monitoring system. Audio Language and Image Processing, 2010, 263

[31] Misra P, Kanhere S. Safety assurance and rescue communication systems in high-stress environments: a mining case study. IEEE Communications Magazine, 2010: 66-73
[32] 孙彦景,钱建生,李世银,等. 煤矿物联网络系统理论与关键技术. 煤炭科学技术,2011(02):69-72,79
[33] 刘洋. 基于ZigBee技术的矿用无线传感器网络研究. 太原:太原理工大学,2010
[34] Akyildiz I F, Stuntebeck E P. Wireless underground sensor networks: research challenges. Ad hoc Networks, 2006, 4: 669-686
[35] 中国矿业大学(北京),煤炭科学研究总院常州自动化研究所,平顶山煤业(集团)有限责任公司. AQ 6201-2006 煤矿安全监控系统通用技术要求,2006
[36] MPLAB ICD 2 In Circuit Debugger User Guide. http://www.microchip.com
[37] 姚善化,吴晶. 扩频技术在矿井移动通信中的应用. 煤炭科学技术,2003,(08):5-8
[38] 张同星,邱书波,古帅,等. 直扩O-QPSK在ZigBee技术中仿真分析. 第29届中国控制会议论文集,2010:5629-5632
[39] Sun J, Wang ZX, Wang H, et al. Research on routing protocols based on ZigBee network. Iintelligent Information Hiding and Multimedia Signal Processing, 2007, Third International Conference, 2007, 1(26): 639-642
[40] Kang M S, Chong J W, Hyun H, et al. Adaptive interference-aware multi-channel clustering algorithm in a Zigbee Network in the Presence of WLAN interference. Wireless Pervasive Computing, 2007
[41] 金枫,郑辑光,曹建福,等. 一种高吞吐量的无线传感器网络多信道MAC协议. 西安交通大学学报,2010,44(12):32-37
[42] 刘斌新,蒋挺. 基于认知的无线传感器网络抗干扰路由算法. 数字通信,2010,37(1):66-71
[43] 刘瑞霞. 基于ZigBee网状网络的分簇路由协议. 计算机工程,35(3),2009

第 8 章　无线传感器网络与物联网

无线传感器网络被称为物联网的末梢神经，虽然目前在国内，无线传感器大多仍处于科研项目或科技示范的阶段，但是其对人类未来生活的影响已经日益凸显。物联网就是其发展所依托的平台之一。

8.1　物联网简介

物联网的技术主要包括 6 方面：电子产品编码（Electronic Product Code，EPC）、电子产品标签、识读器、神经网络软件、对象名解析服务（Objective Naming Service，ONS）和实体标记语言（Physical Makeup Language，PML）。

（1）电子产品编码和标签：电子产品编码是物联网的重要组成部分。它是对实体及实体的相关信息进行代码化，通过统一并规范化的编码建立全球通用的信息交换语言。电子产品编码是 EAN. UCC 系统[EAN 指欧洲物品编码协会（European Article Numbering），UCC 指美国统一代码委员会（Uniform Code Council）]在原有全球统一编码体系基础上提出的新一代的全球统一标识的编码体系，是对现行编码体系的一个补充。电子产品编码有 3 类共 7 种类型，分别为 EPC-64-Ⅰ、EPC-64-Ⅱ、EPC-64-Ⅲ，EPC-96-Ⅰ、EPC-256-Ⅰ、EPC-256-Ⅱ、EPC-256-Ⅲ。

（2）射频识读器。在射频识别系统中，射频读/写器是利用射频技术读取标签信息、或将信息写入标签的设备。读/写器读出的标签的信息通过计算机及网络系统进行管理和信息传输。

（3）神经网络软件。每件产品都加上射频识别（Radio Frequency Identification，RFID）标签之后，在产品的生产、运输和销售过程中，识读器将不断收到一连串的产品电子编码。整个过程中最为重要、同时也是最困难的环节就是传送和管理这些数据。Auto-ID 中心（20 世纪末由麻省理工学院等大学创建）提出一种称为 Savant 的软件中间件技术，相当于该新式网络的神经系统，负责处理各种不同应用的数据读取和传输。

（4）对象名解析服务（ONS）。电子产品编码标签对于一个开放式的、全球性的追踪物品的网络需要一些特殊的网络结构。因为标签中只存储了产品电子代码,计算机还需要一些将产品电子代码匹配到相应商品信息的方法。这个角色就由对象名称解析服务担当,它是一个自动的网络服务系统。

(5) 实体标记语言(PML)。在物联网中,所有需要识别的产品信息都需要用一种标准计算机语言——实体标记语言来书写,实体标记语言是基于为人们广为接受的可扩展标识语言发展而来的。实体标记语言提供了一个描述自然物体,过程和环境的标准,并可供工业和商业中的软件开发、数据存储和分析工具使用。它将提供一种动态的环境,使与物体相关的静态的、暂时的、动态的和统计加工过的数据可以互相交换。它为描述所有自然物体、过程和环境的统一标准,实体标记语言有广泛的应用前景。

8.1.1 物联网的发展现状

虽然物联网的概念在我国最近才得到广泛关注,但物联网的应用很早就在我国开展。在射频识别(RFID)方面,根据驰昂咨询(Sinotes)发布的研究报告显示2009年中国射频识别产业市场规模达110亿元,相比2008年增长36.8%,已应用于物流、城市交通、工业生产、食品追溯、移动支付等方面,特别是随着3G网络开始运营,各运营商推出了移动支付方式,如中国移动于2009年11月宣布采用射频识别技术的客户识别模块(Subscriber Identity Module,SIM),将实现在部分场合通过手机近端刷卡消费。

在机器终端智能交互(Machine-to-Machine/Man,M2M)方面,电信运营商积极开展M2M应用。如中国移动从2004年开始发展M2M业务,2008年M2M终端数量发展了229万,2009年已超过300万部,并将以每年超过60%的速度增长,在智能楼宇、路灯监控等方面得到广泛应用。

根据易观国际(Analysis International)2009年12月发布的《中国物联网白皮书之一——无线传感器网络的机遇与挑战》,作为物联网现阶段发展核心的无线传感器网络产业,其市场规模在2009年为3亿元人民币,到2015年预计达到200亿元。无线传感器网络的发展还将带动射频识别等其他物联网产业,为其提供更明确的应用方向和更丰富的市场机会。

8.1.2 无线传感器网络应用于物联网的关键技术

传感器是一种检测装置,能感受到被测量的信息,并能将检测感受到的信息,按一定规律变换成为电信号或其他所需形式的信息输出,以满足信息的传输、处理、存储、显示、记录和控制等要求。它是实现自动检测和自动控制的首要环节,是无线传感网络的核心。其应用范围十分广泛,从太空卫星、运载火箭,到民用、军用飞机,再到地上建筑和运动的各种车辆,以及水面船舰、水下潜艇都需

要传感器。然而,目前其发展滞后局面成了无线传感网络应用与物联网的瓶颈,主要表现在:

(1) 国外早有这样的产品。由于早几年我国着力发展射频识别,而对无线传感网络并没有足够重视。与射频识别元器件的高性能、低成本相比,无线传感元器件的水平还很低。

(2) 传感器技术复杂,原理不一,以应用环境而变,涉及几乎所有技术领域,跨学科技术也很多。如微机电系统压力传感器涉及材料、半导体技术,生物传感器涉及生物医学技术。

(3) 同一品种的传感器因技术和应用不同,不可相互替代,难以做到大规模生产。如压力传感器有应变式、压电式、压阻式、电容式甚至光纤式。

(4) 形状不同、大小不同,轻重相差较大,因而生产加工工艺截然不同。小的如微纳米技术的压力传感器,比绿豆还小,大的如大吨位沉重传感器,如脸盆大小。

(5) 企业规模普遍较小。传感器可以算是尖端科技,对技术水平和人员素质能力要求较高,这种投资密集、技术密集和人员密集的生产模式对较小规模企业提出了挑战。

8.2 物联网智能家居无线传感器网络

随着物联网技术的发展,无线智能家居系统成为智能家居系统发展的主流之一。智能家居系统使用无线传感器网络技术不但克服了有线系统的高成本和不方便等缺点,而且能够快捷地管理家务、监测家居环境、遥控家用电器等。具有成本低、功耗低、快速、开放的特点,有很强的推广价值和广阔的市场前景。

8.2.1 智能家居网络的关键技术

通信网络是智能家居系统的枢纽,本节所介绍的智能家居网络采用 ZigBee 无线传感网络为控制系统提供无线传感通信。针对智能家居系统应用需求,需要采用合适的网络拓扑结构,配置 ZigBee 协议栈,并选用低功耗、高可靠的路由算法延长设备工作时间。此外,为保证系统的灵活性及安全性,需要对网络管理方式及通信安全策略进行设计[1-2]。

1. 智能家居网络拓扑结构设计

家居环境具有如下特点:

(1) 房型结构不一,通信距离范围变化大。

(2) 受控设备之间无信息传递。

(3) 墙体阻隔及干扰物多。

(4) 受控设备位置分散，数目多达几十个。

根据上述特点，在设计ZigBee网络拓扑结构时，需要选择通信可靠、延迟小、效率高、容错性强的结构。针对ZigBee常用网络研究结果，得出以下结论[3-5]：

(1) 星型结构虽然通信延迟小、效率高，但由于ZigBee信号穿墙能力差，缺乏中继传输，对于多阻隔的家居环境容易导致信号衰减与丢失。

(2) 网状结构通过多跳方式虽能保障传输的可靠性，但其结构的复杂性带来的高网络维护消耗与多跳传输导致的通信高延迟都是智能家居系统应用所不能接受的。

(3) 树簇型结构集合了星型结构与网状结构的优点，平衡了可靠性与实时性因素，通过在智能家居环境中灵活设置若干冗余路由节点，即可在保障星型结构的高效、低延迟特性基础上提高抗阻隔、抗干扰的能力。因此，本系统采用树簇型网络拓扑结构。

2. 智能家居ZigBee协议栈设计

ZigBee协议栈是智能家居ZigBee网络功能保障的底层协议基础，通过分层协作方式保障ZigBee信息交互的快速、准确和可靠。

ZigBee 2007/Pro协议标准只规定了ZigBee网络各层次的功能及协议理论基础，实际应用中还需要选用厂商开发的软件协议栈并根据系统需要进行功能配置。目前常用的软件协议栈包括：TI公司设计的Z-Stack开源协议栈，Ember公司开发的Znet-Stack协议栈，FREESCALE公司开发的协议栈等[6-10]。

由于智能家居系统结构复杂，对网络的稳定性、实时性要求很高，鉴于EmberZNet协议栈在功能性、可靠性及技术支持方面的优势，本系统选用Ember公司的EmberZNet 3.5协议栈为节点提供基础网络及信息分层处理功能。

EmberZNet 3.5提供了丰富的API接口资源供开发调用。这些API包含网络管理、消息收发、包缓存、安全加密、终端设备管理、事件调度等。同时，还开放了更下层的绑定机制、设备配置、ZDO命令、启动引导(Bootloader)等程序供用户根据应用需求更改。此外，还提供了功能测试库、调试工具等。

系统采用EmberZNet 3.5提供的家庭自动化(Home Automation，HA)应用框架封装了ZigBee协议栈的介质访问层、网络层、应用层功能，并提供了对底层芯片的控制和服务访问接口。系统中用到的ZNet 3.5协议栈服务接口包括系统初始化接口、网络操作接口、消息收发接口、路由探测接口等[13-14]。其中系统初始化接口及功能见表8.1，网络操作接口及功能见表8.2，消息收发接口见表8.3，路由探测接口见表8.4。

表 8.1 Znet3.5 协议栈系统初始化接口描述表

接口 API 名称	接口功能
emberInit()	初始化节点芯片
emberNetworkInit()	初始化节点协议栈
emberTick()	保持节点时间同步

表 8.2 Znet3.5 协议栈网络操作接口描述表

接口 API 名称	接口功能
emberFormNetwork()	命令协调器组建网络
emberPermitJoining()	协调器在一定时间内允许节点加入网络
emberJoinNetwork()	节点申请加入网络
emberLeaveNetwork()	节点宣告退出网络

表 8.3 Znet3.5 协议栈消息收发接口描述表

接口 API 名称	接口功能
emberSendUnicast()	向指定节点地址通过路由表优化路径发射一帧信息
emberSendBroadcast()	向周围 n 跳范围内的节点发送一帧信息
emberIncomingMessageHandler()	处理接收到的一帧 ZigBee 信息
emberGetSender()	获取信息发送的源节点地址
emberGetSenderEui64()	获取信息发送的源节点 IEEE 地址
emberGetLastHopLqi()	获取信息发射的 LQI 参数
emberGetLastHopRssi()	获取信息发射的 Rssi 参数

表 8.4 Znet3.5 协议栈路由探测接口描述表

接口 API 名称	接口功能
emberSendManyToOneRouteRequest()	发射一对多路由发现请求
emberAppendSourceRouteHandler()	节点在路由表中新加一条路由信息
emberIncomingRouteRecordHandler()	节点对新发现路由信息的处理接口
emberIncomingManyToOneRouteRequestHandler()	节点收到一对多路由发现请求后的处理接口

3. 智能家居网络路由算法设计

智能家居系统环境存在较多的阻隔和干扰情况,加之2.4 GHz频段短距离、低穿透性的特点,需要通过树簇型网络保障多跳传输,但同时会对传输实时性有所影响。路由算法设计的目的在于寻找消息端点间最优化路径,保证消息的准确快速到达[11]。

虽然Cluster-Tree算法及AODVjr算法均具有路由探测、优化路径功能,但实际应用时存在不足:

(1) 使用Cluster-Tree分配地址时,算法受可分配的路由节点数、分配节点数以及网络最大深度影响,然而实际应用时,网络是以自组织(Ad-Hoc)的形式组建的,即网络中的节点是根据周围节点的信号强度自动选择最优节点作为其父节点,因此这种非自适应的算法选择的路由将不是最优路由。

(2) 根据Cluster-Tree算法,树形层次的路由方式将会使得靠近树根的簇首节点通信负荷较大,能量衰减快,当簇首能源耗尽时,就会导致网络分割、通信不畅的问题。

(3) AODVjr算法是基于对称链路而设计的,即计算得到的路由是双向通信可靠路由,但无线信道受环境影响大,路由信道常会出现单方向通畅、反方向阻碍的现象,此时AODVjr算法不能很好地识别非对称链路的情况。

根据上述分析,系统结合Cluster-Tree地址分配策略与AODVjr路由算法的优点做了以下改进:

(1) 网络构成初期的节点地址分配仍采用Cluster-Tree算法分配,此时并非最优路由。在随后的消息传输中,采用AODVjr路由算法进行路径的识别和地址修正,采用这种方式可以发挥Cluster-Tree算法在路由计算方面的快速性,又可结合AODVjr算法的路由发现与维护优势。

(2) 采用簇首轮换机制平衡网络中树簇节点的能源消耗。

首先根据系统设定一个最小簇首能耗门限,节点网络深度越大,其作为簇首消耗的能量就越多,通过下式可计算处于网络深度d的节点作为簇首所需的能量:

$$E = E_{\min} + \frac{k_1}{d+1} \tag{8-1}$$

式中,$E_{\min}$为最小簇首能耗门限;k_1为节点附加能耗计算系数;d为节点所在的网络深度。

对于网络中原来的簇首节点而言,可以通过下式反映时间t后的剩余能量:

$$P = E_0 - \frac{k_2 t}{d+1} \tag{8-2}$$

式中,E_0为节点成为簇首的初始能量;k_2为节点附加能耗计算系数;d为节点所在的网络深度。

当簇首节点剩余能量小于所需能量时，簇首节点向协调器申请更换簇首。随后，协调器向节点发布簇首竞争消息，具备能量要求的节点采用AODVjr路由算法的路由请求包（RREQ）附加簇首申请广播给邻居节点，所有接收路由请求包的节点都需回复路由请求包，由申请节点修改邻居信息表。随后，将邻居信息表发送给协调器。协调器接收到多个申请节点的邻居信息表后，选择邻居节点最多的节点作为新的簇首。最后，新的簇首节点广播簇首信息，供周围节点修改路由信息。

（3）采用ZigBee 2007/Pro规范中的网络连接状态消息（Network Link Staus Message，NLSM）解决AODVjr算法中非对称链路问题。设计思想为：路由节点1周期性性向邻居节点发送网络连接状态消息，包含节点的邻居表。当节点5接收到节点1发来的网络连接状态消息后，在自身节点邻居表中未查找到源节点1，或者自身邻居表中有节点1，但一定时间内未收到其网络连接状态消息，则可判断出节点5与源节点1之间为非对称链路，在消息传输时选择其他路径，避免通过该链路传输。

4. 智能家居网络管理功能设计

智能家居网络管理功能是与用户应用开发最直接相关的部分，研究网络管理功能有助于掌握ZigBee网络的运行流程及网络服务，便于上层应用[12]。ZigBee网络管理包括网络组建、网络加入与网络释放，以下分别说明其执行过程。

1）网络组建

在ZigBee网络中只有协调器具有新网建立的功能。当协调器上电后，首先判断是否在断电前已建立网络，如已建立则恢复原来网络，否则开始建立新网络。协调器组建网络流程如图8.1。

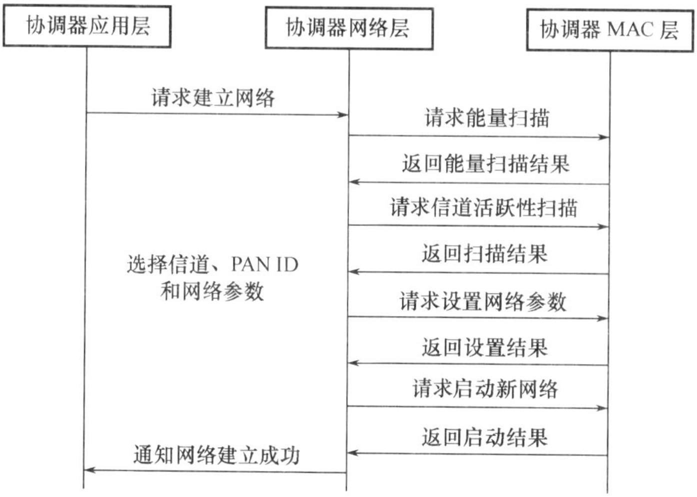

图8.1 协调器组建网络工作流程

(3) 介质访问层断开连接后通知网络层，网络层调用 NLME_LEAVE.confirm 原语，将介质访问层返回的操作状态报告给应用层。

(4) 协调器如接收到节点的退网消息则将节点从网络删除；如未收到退网消息情况下，一定时间内未收到节点的反馈消息则自动删除网络节点。

协调器断网与节点退网过程类似，但协调器在退网时无法通知网络其他节点退网，因此节点需判断是否与协调器在一定时间内未通信，若是，则自动退出网络。

5. 智能家居网络通信安全设计

智能家居网络是私人网络系统，应防止被未许可的网络节点侵入和控制，因此在 ZigBee 网络中需要设计通信安全规范。

根据 ZigBee 规范，其介质访问层、网络层、应用层都包含了安全处理机制，分别负责各层帧的安全传输。其中，ZigBee 信息的安全基于链路密钥和网络密钥机制。

对于智能家居网络中存在的广播消息，通过网络密钥方式（NWK Key）实现安全保证。当节点加入网络时，协调器信托中心（Trust Center）将会通过网络消息包形式向节点传送网络密钥，节点在网络中广播消息时，需要对数据用网络密钥进行 128 位的高级加密标准（Advanced Encryption Standard，AES）加密，接收方采用相同密钥解密数据，保证了广播消息只被同一网内设备解密[13]。

对于智能家居网络中存在的单播消息，通过链路密钥（Link Key）方式保障安全。两个对等的应用实体间通信采用两设备共享的 128 位链路密钥，其采用对称密钥建立（Symmetric-Key Key Establishment，SKKE）协议，由发起设备使用主密钥与响应设备建立链路密钥。随后的设备通信即采用链路密钥加密，保障了信息只被具有链路密钥的两个设备知悉。

8.2.2 智能家居系统设计及功能设计

ZigBee 智能家居控制系统负责将家庭范围内的各类设备通过 ZigBee 网络连接起来，提供统一的控制入口，使得用户可以方便快捷地与设备进行远程的交互控制[14]。一个完整的 ZigBee 智能家居系统应至少包含 ZigBee 网络子系统、家庭控制子系统、中央网关子系统、家庭安防子系统等，系统结构如图 8.3 所示，各部分功能如下：

1. ZigBee 网络子系统

ZigBee 网络子系统是智能家居控制系统的信息枢纽，一方面通过网络协调器组建和管理 ZigBee 网络，将家庭控制子系统、家庭安防子系统中的设备以网络节点形式纳入网络中，实现稳定、可靠、安全的网络连接和信息交换；另一方面通过硬件接口与中央网关子系统通信，汇报家庭终端设备的实时信息，接受网关

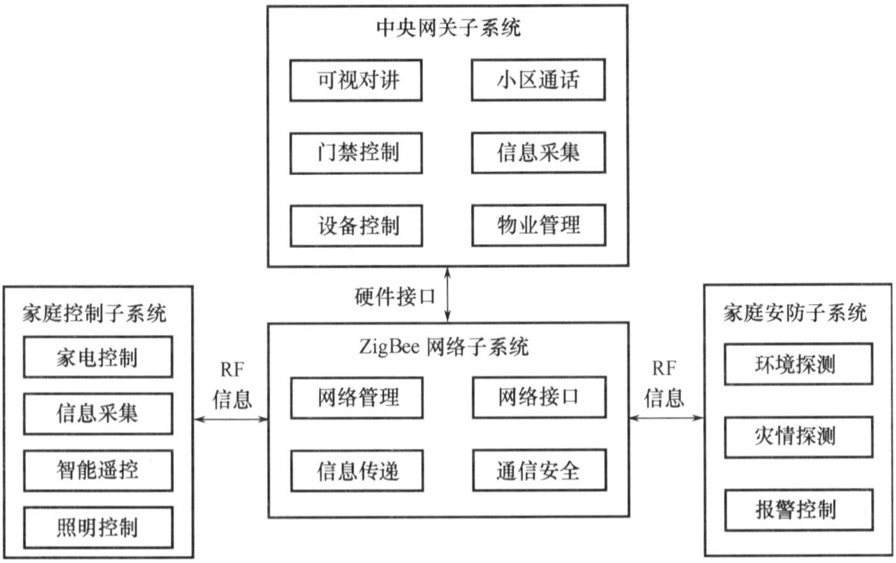

图 8.3 ZigBee 智能家居系统结构图

传递的控制命令并选择发送给对应的设备控制器。具体来说，ZigBee 网络子系统需要完成四方面功能。

1）网络管理

网络管理完成对 ZigBee 网络的管理与维护，包括网络配置、网络的建立与释放、节点发现与绑定管理、网络探测与维护等。

2）信息传递

ZigBee 网络组建的目的是信息传递，通过 ZigBee 协议栈及各类寻址、传输、路由算法的保障，提供一个稳定可靠的无线信息传输环境，便于将系统中的数据及控制指令准确快速地传递给目标设备。

3）通信安全

通信安全包括网络安全与传输安全两方面。网络安全要求传感节点与待入网络协调器之间具有相互验证机制，未获许可的网络节点不能随意加入网络，同时未被认证的网络协调器也不具备组建网络的能力，防止具有入侵功能的节点侦听及破坏网络正常功能；传输安全要求可靠加密网络信息，防止外部节点获取、破译信息从而导致信息泄露。

4）网络接口

网络子系统还应为与上层控制中心的信息交互提供灵活方便的查询和控制接口，实现对家庭各设备的信息获取和集中控制。

2. 中央网关子系统

中央网关子系统是智能家居系统的用户交互终端，应具有可视对讲、小区通话、门禁控制、物业管理等小区智能化管理功能，同时能实现显示家庭设备信息，并提供按房间、按类别、按需求等多种组合控制方式完成用户对家庭设备的控制操作。

3. 家庭控制子系统

家庭控制子系统需要通过基于特定通信协议的控制器与被控设备建立数据通信，完成信息采集、家电控制、照明控制等功能。同时应基于 ZigBee 网络架构，提供智能遥控设备，完成对家庭控制子系统内部设备。

4. 家庭安防子系统

家庭安防系统是智能家居系统中负责家居安全防范及预警告知的系统，包含环境探测、灾情探测、报警控制等功能。当检测到非法闯入、家电异常、燃气泄漏等影响家居安全的事件时，能通过中央控制管理系统有效通知小区中心或业主，并采取应对措施以减少危害。

5. 其他扩展子系统

在核心系统的基础上，智能家居还可扩展家庭影院与多媒体系统、环境自适应调节系统等高级应用功能，为家居生活增加愉悦的视听感受，以增强用户的家居体验和智能化程度。

8.2.3 智能家居 ZigBee 网络子系统的设计与实现

在对智能家居 ZigBee 网络的结果与功能进行充分分析的基础上，设计网络节点的硬件结构，根据系统需要配置协议栈并通过程序开发实现智能家居的网络应用功能。

1. 节点硬件设计

在硬件方面，选用 Ember EM250 芯片作为主芯片，其 16 位 MCU 及丰富的接口资源均可满足个人局域网(Personal Area Network，PAN)协调器或传感节点的应用需求，因此本系统中节点在硬件方面采用相同的平台。

1）节点核心电路

ZigBee 节点的核心电路采用 EM250 芯片，包含了 24 MHz 主晶体振荡电路与 32 kHz 副晶体振荡电路以及滤波电路，核心电路如图 8.4。

2）外围扩展电路

ZigBee 节点的 EM250 芯片集成了与 2.4 GHz 应用相关的电路模块。实际应用时需要扩展射频发射天线，增加发射距离，射频天线电路如图 8.5 所示；节点在外围硬件方面还必须扩展 JTAG 仿真器烧录接口、外部电源及电池供电接口、RS232 串行接口等。JTAG 电路如图 8.6 所示，外部供电电路如图 8.7 所示，RS232 接口电路如图 8.8 所示。

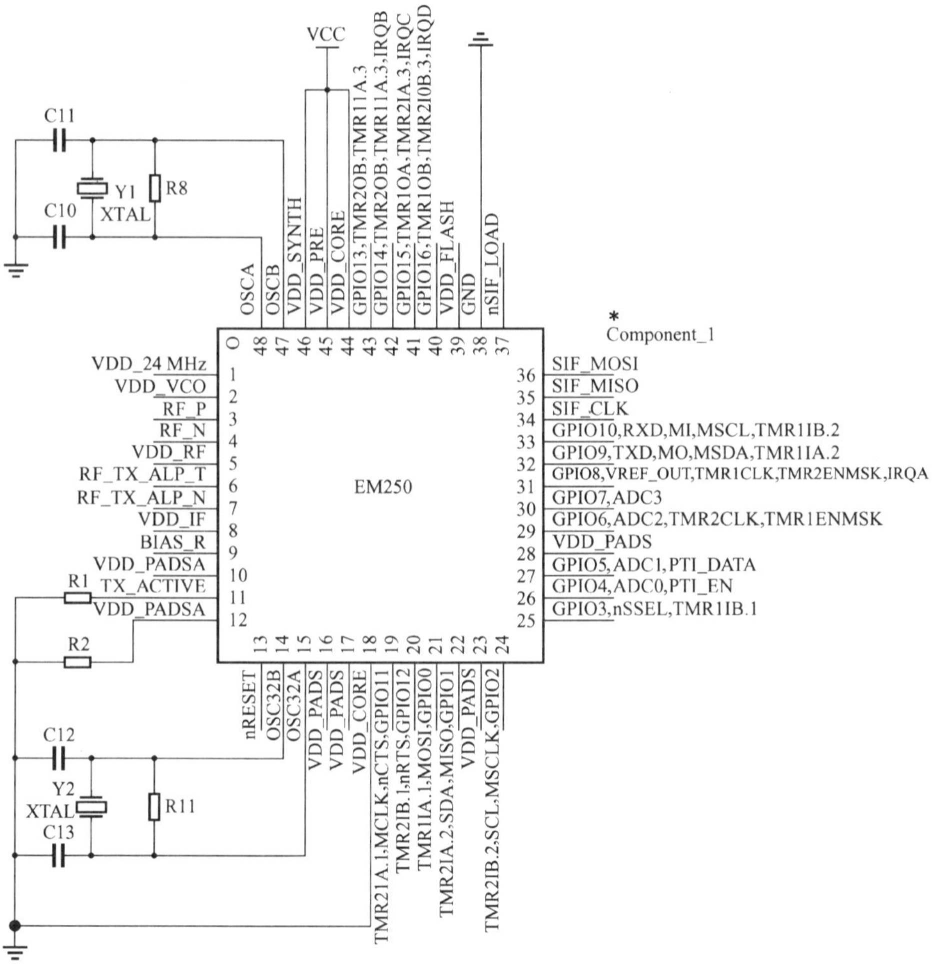

图 8.4 ZigBee 节点核心电路图

2. 网络管理功能实现

在网络管理功能实现方面,PAN 协调器采用轮询管理与消息中断结合的方式。

主循环处理流程如图 8.9。正常工作后,PAN 协调器不断进入主循环,执行状态更新及消息发送工作;当接收到外部消息时,进入中断处理,执行消息处理,并将回馈消息压入消息发送队列,退出中断。

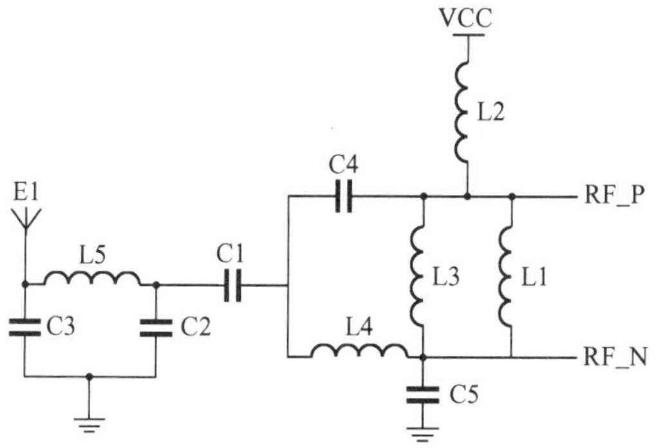

图 8.5　ZigBee 节点射频天线电路

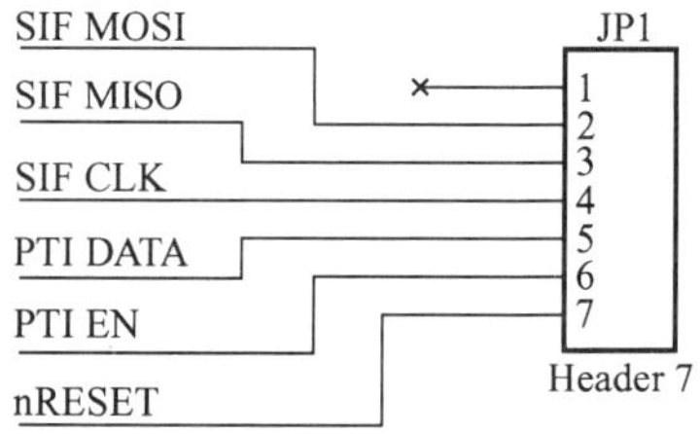

图 8.6　ZigBee 节点 JTAG 接口电路

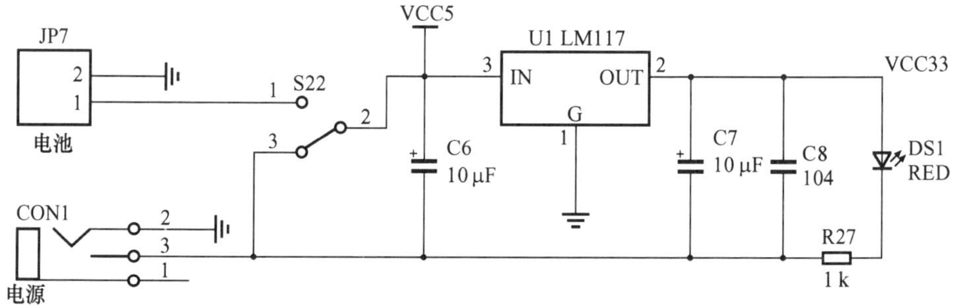

图 8.7　ZigBee 节点外部供电选择电路

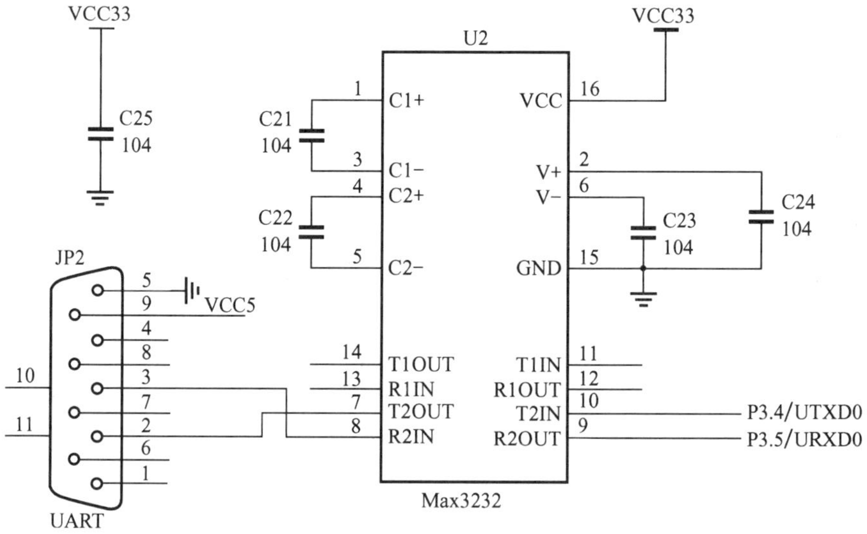

图 8.8　ZigBee 节点串行接口电路

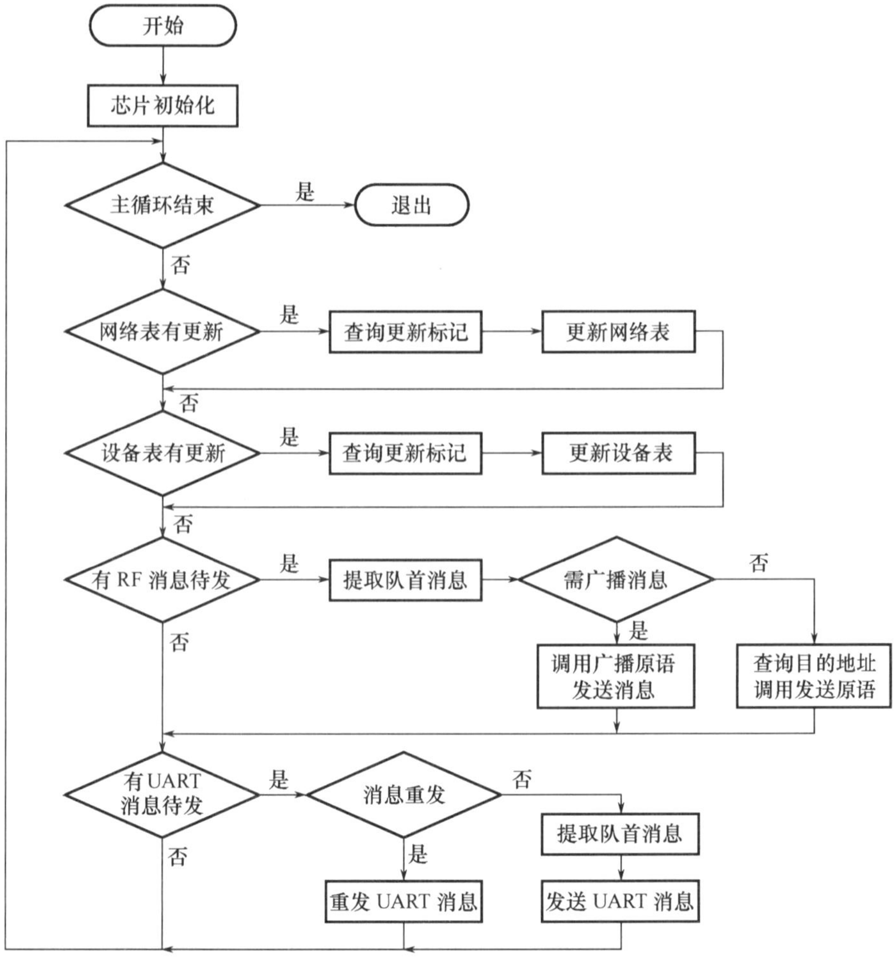

图8.9 智能家居PAN协调器主循环处理流程图

协调器射频消息处理的流程图如图8.10所示。当接收到射频消息后，转入中断处理函数，首先提取出消息源节点地址，并根据消息帧结构中的命令字段识别节点发送消息的类别。对于节点的"入网请求"信息帧，若此时协调器允许入网，则调用ZigBee协议栈的网络服务将节点设备加入网络，此时节点为未知设备，其成为具体设备还需完成入网信息报告过程；对于节点的"退网请求"，协调器查找并删除设备表对应项，同时调用接口服务完成节点的网内移除；对于节点的"入网汇报"信息帧，协调器应核对设备记录表，根据节点控制器类别为其分配合适的设备索引；对于节点的"状态汇报"信息，协调器更新设备的汇报时间，同时将节点控制器的功能状态记录在设备表中供查询。

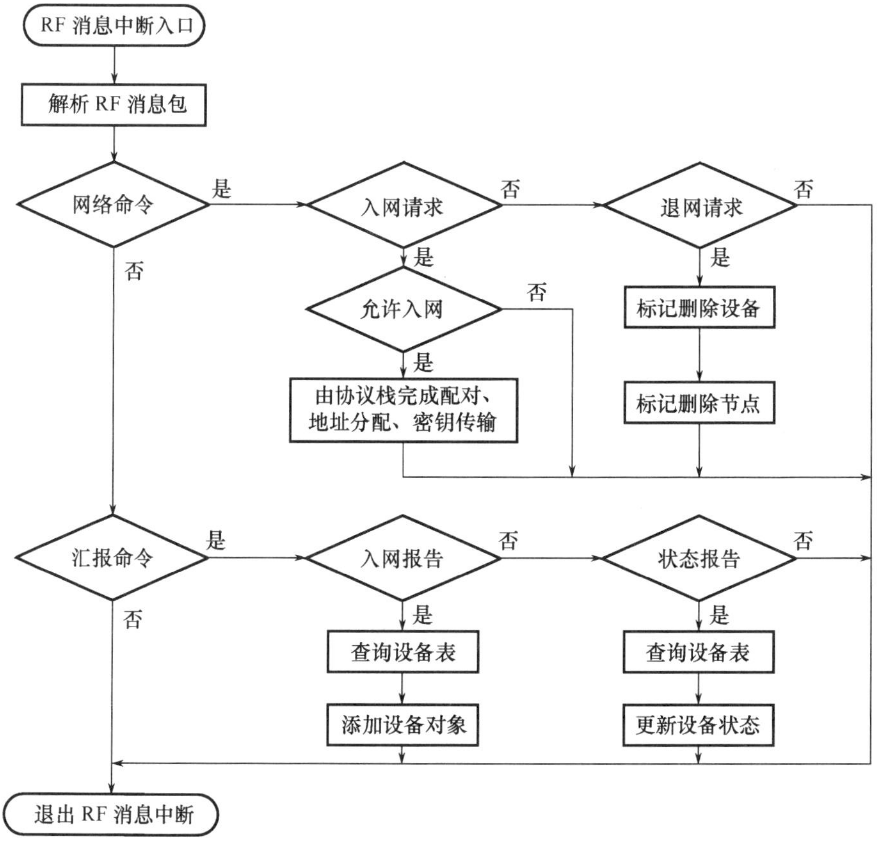

图 8.10　PAN 协调器 RF 中断处理流程图

协调器通过 UART 与中央网关通信,消息处理的流程如图 8.11 所示。当收到 UART 消息后,自动转入中断处理函数,首先解析消息包,并根据消息帧结构中的命令字段识别节点发送消息的类别。对于网关要求协调器的“组网请求”信息帧,若此时已有组建网络,则应立刻释放网络并重新组建;对于网关要求的“释放网络”请求,则协调器应首先清除记录信息,并通过调用协议栈服务释放原有网络;对于网关的“设备查询”命令,应查找设备表中的对应项,将设备状态回馈给网关,同时,发送 ZigBee 消息询问目标设备的即时状态并更新存储;对于网关要求的“设备控制”命令,协调器根据控制方式不同,查询设备表,找到若干目标设备,分别发送“控制命令”,由控制器节点接收命令并处理。

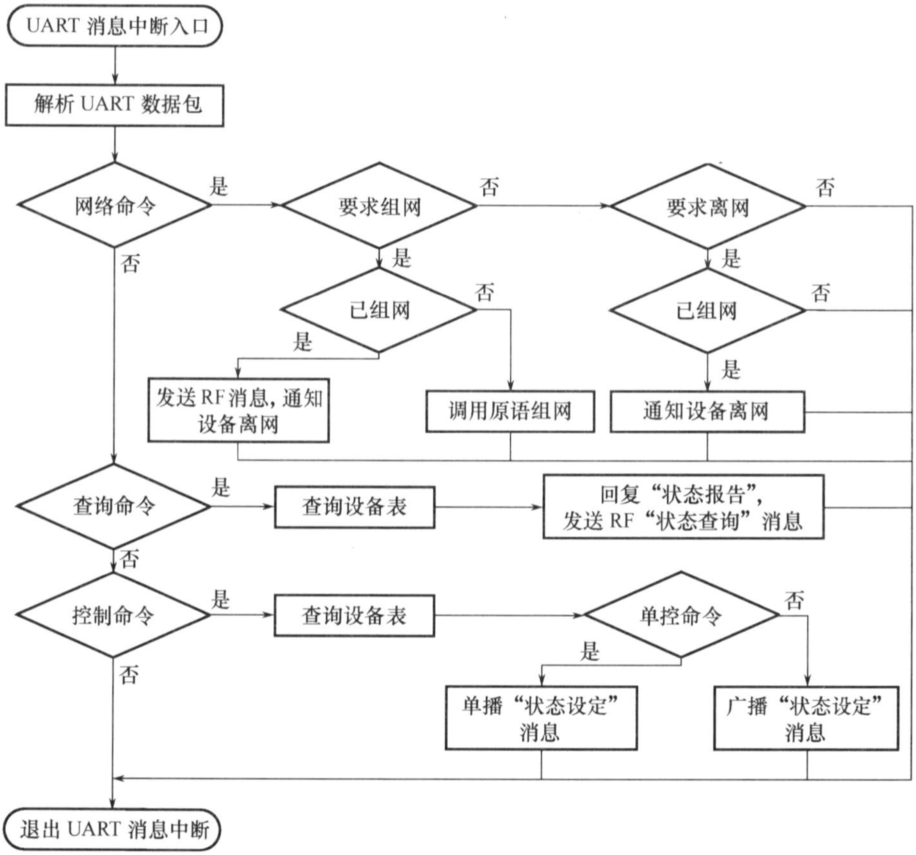

图 8.11　PAN 协调器 UART 中断处理流程图

8.2.4　智能家居家庭控制子系统设计

1. 家庭控制子系统结构设计

智能家居家庭控制子系统结构如图 8.12 所示。智能家居家庭控制子系统负责将家庭中众多的被控设备纳入 ZigBee 网络并实现传感控制，系统包含：用户控制层、ZigBee 网络层、设备控制器层和被控设备层[15-16]。各层次功能如下：

1）用户控制层

家庭控制子系统的用户控制层也是中央网关子系统的一部分，负责接收用户对家庭设备的交互操作，并生成控制命令发送给相连的 ZigBee 网络协调器；同时，还负责接收协调器转发的设备状态报告，存储并管理设备信息。

2）ZigBee 网络层

智能家居家庭控制子系统使用 ZigBee 子系统提供的网络作为基础通信网

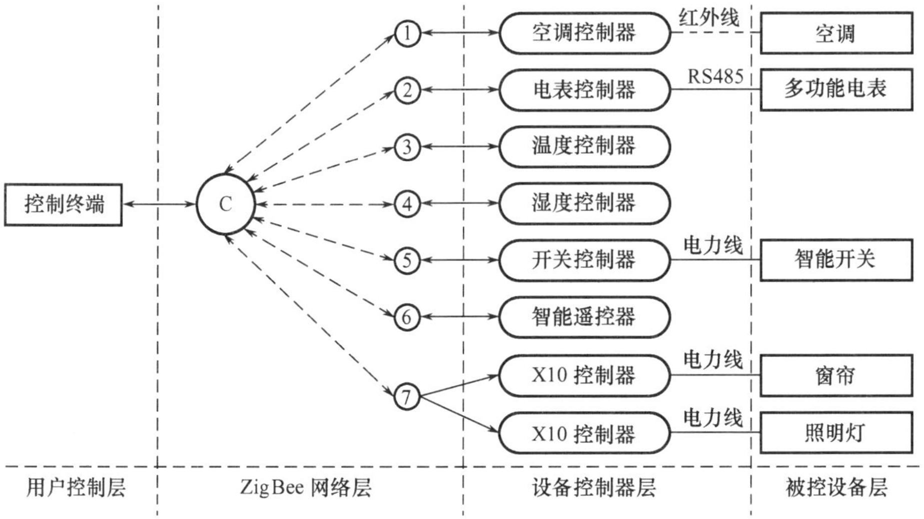

图 8.12 家庭控制子系统结构图

络,以中转方式提供用户控制终端与家庭设备之间的信息交互。其中协调器负责管理和维护设备节点、执行消息转化和发送;设备节点负责记录连接的设备控制器信息,并实现命令通信[17]。

3) 设备控制器层

设备控制器是家庭控制子系统中与实现设备信息获取和传递控制命令的直接器件。家庭设备控制器包含空调控制器、多功能电表控制器、开关控制器等对象控制器件以及温度传感器、湿度传感器等传感采集器件[18]。在本系统中,为与 X10 电力载波网络结合,达到混合网络的家庭控制目的,设计了具有消息转化及传输控制功能的 X10 转化器,实现了控制信息在 ZigBee 网络、X10 网络的自由传输。

4) 被控设备层

被控设备即为控制对象,通过设备本身的通信接口接收设备控制器传递的控制命令,完成控制效果的执行。

2. 系统通信控制规程设计

智能家居家庭控制子系统通信规程包括设备控制对象标识、消息帧格式定义、设备控制器管理、设备控制方式等内容。

1) 设备控制对象标识

为了通过网络控制设备,首先应该规定设备控制器在网络中的表示方法并标示其功能与工作状态。本文设计的智能家居系统,采用设备类型(Type ID)标识网络中具备相同功能的一类设备,用设备索引(Index)标识某个特定类别设备的具体编号;在设备的功能标识方面,采用子功能数(Function Number)、子功能标识(Function ID)、子功能数据(Function Data)的结构分别标识设备具备哪些特定功能及其当前的功能数据,如电能传感器具有能耗读取和功率读取两个特定功能,当前能耗为 5 kWh,功率为 200 W。而设备控制器自身在网络中的则通过设备状态(Status)字段来标识,定义了设备的网络属性、房间位置状态等。系统中定义的设备控制器类型及功能见表 8.5,其中智能遥控器类似中央网关的用户交互作用负责控制信息的生成和转发;X10 网络转化器负责与 X10 网络进行消息交换,不具备可控功能;设备控制器在网络接入初期,以未知设备形式存在于协调器设备表中,当索引分配结束后成为具体设备;采用全部设备标识为通配控制格式,其消息应被全部设备接收并执行。

表 8.5 智能家居系统设备类型及功能标识表

设备控制器	类型标识	功能	功能标识
用电计量设备	0x0010	能耗采样	0x98
		功率采样	0x99
智能电源开关	0x0011	开关控制	0x07
红外线信号转化器	0x0012	遥控功能	0x8C
灯控制器	0x0013	开关控制	0x07
		亮度控制	0x03
门锁控制器	0x0014	开关控制	0x07
窗帘控制器	0x0015	开关控制	0x07
移动探测器	0x0020	移动探测	0x08
温度传感器	0x0021	温度采样	0x91
湿度传感器	0x0022	湿度采样	0x92
智能遥控器	0x0030	—	—
X10 网络转化器	0x3000	—	—
未知设备	0x0000	—	—
全部设备	0xFFFF	—	—

2)消息帧格式定义

通过 ZigBee 网络发送的系统消息包含网络命令、控制命令、汇报命令及时间同步命令。为了便于系统设备处理各类消息,应规定统一的消息收发格式。本系统设计的 ZigBee 网络消息帧由网络地址、命令标识、设备控制对象及校验字节四部分组成。

网络地址字段标明消息的来源和目的地址，防止因多跳传输导致的消息来源识别错误；命令标识字段标明消息包的作用，具体作用包含组网/离网命令，入网/退网、状态查询/设定、时间查询/设定命令等；设备控制对象字段标识设备控制器属性，与命令标识字段结合可针对某个特定设备执行特殊操作；校验字节可起到信息传输中的错误识别功能。具体格式及功能见表8.6，其“设备控制对象”字段可包含多个设备。

表8.6 智能家居系统RF消息格式

子域名	长度(字节)	含义
目的地址	2	标明消息目的对象的网内地址
源地址	2	标明消息源对象的网内地址
命令标识	1	标明消息包的作用，包含组网/离网命令，入网/退网、状态查询/设定、时间查询/设定命令等
设备控制对象	—	标明命令针对对象的具体操作，如控制空调1温度到20 ℃
校验字节	1	用于接收端验证消息包的完整性，消息包内全部字节的异或和

3）设备控制器管理

家庭控制子系统中设备控制器内嵌ZigBee网络芯片，以终端节点的身份接入网络，其管理工作由ZigBee网络协调器负责，具体包含控制器的接入、删除及信息管理。

(1) 控制器网络接入

控制器节点接入网络时，除常规的ZigBee网络协议栈操作流程外，需要添加以下过程：

① 为协调器增加入网许可控制功能，允许设备控制器在一定时间内申请入网，增强安全性。

② 控制器采取主动式申请，在经历了ZigBee网络发现和节点关联过程获得网络权限后，还需增加控制器备案操作以激活节点功能。验证过程开始时，节点首先向协调器发送初识“入网汇报”帧，标明自身设备种类及功能属性，请求协调器分配设备索引；协调器查询预置的设备类型记录表，核对设备及功能，随后将设备信息填入网络设备表内，根据表内同类设备数分配空闲索引并向控制器发送包含设备索引的“入网确认”帧；设备接收确认帧后修改自己的索引编号并开始工作。

(2) 控制器网络删除

控制器节点退出网络包含主动和被动方式。

主动方式下，控制器节点调用ZigBee协议栈的网络释放原语，主动退出网络,并向协调器发送"退网信息"帧,该消息不要求回复,目的是保证控制器在网络异常情况下仍能正确退网,防止网络状态死锁。当网络协调器接收到退网信息帧后,在网络设备表内删除对应的设备控制器。当网络协调器一定时间未收到来自控制器节点的任何信息时,代表控制器因故障主动退网,协调器应执行删除操作。

被动方式下,协调器向指定设备发送退网命令帧,当控制器节点收到消息后,被动执行退网操作。此外,当控制器节点长时间与协调器未通信,则代表网络异常,也应被动执行退网操作。

(3) 控制器信息管理

协调器负责对网络内控制器的信息定期更新。更新过程为,设备控制器设定汇报倒计时,时间到后向协调器发送包含控制器功能及状态的"数据报告"信息帧,协调器解析信息帧,查询控制器在设备表内的位置,更新其功能数据;同时协调器为每个网络设备设置汇报时间表,当设备一定时间未汇报状态,则协调器主动发送"数据查询"帧,询问设备状态。其中设备控制器的汇报倒计时应各不相同,防止同一时刻大量数据传送至协调器导致的网络拥塞。

4) 设备控制方式

智能家居的最终目的是便捷的控制家庭设备,因此设备控制方式是 ZigBee 通信规程的核心内容。设备控制过程通过"设备状态设定"信息帧实现,过程为:

ZigBee 协调器接收到来自中央网关子系统或智能遥控器的"设备状态设定"信息后,首先分析命令是否包含多个控制对象,如果不是,则将消息转化为 RF 格式,否则拆分并提取出控制对象,依次在网络设备表中查询控制对象的有效性,随后分别向各设备发送单独控制的"设备状态设定"信息。

当设备控制器接收到"设备状态设定"信息后,首先检查信息指定的设备是否为自身设备,随后获取期望的设备控制效果,转化为遵循特定协议的命令格式。随后,设备控制器通过硬件或无线方式与被控设备建立通信,传输控制信息,由被控设备执行状态设定过程。

3. ZigBee 网络与 X10 网络控制转化设计

X10 电力载波通信技术是在 50 Hz(或 60 Hz)载波、120 kHz 脉冲调变的数位控制技术基础上制定出的一套适用于智能家居电子设备通信的控制规程。X10 技术仅使用家庭现有电力线即可达到供电与控制效果,容易实现家庭设备的网络化控制,经济方便高效,是有线接入方式下智能家居系统的国际通用标准[19]。

X10 网络转化器在 ZigBee 网络节点软/硬件功能基础上添加消息收发及转化处理。消息处理流程如图 8.13 所示。

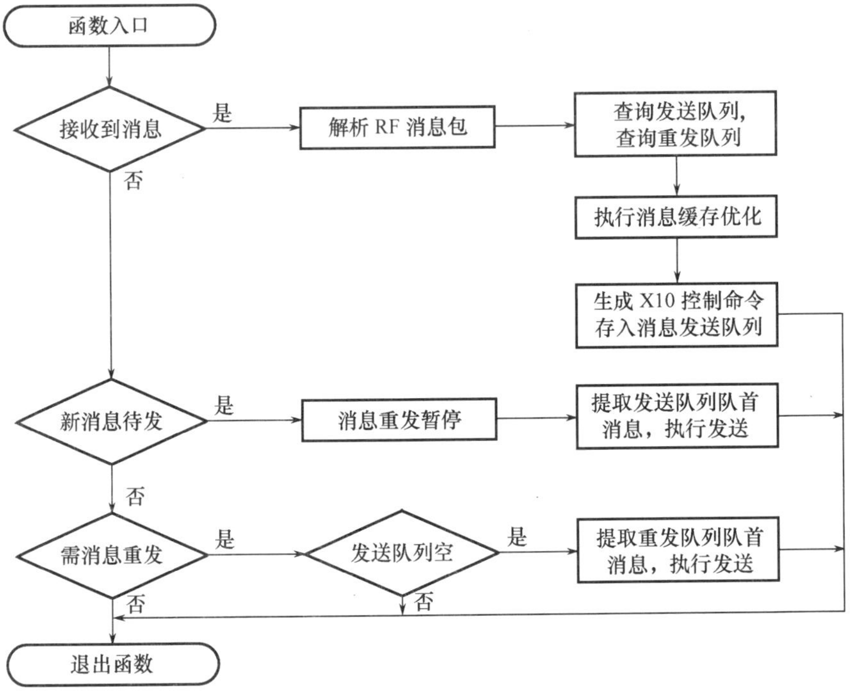

图 8.13　X10 网络转化器消息处理流程

消息处理的过程为：当 X10 转化器接收到来自网络协调器的控制命令后，解析数据包提取出需要控制的目标设备，随后查询消息发送队列与消息重发队列，采用双缓冲队列调整方法与合并删除机制，对消息缓存进行优化，并生成优化后的 X10 命令格式存入消息发送队列；当消息发送队列有消息待发时，则中断消息重发过程，提取发送队列的队首消息，执行发送过程；当消息发送队列暂无消息发送时，切换到消息重发队列，提取队首消息继续重发过程。

4. 家庭电量信息采集器设计与实现

目前家庭电表一般都使用 RS-485 接口，遵循特定标准与电表通信。通过无线传感网络节点与电表、水表通信，可将设备记录的计量数据通过无线方式快速便捷地传递给网络管理中心以供用户查询，从而大大增强用户对家庭能源信息的知悉度，提升用户体验[20]。

这里首先介绍主流的电表通信协议，主要是国际通用的 IEC62056-21 标准及国内使用的 DL/T 645 标准；随后介绍智能家居家庭电量信息采集器的设计过程。

1）IEC62056-21 局域抄表数据交换协议

IEC62056-21（旧版为 IEC1107）[21]标准是国际电工委员会（International Electrotechnical Commission，IEC）关于局域抄表数据交换系统的硬件和协议规

定,采用半双工的异步串行传输,初始波特率为 2400 b/s,字符格式采用 ISO1177:1985 标准,1 位起始位 7 位数据位,1 位奇偶校验位,1 位停止位。有效的协议模式包含 A、B、C、D、E 五种,默认采用协议模式 C,在命令方面规定了通信请求、身份识别、连接确认、数据信息及编程模式下的其他应用。

通信过程如下:

(1) HHU(Hand Held Unit,手持式装置)发送"连接请求"信息给计费装置,请求连接,格式如图 8.14 所示。

I	?	Device address	!	CR	LF

图 8.14 IEC62056-21 标准规定的"连接请求"命令格式

其中,"*I*"字段为信息起始符;"CR,LF"为回车字符;"Device address"字段为目的计费装置的地址标号,该字段可省略,此时代表请求连接任何设备。

(2) 计费装置回复"身份识别"信息给 HHU,告知本机信息,格式如图 8.15 所示。

其中,"XXX"字段为厂商的 3 字符名称标识;"Z"字段取值为 0~6,代表当前波特率,默认为"3",代表 2400 b/s;"W"字段为强化的波特率和身份标识字,通常省略;"Identification"字段为计费设备的 ID 标识。

I	X	X	X	Z	\	W	Identification	CR	LF

图 8.15 IEC62056-21 标准规定的"身份识别"命令格式

(3) HHU 回复"ACK"信息给计费装置,根据不同参数,命令计费装置进入数据读取、编程模式或厂商自定义模式,格式如图 8.16 所示。

ACK	V	Z	Y	CR	LF

图 8.16 IEC62056-21 标准规定的"ACK"命令格式

其中,"ACK"字段为 ACK 命令标识字符;"V"为协议控制符,取值为 0、1、2,一般取值为"0",表示正常协议;"Z"字段取值为 0~6,代表当前波特率,默认为"3",代表 2400 b/s;"Y"为模式控制符,取值为 0~9 整数,"0"表示数据读取模式,"1"表示编程模式,"Y"表示其他厂商自定义模式。

(4) 根据计费装置发送"数据信息"命令给 HHU,包含了各象限有功、无功电能、电压、电流等各类数据,如图 8.17。

STX	Data block	!	CR	LF	ETX	BCC

图 8.17 IEC62056-21 标准规定的"数据信息"命令格式

图中“STX”字段为数据信息命令标识字符；“Data block”字段为数据项堆叠信息，数据项包含数据标识、数据内容、数据单位，如数据项 1.8.0(0000006 * kWh)表示累计耗费电能 6 kWh；32.7.0(219.1 * V)表示当前电压为 219.1 V；31.7.0(0.000 * A)表示当前电流为 0 A；“BCC”字段为校验字。

2) DL/T 645 电表通信标准

DL/T 645 标准[22]是在参照 IEC1107 中的光学接口部分制定的国内电力行业统一标准，对多功能电能表的费率装置与数据终端设备进行数据交换时的物理连接和协议做出了规范。标准分为 1997、2007 两版，略有差异，采用 2007 标准。采用半双工的异步串行传输，初始波特率为 2400 b/s，1 位起始位，8 位数据位，1 位奇偶校验位，1 位停止位。采用统一格式的帧消息通信，字节为二进制格式。消息格式见表 8.7。

表 8.7　DL/T 645 标准规定的消息帧格式

帧格式	代码	说明
帧起始符	68H	标识一帧信息的开始
地址域	A0 ~ A5	6 字节 BCD 码，999999999999H 为广播地址
帧起始符	68H	标识一帧数据信息的开始
控制码	C	标识控制命令
数据长度域	L	数据域的字节数
数据域	DATA	包括数据标识和数据、密码等
校验码	CS	帧内字节的二进制算术和
结束符	16H	标识一帧信息的结束

应用于智能家居系统中的控制命令有：请求读取命令、读取正常应答命令及读取异常应答命令。

(1) 请求读取命令格式如图 8.18 所示。

68H	A0	…	A5	68H	11H	04H	DI_0	…	DI_3	CS	16H

图 8.18　DL/T 645 标准请求读取命令消息帧格式

其中，“DI_0”、“DI_1”字段为两字节数据标识，如 0x1090 表示正向总电能，0x11B6 表示 A 相当前电压，0x21B6 表示 A 相当前电流。发送时数据标识字段加 33H，接收时减 33H。

(2) 读取正常应答命令格式如图 8.19 所示。

其中，“N1”~“Nm”为读取到的数据内容。发送时数据内容字段加 33H，接收时减 33H。

68H	A0	…	A5	68H	91H	L	DI_0	…	DI_3	N1	…	Nm	CS	16H

图 8.19 DL/T 645 标准读取正常应答命令消息帧格式

(3) 读取异常应答命令格式如图 8.20 所示。

68H	A0	…	A5	68H	D1H	01H	ERR	CS	16H

图 8.20 DL/T 645 标准读取异常应答命令消息帧格式

其中 ERR 字段标识异常情况原因,包含费率数超、日时段数超、年时区数超、密码错、数据标识错、非法数据等。

3) 多功能电表信息采集器功能实现

软件方面,具备 RF 网络功能的节点要实现与 RS485 接口电表的通信,还需要实现串口驱动、电表通信等功能。

(1) 串口驱动

串口驱动包含串口配置和串口读/写。

串口配置实现节点初始化过程中对串口使用方式的定义,具体分为 GPIO 引脚配置及串口模式配置。GPIO 引脚配置设定了串口收发的引脚标号、电平方向、初识电平等。对于 IEC62056-21 标准和 DL/T 645 标准的电表,可采用相同的 GPIO 配置方式;串口模式配置规定了串口在功能上的特性参数,包括波特率、起停位数、校验方式、数据位长等。根据电表通信协议的不同,采用不同的配置方式。

串口读写实现对输入数据包的捕获、校验以及控制数据包的输出。在读数据时采用中断方式,调用 emberSerialReadByte 接口函数,判断串口是否有字节数据待读取,从而根据数据包长度捕获完整消息交给处理程序;在写数据时,应先调用 emberSerialWriteAvailable 函数判断串口资源是否空闲,随后调用 emberSerialWriteData 函数发送指定长度的数据包。

(2) 电表通信

电表通信的目的是读取电表的能耗、电压、电流等功能数据,并存储在通信节点内部供 PAN 协调器查询。通信流程如图 8.21 所示。

对于遵循 IEC62056-21 标准的电表,在数据读取前需要由通信模块发送"请求连接"命令,电表回馈"身份识别",从而完成连接的激活。随后电表将自动汇报各项数据给通信控制器,控制器记录数据并通过 ZigBee 网络发送给控制终端。

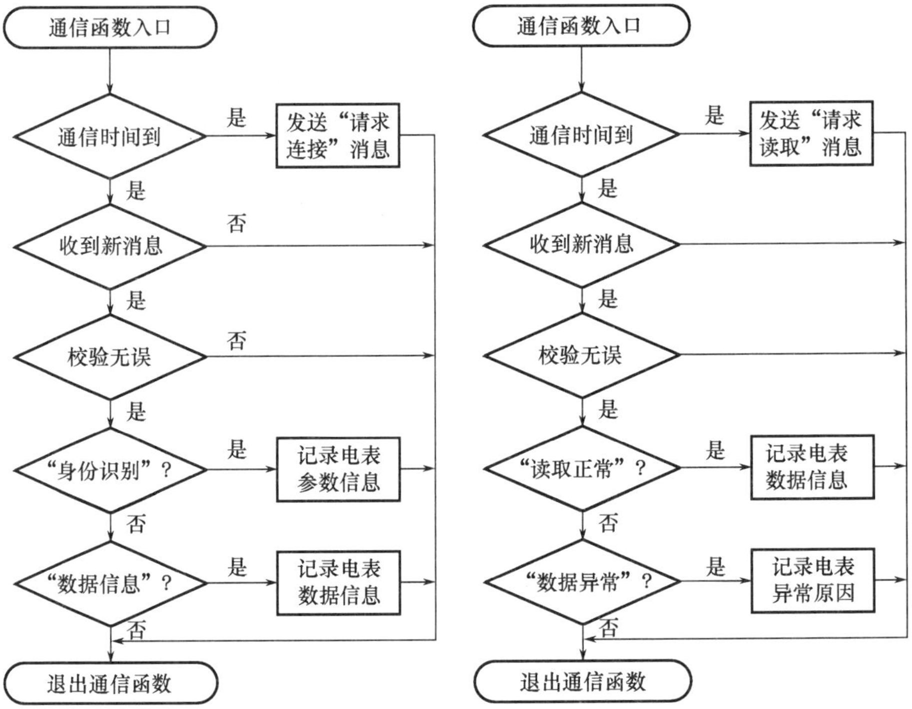

(a) IEC62056-21 电表通信流程　　(b) DL/T645 电表通信流程

图 8.21　多功能电表通信处理流程图

对于遵循 DL/T645 标准的电表，无须进行连接激活操作，直接通过控制器发送指定数据的“读取请求”，电表将根据请求的数据标识返回对应数据结果。如电表工作异常，则会返回异常应答并报告异常状态原因。

5. 家居空调远程控制设计与实现

1）红外线控制消息转化设计

家居空调通常采用红外线通信方式。其控制过程为：由控制端根据用户操作及设备控制协议生成控制数据包，采用 950 nm 近红外线波段的红外线作为通信信道发送。进行数据发送前采用脉冲调制（PPM）的方式，将待发送的数据按照二进制数字信号以特定的规范调制成一系列的脉冲信号，然后驱动红外线发射管以光脉冲的形式发送调制数据；被控设备通过接收光脉冲信号，将其转化和生成电信号，经过滤波、放大后进行解调，还原为二进制的数据包，进而解析命令，驱动执行机构完成控制操作[23]。

不同品牌的空调在红外线通信方式数据包格式定义方面各不相同，以长虹空调为例，包含脉冲定义及消息定义两部分。

脉冲定义说明了消息包引导脉冲、尾码、“0”或“1”数据的表示方法，具体定义如图 8.22。

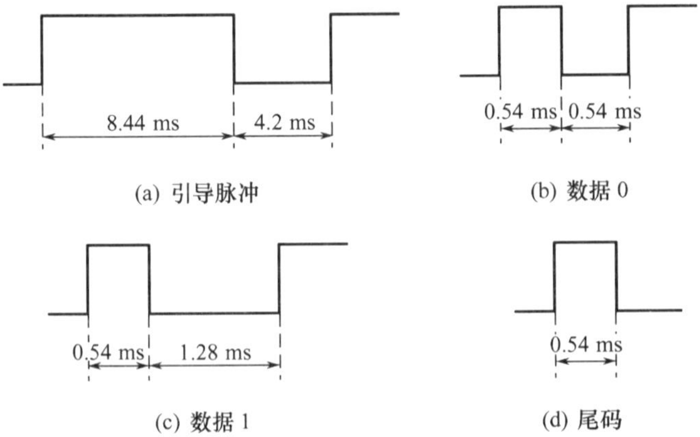

图 8.22 空调脉冲定义图

消息定义规定了红外线通信方式消息包由引导脉冲、系统码、识别码、校验码、尾码组成。其中系统码固定为 0x56，识别码由 A ~ M 字段共 15 个字节组成，校验码为消息包全部字节的 4 位全加和。实验中用到的识别码字段定义见表 8.8。

表 8.8 空调消息定义字段含义对照表

字段名	字段意义	数据
A 字段：A7 ~ A0	设定空调温度	01101100——16C
		01101100——17C
		……
		01111100——32C
D 字段：D6 ~ D4	设定空调模式	100——自动
		001——制热
		010——制冷
E 字段：E7 ~ E6	开/关机控制	11——关机
		00——开机

2）智能空调遥控器设计与实现

（1）硬件驱动

硬件方面，需要完成红外线收发电路的设计，主要包括载波产生、红外线调制、信号发送、信号接收与信号解调过程。

红外线发射过程为，首先选择 38 kHz 方波信号作为载波，可通过专用芯片

NE555生成,也可利用节点微处理器控制I/O口输出周期性方波产生,本文采用I/O口控制方式输出载波;其次需要将待发送的控制命令与载波叠加形成载波信号,为了增强可靠性,通常采用三极管驱动方式控制叠加;最后将载波电平通过红外发射管转化为红外线信号发射到空气介质中。

红外线接收过程与发射过程相反,需要首先识别并接收红外线信号,经过滤波后形成稳定的载波电平,再经过解调还原出原始控制命令,采用集成信号接收与信号解调的HS0038模块作为接收模块。红外线通信收发电路原理如图8.23所示。

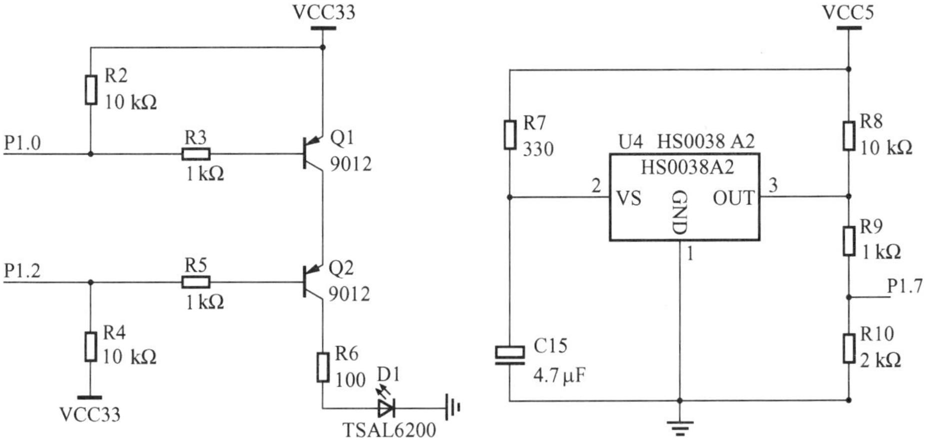

(a) 红外线发射电路　　(b) 红外线接收电路

图8.23 红外线通信收发电路原理图

(2) 软件驱动

软件驱动包括配置GPIO、产生载波信号、红外线发射控制及红外线接收控制等。

GPIO配置包括引脚选择,输入输出模式选择以及输出电平初始化。

载波信号采用定时方式产生,如选择8 M时钟,每计数105次电平输出反向,则电平周期为210次计数时间,则每秒产生38 k个周期电平,即产生38 kHz的载波。

红外线发射控制是通过定时更改GPIO寄存器GPIO_OUTL来实现对指定引脚输出电平的设定;红外线接收采用中断方式,检测红外线数据包的头尾信号,从而完成数据包的读取。

(3) 控制功能实现

由于空调是单向控制设备,无须通过握手操作建立通信即可传输控制命令,因此在ZigBee传感网络节点功能基础上,通过扩展红外线通信软/硬件驱动,遵循空调控制命令编码格式即可实现节点对空调的遥控控制。为了与智能家居系统结合,实现远程控制目的,节点还需要完成消息处理与转化过程。

消息处理与转化过程处理流程如图 8.24 所示,在处理过程中,节点如接收到来自协调器的 RF 控制命令,则首先提取温度、模式、开/关机操作等数据,进而通过调用红外线发射接口完成红外线消息发送。

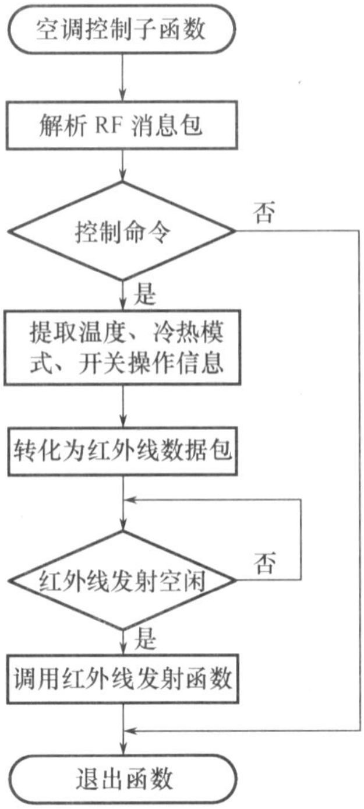

图 8.24 空调控制子函数处理流程图

8.2.5 智能家居家庭安防子系统设计

智能家居安防子系统负责检测非法入侵、火灾、煤气泄漏等严重威胁家庭安全的情况,传输报警信号给中央网关,由其自动联系小区保卫及时处理以减少家庭损失。安防子系统与中央网关系统结合,具有险情探测、安防设定、报警联动、紧急求助等功能。

1. 险情探测功能

系统中采用 PIR 移动探测器来发现非法入侵事件,PIR 移动探测器的基本原理是探测并接收移动物体与背景之间的红外线能量变化。当探测区内的目标移动时,原发射信号与反射的信号之间会有频率差异,即多普勒效应。探测器捕捉频率差异并产生差分模拟信号,根据信号强度即可判别环境中是否存在物体移动。将

PIR 探测器放置在窗口、门口等场所，当有非法入侵时即可被察觉并及时报告。

系统中采用气体传感器探测周围环境中的低浓度可燃气体，通过采样电路，将探测信号用模拟量或数字量传递给控制器或控制电路，当可燃气体浓度超过控制器或控制电路中设定的值时，控制器通过执行器或执行电路发出报警信号，识别煤气泄漏或火灾。

2. 安防设定

安防子系统应具有安防设定功能，即可根据用户操作切换布防/撤防模式，并可由用户设定安防的任务和范围。只有当处于布防模式时，系统中的灾情探测功能被激活，执行灾情发现和报警功能。

3. 报警联动

管理系统在检测到险情后，需要自动通过中央网关系统与小区警卫联系，同时当检测到非法入侵时，自动开启灯光并鸣笛报警。

4. 紧急求助

系统应通过中央网关为用户提供应急求助功能，在危急情况阻碍逃离环境时可通过紧急呼叫方式与小区警卫或物业取得联系，获取后续的应急指南与协助。

8.2.6 智能家居中央网关子系统设计

中央网关子系统是与用户进行交互的终端控制设备，与 ZigBee 网络子系统、家庭控制子系统以及安防子系统协调工作。

从功能来说，中央网关子系统应包含可视对讲、小区通话、门禁控制、物业管理等小区智能化管理功能，同时能实现显示家庭设备信息，并提供按房间、按类别、按需求等多种组合控制方式完成用户对家庭设备的控制操作[24-26]。

中央网关子系统的设计包含硬件结构设计与软件架构设计两方面。

(1) 硬件结构设计

在硬件方面，网关控制终端由处理单元、存储单元、触摸显示屏、音频扬声器等模块及 TCP/IP 网络接口、ZigBee 网络通信接口、门禁控制接口、通用串行总线(Universal Serial Bus，USB)接口等外部接口组成，结构如图 8.25 所示。

控制终端需满足灵活安装的要求，因此处理单元为非 PC 的微处理器，负责终端数据的处理工作；存储单元包含系统存储单元和用户数据存储单元，应具备足够空间以存储过程数据；触摸显示屏是系统信息显示和用户信息录入的媒介接口，提供灵活便捷的交互控制；音频扬声器提供背景音乐、交互音频及安防报警功用；TCP/IP 网络接口用以同小区内的其他家庭终端通过网络电缆连接成互联互通系统，为实现小区可视通话提供物理链路基础；ZigBee 网络通信接口与 ZigBee 网络协调器相连，负责信息控制命令传递；门禁控制接口采用有线物理链路与楼宇门禁系统相连，控制门锁的开关；USB 接口可与用户 USB 设备连接，实现音乐传输、资料拷贝等功能。

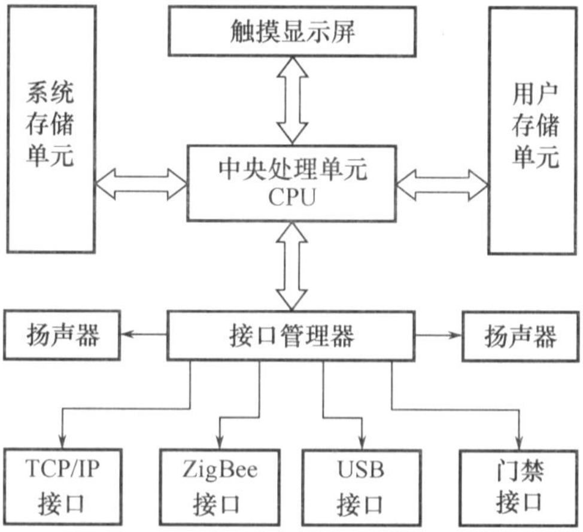

图 8.25　中央网关控制终端硬件结构

(2) 软件结构设计

在软件方面,网关控制终端设计包括接口驱动设计、操作系统移植、智能家居管理及可视化界面设计等,如图 8.26 所示。

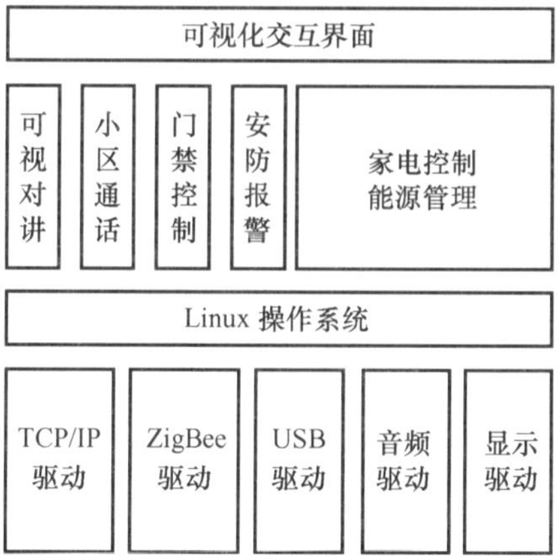

图 8.26　中央网关控制终端硬件结构

接口驱动层需要提供 TCP/IP、ZigBee、USB、音视频等接口驱动来配置各类接口功能,并为上层应用提供便于访问和控制的应用程序接口(Application Program Interface,API)。

由于网关控制系统的复杂性,因此需要使用嵌入式的操作系统来保证基础硬件设备的管理及系统进程的调度,开发者只需使用操作系统资源,关注系统功能实现即可。主流的嵌入式操作系统有 Linux、WinCE 等。本系统中采用开源免费的 Linux 系统。

智能家居管理包括小区智能化管理、家庭设备管理、家庭信息管理、安全系统管理等内容，将智能家居各分散子系统的功能封装起来，提供统一的调用接口，与用户界面的功能按钮相关联，从而实现便捷调用和控制的功能。

可视化界面是家庭信息显示和用户交互的枢纽，采用触摸交互方式，通过点选功能从而自动配置家庭环境参数，控制各子系统的协调工作。

8.2.7　智能家居控制系统应用效果

我们在智能家居控制系统研究基础上与长虹公司、深圳金宝通公司合作，以 ZigBee 网络为平台，搭建了一套基于 ZigBee 网络的智能家居系统，如图 8.27 所示。

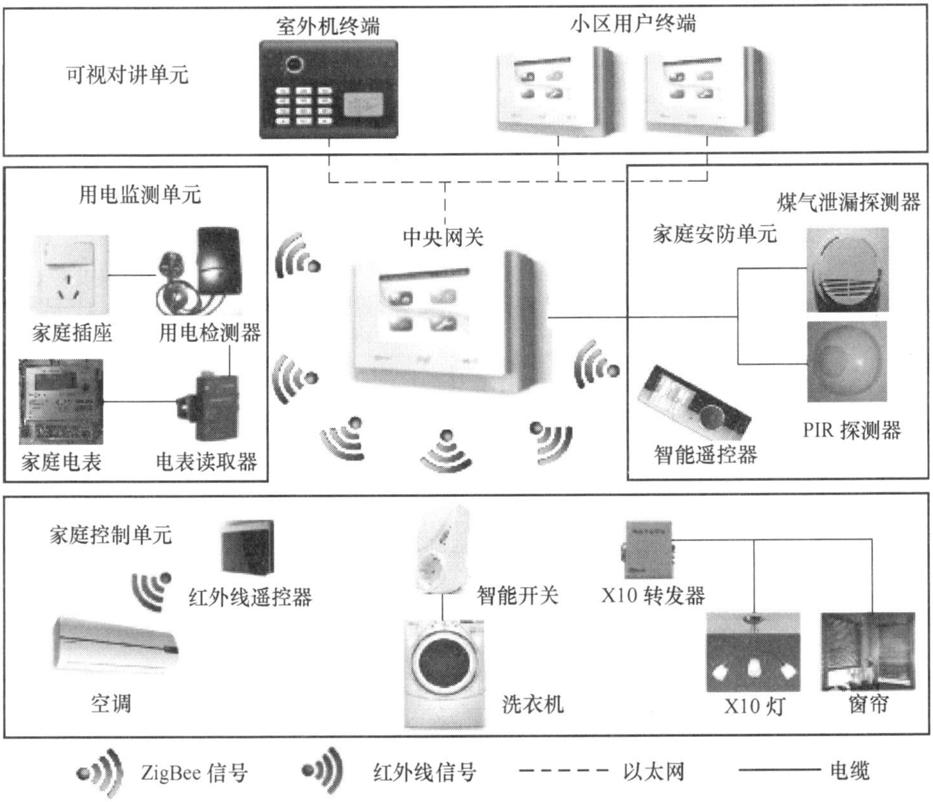

图 8.27　ZigBee 智能家居系统实物结构图

系统中央网关控制终端、安防报警传感器、家庭设备控制器分别如图 8.28、图 8.29、图 8.30 所示。该系统在实际应用中，系统操作便捷、控制性能稳定可靠、控制延迟低，用户反馈良好。

(a) 中央网关家庭控制终端　　　(b) 可视对讲梯口机

图 8.28　智能家居中央网关控制终端实物图

(a) 红外线幕帘　　　(b) 煤气泄漏传感器　　　(c) 紧急报警按钮

图 8.29　智能家居安防报警传感器实物图

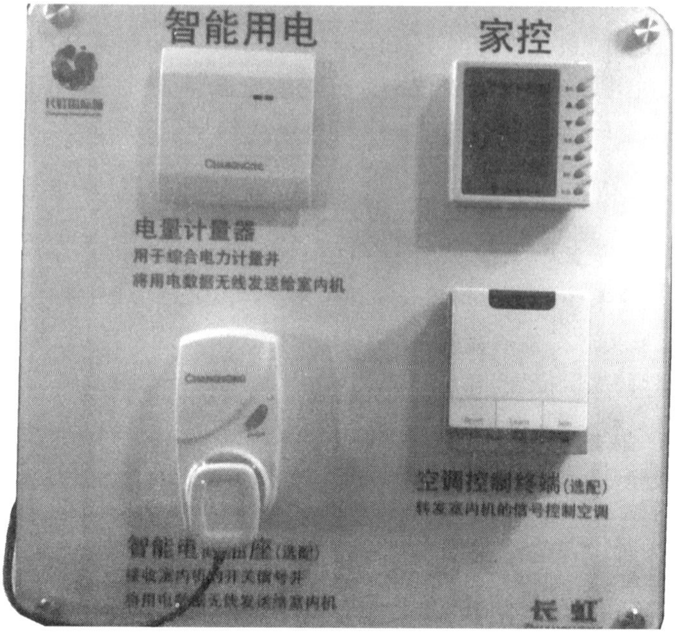

图 8.30　智能家居家庭设备控制器实物图

8.3 物联网远程无线测控系统

近年来，随着信息与控制技术的进步，工业自动化系统技术得到了空前的发展，其应用范围几乎扩展到人类活动的一切领域。工业自动化系统不断吸纳高技术成果，更新换代速度日益加快，市场需求稳定增长。国际上，特别是工业发达国家，在工业自动化仪表与系统的主导产品领域，如主控装置、基于现场总线的控制系统、智能化现场仪表、工业机器人、智能化低压电器等，竞争非常激烈，是工业自动化中发展最快的领域，其产品特点是数字化、智能化、模块化、高精度化和小型轻量化。

将无线传感器网络应用于工业自动化，相比之下具有有线固定网络无法比拟的优势。无线网络拓扑结构更适合工业网络应用，它支持 RS-232 工业设备点到点的连接或多个设备组成对等网络相互通信或客户机/服务器拓扑，每个 RS-232 工业设备都可以方便、快捷地接入无线网络中，极大地提高了信息处理能力。同时无需布线，省去了施工的麻烦，从某种程度上保证了网络的安全。无线网络覆盖范围可以通过拓扑结构扩大，比起有线网络来说更为方便。目前工业自动化领域中已有 ZigBee/IEEE 802.15.4，IEEE 802.15.3，IEEE 802.11 等的应用。2004 年，Honeywell 推出基于 ZigBee 的无线变送器 XYR 5000 系列；OMRON 的无线链接 Device Net 现场总线主站 WD30-ME 和从站 WD30-SE；德国 Schild Knecht 公司推出无线 Profibus-DP 产品 DE 3000 系列；ABB 在瑞典的 Boliden 工厂利用 Ember 的无线技术进行无线通信评估等。本节介绍无线传感器网络应用于德国 FESTO 公司的一套模块化生产加工系统，自动完成生产工件的装配工作，并通过互联网实现远程的监控[27-29]。

8.3.1 模块化制造系统

模块化制造系统（Modular Production System，MPS）由 10 个模块组成，相互协作，自动完成生产工件的装配工作。10 个模块中有送料模块、检测模块、传送模块、加工模块、提取模块和分拣模块。送料模块从料仓中分离工件，为下一道工序准备工件；检测模块确定待检测工件的材料特征，将合格品送至下一模块；传送模块完成工件从上一模块到下一模块的传送工作，同时合理地匹配了各个模块之间的顺序工作，使得相互协调；加工模块对工件进行加工；提取模块从加工模块移走工件，将其传送至下一模块；分拣模块按工件的属性分拣工件，将不同材质的工件分派到不同的滑道。模块之间通过传感器相互通信以相互协作，可编程控制器 PLC 实现模块化制造系统各环节和整个生产线的运行控制。

我们在对每个模块进行仔细分析后，设计并实现了基于状态机的控制策略，取代原有的 PLC 控制方案。同时将 ZigBee 技术有效地与控制系统结合,构成基于 ZigBee 无线传感器网络的模块化制造系统。对 ZigBee 协议栈和模块化制造系统控制策略的模块化接口设计使得该模式很容易应用于工业生产的应用实例。

1. 模块化制造系统的分析

模块化制造系统的生产线每个工位都为 8 个输入和 8 个输出的系统,系统采用 S3C2410 的 GPF 0 ~ GPF7 作为输入口,从模块化制造系统中得到输入数据;采用 S3C2410 的 GPE0 ~ GPE7 作为输出口。图 8.31 给出了模块化制造系统连接板示意图,对外接口为 24 针接口,其中 8 个输入,8 个输出,两路独立电源(输入与输出电源独立)。输入和输出均为 24 V 电压驱动,由于电路板只能提供 5 V、3.3 V 直流,不提供 24 V 直流电压,所以此处的 24 V 电压由外部独立稳压源提供。为了实现小电压控制大电压,小电流驱动大电流,在电路板的输入和输出部分加入光耦合器隔离和继电器驱动,同时还有效地防止了 24 V 电压在通/断瞬间对电路板带来的干扰。下面以第一个模块和第二个模块为例详细分析 ZigBee 技术在模块化制造系统中的应用。

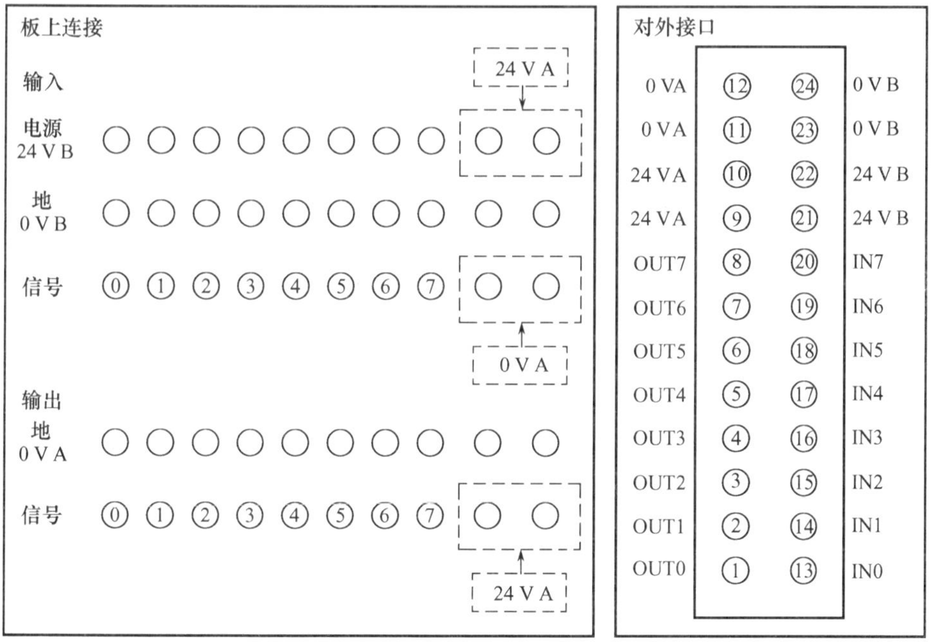

图 8.31 连接板示意图

德国 FESTO 公司模块化制造系统,系统由 10 个模块组成,自动完成生产工件的装配工作。虽然 10 个模块都提供 8 个输入和 8 个输出接口,但并非所有模块都完全使用它们。例如第一、第二个模块的输入和输出连接见表 8.9 和表 8.10。

表 8.9　第一模块输入和输出

输入编号	连接关系	传感器类型	输出编号	连接关系	控制属性
IN0	—	—	OUT0	1Y1	控制推杆伸缩
IN1	1B2	接近传感器	OUT1	2Y1	控制吸气阀门
IN2	1B1	接近传感器	OUT2	2Y2	控制吹气阀门
IN3	2B1	气压传感器	OUT3	3Y1	控制转臂左转
IN4	3S1	转臂左限位传感器	OUT4	3Y2	控制转臂右转
IN5	3S2	转臂右限位传感器	OUT5	—	—
IN6	B4	光电传感器	OUT6	—	—
IN7	_IP_FL	光电传感器	OUT7	—	—

表 8.10　第二模块输入和输出

输入编号	连接关系	传感器类型	输出编号	连接关系	控制属性
IN0	PART_AV	接近传感器	OUT0	1Y2	辅助控制
IN1	B2	接近传感器	OUT1	1Y1	控制动臂上升
IN2	B3	光电传感器	OUT2	2Y1	控制推杆推动
IN3	R1	模拟限位传感器	OUT3	3Y1	控制吹气阀门
IN4	1B1	接近传感器	OUT4	—	—
IN5	1B2	接近传感器	OUT5	—	—
IN6	2B1	接近传感器	OUT6	—	—
IN7	_IP_FL	光电传感器	OUT7	A1	与第一模块通信

从表 8.9 和表 8.10 可以看出，第一模块输入仅用了 IN1 ~ IN7，输出仅用了 OUT0 ~ OUT4；第二模块输入仅用了 IN0 ~ IN7，输出仅用了 OUT0 ~ OUT3。表中的连接关系是指在模块中的对应标号之间的连接。

每个模块正常工作时都可以理解为状态顺序转移，即一种时序关系，根据实际的分析和测量得到第一和第二模块的状态图如图 8.32 和图 8.33 所示。

图中圆角矩形内为输出状态，“边”为输入条件，各输入/输出状态中“1”表示高电平，“0”表示低电平。从图 8.32 和图 8.33 中状态转换可以看出，每个模块(其他模块类似)的输出状态从 start 开始，然后通过一个输入信号激励进入工作状态循环。当某次输入满足状态转移条件时进行状态转移并输出相应状态。图中输入信号激励中的“x”表示本位输入对输出没有影响，输出状态上的时间

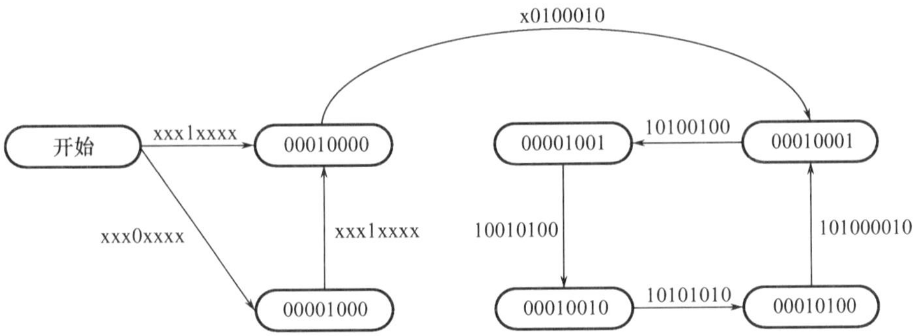

图 8.32　第一模块状态图

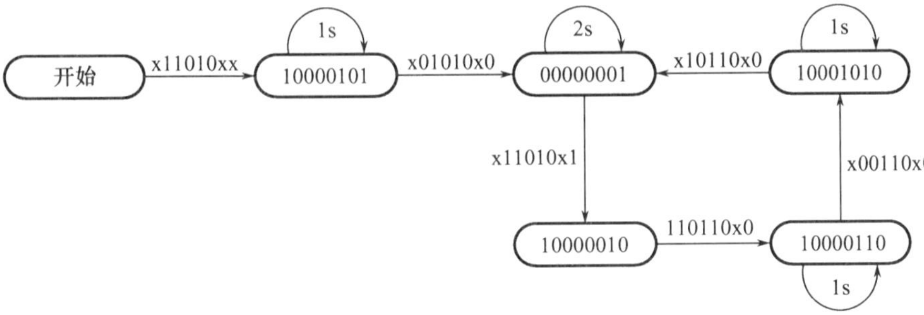

图 8.33　第二模块状态图

表示在输入条件满足时需要延时多少秒才输出下一状态。start 状态为 0xff,仅表示一个初始状态,它并不输出(也不能输出)。目前我们的系统中的所有模块正常情况下都没有对应的 0xff 输出,所以利用一个空闲的状态作为初始态是合理的。

2. 模块化制造系统控制策略

考虑到为整个模块化制造系统的每个模块设计一种控制方法(由于每个模块的控制都不同)比较繁琐,所以考虑为整个系统设计一种统一的控制策略和接口,这样设计的目的在于控制的通用性和灵活性。8 个输出位共有 256 种情况,这 256 种输出状态是确定的,所以仅需要在设置参数的时候找出对应模块的输出状态点,设置状态之间转换的“边”,同时附加一些参数即可。根据这样的思想,设计关键数据结构如下。

1) 结构体 status_t

status_t 为每个状态点的数据结构,保存输入条件及下一次状态输出结果。

```
typedef struct_status{
  int node;                          //节点编号 1,2,3,…,10
  unsigned short flag;               //标志位,0 ~ 9 位反映 1 ~ 10
```

```
                                              个节点对本节点的影响
    unsigned char o_local;                    //输出状态
    unsigned char i_local[LOCAL_INPUT_MAX];   //本地输入状态
    unsigned char i_other[NODE_MAX];          //其他节点输入状态
    struct _status * next[LOCAL_INPUT_MAX];   //下一个输出状态
} status_t;
```

2）结构体 local_input_t

local_input_t 为设置状态转移图时所需的本地信息的数据结构，根据这个数据结构可以设置状态转移的“边”。

```
typedef struct _local_input{
    int node;                    //节点编号
    unsigned char i_local;       //本地输入
    unsigned char i_index;       //输入指示 0,1,2
    unsigned char o_local;       //输出状态
    unsigned char o_next;        //下一个输出状态
} local_input_t;
```

3）结构体 other_input_t

other_input_t 为设置状态转移图时所需的远程信息的数据结构，根据这个数据结构可以设置状态转移的“边”。

```
typedef struct _other_input{
    int node;                    //节点编号
    unsigned char o_local;       //输出状态
    unsigned char o_next;        //下一个输出状态
    unsigned char i_other;       //其他节点输入
    int n_other;                 //其他节点对本地输入编号 1～10
} other_input_t;
```

可以通过以下几个函数完成状态转移图的状态点的添加和删除，在模块化制造系统开始控制之前必须完成状态转移图的建立，这种统一接口的动态添加和删除过程极大地增强了系统的方便性和可扩展性。

（1）void node_init(int node)

函数功能：初始化节点 256 个状态。

输入参数：输入参数为整型，范围 1～10，指示对哪个节点的初始化。

返回值：无

（2）void set_node_default(void)

函数功能：默认设置节点工作状态，初始化节点对应数组 local_input_t local_

input[n]。

输入参数:无

返回值:无

(3) int local_input_add(local_input_t local)

函数功能:添加一个本地状态,即将两个状态用一条"边"相连接,指示一个状态在输入条件满足的情况下输出的下一个状态。

输入参数:结构体 local_input_t 指示了节点号、输入条件、当前输出状态和下一个输出状态。

返回值:返回 1 表示出错,返回 0 表示正常。

(4) int local_input_del(local_input_t local)

函数功能:删除一个本地状态,即删除两个状态间连接的"边",指示在此输出状态下的下一个输出状态变更。

输入参数:结构体 local_input_t 指示节点号、输入条件、当前输出状态和下一个输出状态。

返回值:返回 1 表示出错,返回 0 表示正常。

(5) int other_input_add(other_input_t other)

函数功能:添加一个远程状态,即将两个状态用一条"边"相连接,指示一个状态在远程输入条件满足的情况下输出的下一个状态。

输入参数:结构体 other_input_t 指示了节点号、远程输入条件、当前输出状态和下一个输出状态。

返回值:返回 1 表示出错,返回 0 表示正常。

(6) int other_input_del(other_input_t other)

函数功能:删除一个远程状态,即删除两个状态间的那条相连接的"边",指示在此输出状态下的下一个输出状态变更。

输入参数:结构体 other_input_t 指示了节点号、远程输入条件、当前输出状态和下一个输出状态。

返回值:返回 1 表示出错,返回 0 表示正常。

8.3.2 节点设计

根据国内外的节点研究现状以及系统设计的指标,本系统采用 ARM (Advanced RISC Machines)作为处理器的解决方案。一般来说,在选择微处理器时,需要考虑微处理器的性能、功耗、成本、配套的开发工具以及市场供货等因素。其中性能最为重要,有时候体积和功耗也很关键。在选型中,需要能够将系统功耗尽量降低,性能足够强大,兼容性和可扩展性足够好,同时需要将大部分外设接口集成在系统单晶片(System on Chip,SoC)上,减少系统硬件复杂度,增强系统稳定性,还要满足运算的速度要求,同时还要求有较好的软件支持和开发工具链。在比较了各厂家的ARM系列处理器之后,三星公司的S3C2410在这些方面恰好具备优势。

S3C2410自身不带只读存储器(Read-Only Memory,ROM),因此必须外接ROM器件来存储放电后仍需要保存的代码和数据。NOR型和NAND型是两种典型的非易失闪存(FLASH)技术。NOR FLASH存储器的容量小、写入速度慢、单位比特成本高,适用在小型灵活的嵌入式场合。而NAND FLASH存储器结构能提供较高的单元密度,可以达到很大的存储容量,并且写入和擦除的速度很快。只是NAND FLASH存储器不能片上执行程序(eXecute In Place,XIP),需要特殊的接口来操作。针对本文的应用于无线传感器网络的ARM嵌入式系统,采用Linux操作系统作为支撑,涵盖文件系统和网络功能,并在需要的时候可以大量存储数据,同时S3C2410自带NAND接口,因此系统最后采用由三星公司的容量为64 MB的NAND FLASH K9F1208UOM。

随机存取存储器(Random Access Memory,RAM)是易失性的存储器,在掉电以后数据即消失。但是它与ROM器件不同,它的随机读/写速度非常快,写入数据之前不需要擦除。这些特性使它成为嵌入式系统必不可少的存储设备之一。在嵌入式系统中,通常都将数据区和堆栈区放在RAM里,供快速读/写。SDRAM是多bank(块地址)结构,其中一个bank在预充电期间,另一个bank即可以马上被读取,这样当进行一次读取之后,又可以马上去读取已经预充电的bank数据,大大提高了访问速度。本系统最后选用2片现代公司的存储容量为32 MB的HY57V561620CT SDRAM。

随着IEEE 802.15.4标准的发布,世界各大无线芯片生产厂商陆续推出了支持IEEE 802.15.4的无线收发芯片。目前兼容IEEE 802.15.4的射频芯片主要有Chipcon公司的CC2420、CC2430,Freescale公司的MC13192、MC13193,Jennic公司的JN5121,Ember公司的EM250、260,UBEC公司的UZ2400。考虑到性能、功耗、成本以及市场购买容易度,本系统最后选择了Chipcon公司CC2420。CC2420是Chipcon AS公司推出的首款符合2.4 GHz IEEE 802.15.4标准的射频收发器。该器件包括众多额外的功能,是一款适用于ZigBee产品的RF器件。

根据节点主要器件的选型,设计了系统硬件框架,如图8.34所示。硬件系统主要由最小系统(CPU、SDRAM、FLASH)、模块化制造系统输入/输出接口模块、射频接口模块、串口模块、网口模块、USB接口模块组成。

1. 微处理器系统设计

基于S3C2410的最小系统由外扩的SDRAM、FLASH、电源及用于调试的JTAG接口组成。

S3C2410是SAMSUNG公司一款基于ARM920T的嵌入式芯片[30]。它一方

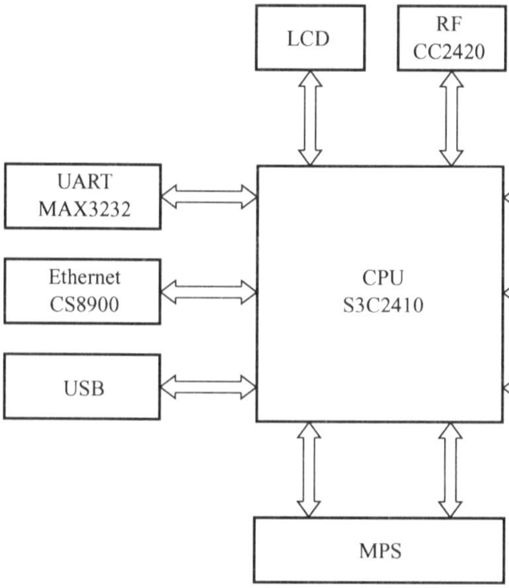

图 8.34 节点硬件框图

面具有 ARM 处理器的所有优点:低功耗、高性能,同时又具有丰富的片上资源,非常适合嵌入式产品的开发。其特点如下:

(1) I/O 口电压 3.3 V,内核电压 1.8 V,16KB I-Cache(Instruction Cache,指令高速缓冲存储器)和 16 KB D-Cache(Data Cache,数据高速缓冲存储器);

(2) 2 路 USB-Host(USB 主设备),1 路 USB-Device(V1.1,USB 装置);

(3) 117 个通用 I/O 口,24 个外部中断口;

(4) 3 路 UART(IrDA1.0,16 字节 TX FIFO,16 字节 RX FIFO);

(5) 2 路 SPI(V2.11);

(6) 内置 SDRAM 控制器,支持 8 个存储 Bank,可直接外接 SDRAM 达 1 GB;

(7) 内置锁相环(PLL),系统主频最高达 203 MHz;

(8) LCD 控制器(支持 4 K 色 STN 屏和 256 K 色 TFT 屏),并有 1 通道 LCD 专用 DMA;

(9) 1 路多主 IIC 总线控制器及 IIS 总线控制器;

(10) 14 路 PWM 定时器,1 路内部定时器,SD host 接口(V1.0),兼容 V2.11 MMC 协议,实时时钟(RTC)和看门狗电路(Watchdog)等。

最小系统中处理器与 FLASH 的硬件连接如图 8.35 所示。

处理器的低 8 位数据线与 FLASH 8 位 I/O 口相连,另外将 FLASH 的片选信号、命令选通、地址选通、读/写使能与处理器 NAND 控制接口对应的引脚连接起来。NAND 与 NOR 不同,它并不需要挂在处理器的一个 bank 上,而是采用标准

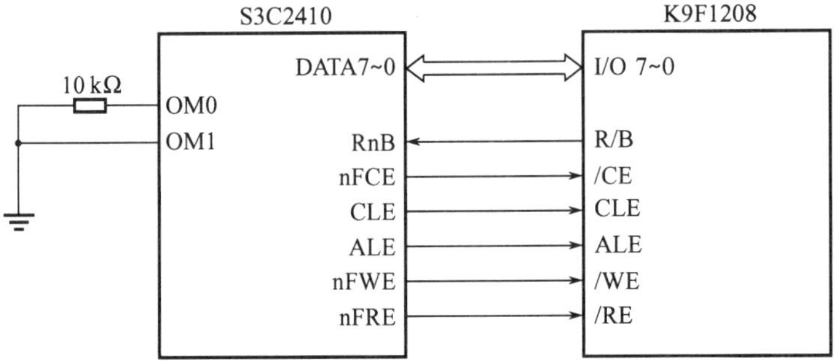

图 8.35 S3C2410 与 FLASH 接口

的接口以及读/写函数，所以它与处理器间并不需要地址线连接。由于 NAND FLASH 接口比较简单，因此硬件设计比较方便。但需要注意的一点是 S3C2410 片上有 4 KB SRAM，如果处理器没有外接 NOR FLASH，那么系统要从 NAND FLASH 启动就必须将 OM0 与 OM1 引脚置低电平，这样处理器启动后才会自动将 NAND 中的前 4 KB 搬到 SRAM 中执行，进而完成系统启动，所以在硬件设计上必须将 OM0 与 OM1 的电平拉低，为了系统的可扩展性，在设计中 OM0 外接 10 kΩ 电阻拉低电平以方便以后 NOR FLASH 扩展。

处理器与 SDRAM 相连稍复杂一些，本系统采用两片 HY57V561620，其硬件设计如图 8.36 所示。

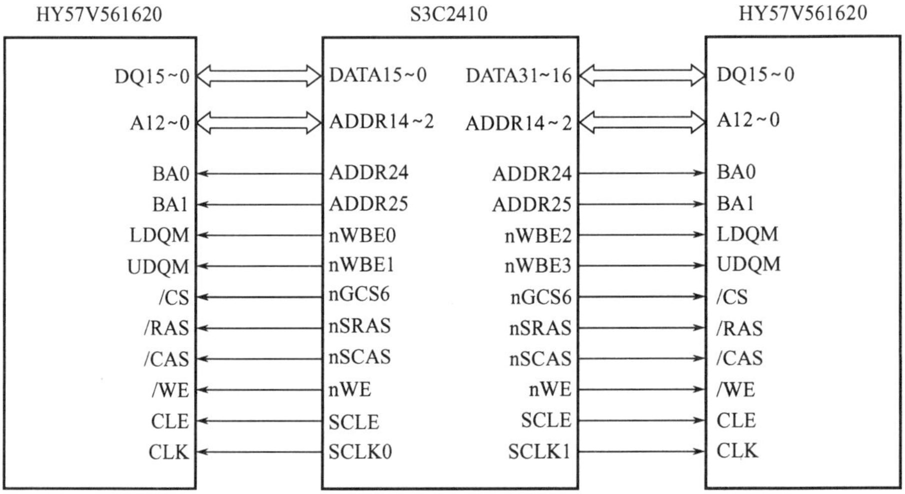

图 8.36 S3C2410 与 SDRAM 接口

在 S3C2410 与 SDRAM 接口设计中需要注意以下两点：

1）地址线、数据线、片选信号连接

设计中选用的 SDRAM HY57V561620 是由 4 个 bank 组成，通过 BA0、BA1 两个引脚进行选择，每个 bank 是 4M×16 位（8M×8 位），通过地址线 A0～A12 共 13 根地址线寻址，在行选通过程中地址线 A0～A12 都使能，在列选通过程中地址线 A0～A8 使能，两次选通地址线总数为 22，故可进行 4M×16 位空间的寻址。硬件连接上处理器数据总线的低 16 位和高 16 位分别连接一个 SDRAM 的 16 位数据线，处理器地址线 ADDR2～ADDR14 与 SDRAM A0～A12 相连，这是由于两片 SDRAM 组成一个 32 位寻址，所以处理器地址线 ADDR0、ADDR1 未使用。处理器地址线 ADDR24 和 ADDR25 进行 SDRAM bank 的选择（这是由于 SDRAM 组成 64 MB 寻址空间）。S3C2410 可以对 8 个 bank 进行寻址，每个 bank 的最大空间是 128 MB。由于整个目标平台都是以处理器为核心的，为了使处理器对各个设备的访问互不干扰，因此将不同类型的设备映射到不同的 bank 内。在这个平台上 SDRAM 映射到 bank6（nGCS6），也就是 0x30000000～0x38000000 地址处，作为系统的内存数据空间。

2）大/小端格式

ARM 体系结构将存储器以字节为单位编址，但作为 32 位的处理器，每个处理器单元却是 1 个字的长度，也就是 32 位。处理器以大/小端的形式来存储字。大端格式中，字数据的高字节存储在低地址中，低字节存储在高地址中，而小端格式正好相反。S3C2410 作为 ARM 内核的处理器，它有一个输入引脚 ENDIAN，处理器通过它的输入逻辑电平来确定数据类型是大端还是小端：0 为小端，1 为大端。本系统选用小端格式。

在设计中考虑到系统的可扩展性和通用性，系统采用核心板和基板独立设计，最小系统为 6 层 PCB 核心板。其接口如图 8.37 所示。

DATA15～0	JTAG
ADDR20～0	GPB10～0
nGCS5～0	GPC7～5
UART2～0	GPE10～0
EINT9～0	GPF10～0
IIC	GPG10
SPI	GPH10，8
nWBE1～0	VDD23～0
nWE	VFRAME
nOE	VLINE
nWAIT	VCLK
DN1～0	XMON
DP1～0	nXPON
CLKOUT0	YMON
VDD3.3	nYPON
GND	nRESET

图 8.37 核心板接口

核心板主要扩展有数据线、地址线、bank 选择线、串口、外部中断、IIC、SPI、USB、JTAG、GPIO、LCD（含触摸）、复位等接口，这些接口极大地拓展了系统的可扩展性和通用性，在针对不同的应用（包括其他无线传感器网络或普通嵌入式系统）设计不同的基板，而核心板完全不用修改，真正做到核心板核心设计。

2. 射频模块设计

1）CC2420

CC2420 是 Chipcon AS 公司推出的首款符合 2.4GHz IEEE 802.15.4 标准的射频收发器。该

器件包括众多额外的功能，是一款适用于 ZigBee 产品的 RF 器件。它基于 Chipcon 公司的 SmartRF 03 技术，以 0.18 μm CMOS 工艺制成，只需少量外部元器件，性能稳定且功耗低。CC2420 的选择性和敏感性指数超过了 IEEE 802.15.4 标准的要求，可确保短距离通信的有效性和可靠性。利用此芯片开发的无线通信设备支持数据传输率高达 250 Kb/s，可以实现多点对多点的快速组网。

CC2420 的主要性能参数如下[31]：

① 工作频带范围：2.4～2.4835GHz；

② 采用 IEEE 802.15.4 规范要求的直接序列扩频方式；

③ 数据速率达 250 Kb/s，码片速率达 2 MChip/s；

④ 采用 O-QPSK 调制方式；

⑤ 超低电流消耗（RX：19.7 mA，TX：17.4 mA），高接收灵敏度（−94 dBm）；

⑥ 抗干扰能力强（39 dB），输出功率编程可控；

⑦ 内部集成有 VCO、LNA、PA 以及电源整流器，采用低电压供电（2.1～3.6V）；

⑧ IEEE 802.15.4 介质访问层硬件可支持自动帧格式生成、同步插入与检测、16 位 CRC 校验、电源检测、完全自动介质访问层安全保护；

⑨ 与控制微处理器的接口配置容易（4 总线 SPI 接口）；

（1）CC2420 RAM 区的读/写

CC2420 内部有大小为 368 B 的 RAM。RAM 分为 3 块：128 B 的发送 FIFO 缓存区、128 B 的接收 FIFO 缓存区以及 112 B 用于保存设备地址、密钥等信息的存储区。

收发 FIFO 缓存区既可以通过 CC2420 内部的 RXFIFO 和 TXFIFO 两个寄存器访问，也可以使用 RAM 的方式访问，但是使用 RAM 方式访问不能改变 FIFO 缓存区读/写指针的状态。访问 RAM 时，处理器首先需要发送两个字节的地址信息。第一个地址字节的最高位为 1，表示这是一个 RAM 访问。

（2）CC2420 内部寄存器

CC2420 有 50 个寄存器，其中 33 个控制/状态寄存器，15 个命令选通寄存器和两个访问收发 FIFO 缓存区的寄存器。处理器访问 CC2420 时，首先通过 MOSI 向 CC2420 发送一个字节的地址信息。这个地址信息字节的最高位表示访问的类型：0 表示访问寄存器，1 表示访问 RAM。访问寄存器的地址信息与访问 RAM 的地址信息格式不同。访问寄存器时，地址信息的第 6 位表示操作类型：0 表示写操作，1 表示读操作，5～0 位用来编址 50 个寄存器。CC2420 在接收这个地址信息字节的同时会通过 MISO 向处理器发送一个 8 位状态字，表示 CC2420 的当前状态。这个状态字中各位的含义见表 8.11。

表 8.11 状态字位含义

位	名称	内容
7	—	保留位,忽略
6	XOSC16M_STABLE	16 MHz 振荡器是否起振;0 表示未起振,1 表示起振
5	TX_UNDERFLOW	发送 FIFO 缓存区是否溢出:0 表示未溢出,1 表示溢出
4	ENC_BUSY	加密模块是否忙:0 表示空闲,1 表示忙
3	TX_ACTIVE	RF 发送是否忙:0 表示空闲,1 表示忙
2	LOCK	PLL 是否同步:0 表示失锁,1 表示同步
1	RSSI_VALID	RSSI 是否有效:0 表示无效,1 表示有效
0	—	保留位,忽略

控制寄存器和状态寄存器都是 16 位的。写这些控制寄存器和状态寄存器可以控制 CC2420 的工作方式,比如选择工作频率、地址识别模式等。读这些寄存器可以查询 CC2420 的工作状态。在访问控制寄存器和状态寄存器时,CC2420 接收到地址信息字节后,根据第 6 位判断操作类型。如果是读操作,CC2420 就开始在 MISO 上发送地址信息字段指定的寄存器中存放的 16 位数据;如果是写操作,CC2420 立即开始接收 MOSI 上发来的 16 位数据,并写入地址信息字段指定的寄存器中。

每个命令选通寄存器的地址相当于一条 CC2420 可以执行的指令。当 CC2420 接收到写命令选通寄存器的地址信息字节以后,会启动 CC2420 内部操作,如开始发送数据、启动或停止晶振等。

CC2420 有两个用于访问收发 FIFO 缓存区的寄存器:一个用来访问发送 FIFO 缓存区,称为 TXFIFO 寄存器;另一个用来访问接收 FIFO 缓存区,称为 RXFIFO 寄存器。访问这两个寄存器时,CC2420 传输的数据是 8 位的,同时自动更新 FIFO 缓存区的读/写指针。处理器需要 CC2420 发送数据时,首先通过写 TXFIFO 寄存器把需要发送的数据包按字节写入发送缓存区中,然后写命令选通寄存器 STXON 或 STXONCCA,等待从无线信道发送数据。当 CC2420 接收到数据包时,会把数据存入接收 FIFO 缓存区,并改变 FIFO 和 FIFOP 的引脚状态,处理器通过读 RXFIFO 寄存器一次读出整个数据包。

CC2420 工作状态如图 8.38 所示。需要先将 VREG_EN 电平置高,然后复位芯片,待晶体振荡器工作正常后表示芯片便可正常进行发射和接收。

2)射频接口设计

射频模块与 S3C2410 接口如图 8.39 所示。

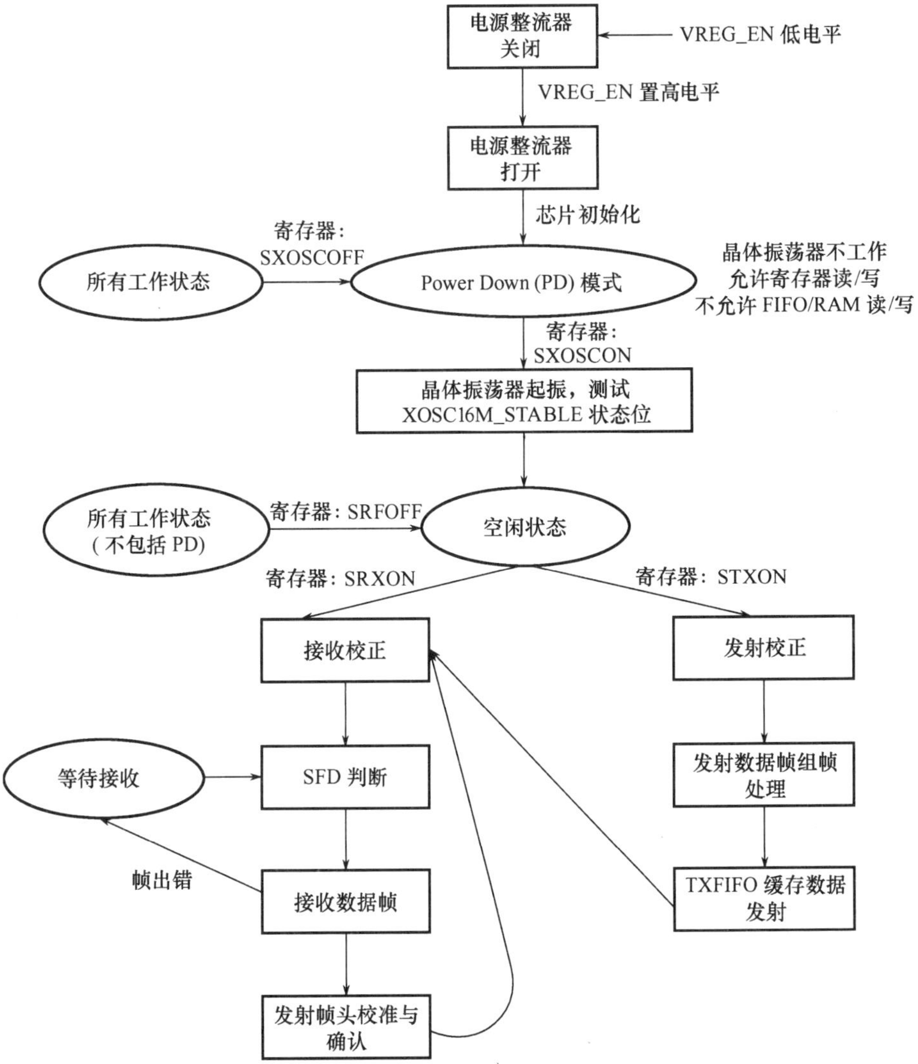

图 8.38　CC2420 状态控制图

S3C2410 有两个 SPI 接口，本系统利用 SPI0 与 CC2420 连接，在系统中 S3C2410 作主设备，CC2420 作从设备，所以采用的接口为 SPIMISO0、SPIMOSI0、SPICLK0，GPB4 作为 CC2420 的片选信号。除了 SPI 的 4 线接口外，CC2420 的 RESET 引脚必须接处理器 I/O 口，这里接 GPB0，VREG_EN 接处理器 GPB2，FIFO 接处理器 GPB1，CCA 接处理器 GPB3，另外必需的两个中断 SFD 接处理器 EINT8，FIFOP 接处理器 EINT18。SFD、FIFO、FIFOP、CCA 4 个引脚表示收发数据的状态，并与处理器通过 SPI 和 CC2420 交换数据，发送命令等[32-33]。

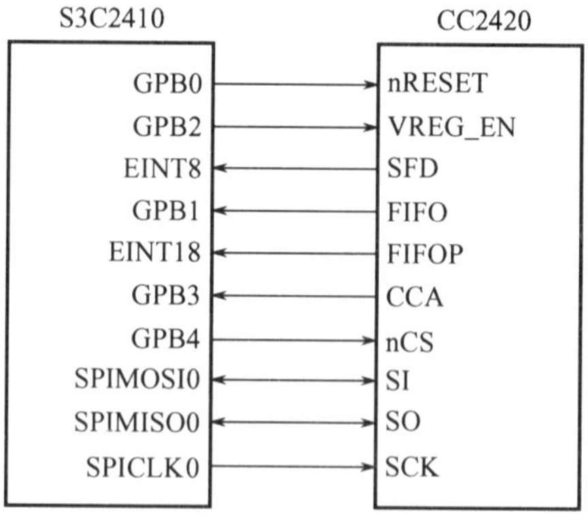

图 8.39 S3C2410 与 CC2420 接口

CC2420 收到物理帧的 SFD 字段后,会在 SFD 引脚输出高电平,直到接收完该帧。如果启用了地址辨识,在地址辨识失败后,SFD 引脚立即转为输出低电平。接收到的数据存放在 128 B 的接收 FIFO 缓存区中,帧的 CRC 校验由硬件完成。CC2420 的 FIFO 缓存区保存介质访问层帧的长度、介质访问层帧头和介质访问层帧负载数据 3 个部分,不保存帧校验码。CC2420 发送数据时,数据帧的前导序列、帧开始分隔符以及帧校验序列由硬件产生;接收数据时,这部分只用于帧同步和 CRC 校验,而不会保存到接收 FIFO 缓存区。发送数据时,CC2420 使用直接上变频。基带信号的同相分量和正交分量直接被数/模转换器转换为模拟信号,通过低通滤波器后直接变频到设定的信道上。

FIFO 和 FIFOP 引脚标识接收 FIFO 缓存区的状态。如果接收 FIFO 缓存区有数据,FIFO 引脚输出高电平;如果接收 FIFO 缓存区为空,FIFO 引脚输出低电平。FIFOP 引脚在接收 FIFO 缓存区的数据超过临界值(可以通过 CC2420 的寄存器设置)或在 CC2420 接收到一个完整的数据帧后输出高电平。

CCA 引脚在信道有信号时输出高电平,它只在接收状态下有效。在 CC2420 进入接收状态至少 8 个周期后,才会在 CCA 引脚上输出有效的信道状态信息。

3) 其他模块设计

(1) 输入/输出模块设计

模块化制造系统生产线的每个模块都为 8 输入、8 输出系统,系统采用 S3C2410 的 GPF0-GPF7 口(设置成 I/O 口)作为输入口,从模块化制造系统中获得输入数据。用 S3C2410 的 GPE0-GPE7 口作为输出口,输出数据到模块化制造系统,控制模块化制造系统动作。本系统中输入/输出接口如图 8.40 所示。

因为核心板和基板所使用的电压仅有 1.8 V、3.3 V、5 V 三种,而模块化制造系统所需电压为 24 V,所以必须使用光耦合器来隔离两端电压(输入用光耦合器 TLP521-4、输出用光耦合器 TIL113)。在输出部分,因为板上电流很小,难

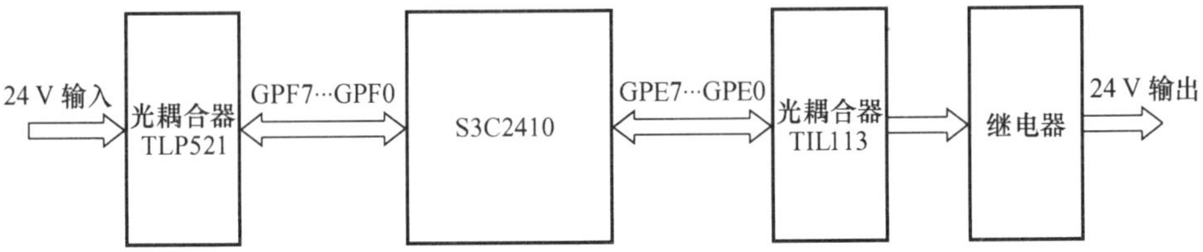

图 8.40 输入输出接口

以控制较大电流的模块化制造系统，所以在光耦合器后端添加了继电器，已达到小电流控制大电压的作用。

(2) 串口模块设计

本系统中，串口主要用来观察系统的运行状况。RS-232 标准采用的接口是 9 芯的 D 型插头，包括数据载波检测、数据接收(RXD)、数据发送(TXD)、数据终端准备好、地(GND)、数据设备准备好、请求发送、清除发送、振铃指示 9 根信号线。要完成基本的串行通信功能，实际上只需连接 RXD、TXD 和 GND 即可。

由于 RS-232 标准所定义的高、低电平信号与 S3C2410 系统 LVTTL 电路所定义的高、低电平信号完全不同，LVTTL 的标准逻辑“1”对应 2 V～3.3 V，标准逻辑“0”对应 0 V～0.4 V 电平，而 RS-232 标准采用负逻辑方式，标准逻辑“1”对应 -15 V～5 V 电平，标准逻辑“0”对应 +5 V～+15 V 电平，显然，两者要进行通信必须经过信号电平的转换。本系统采用 MAX3232 作为监控串口的电平转换芯片。接口电路如图 8.41 所示。

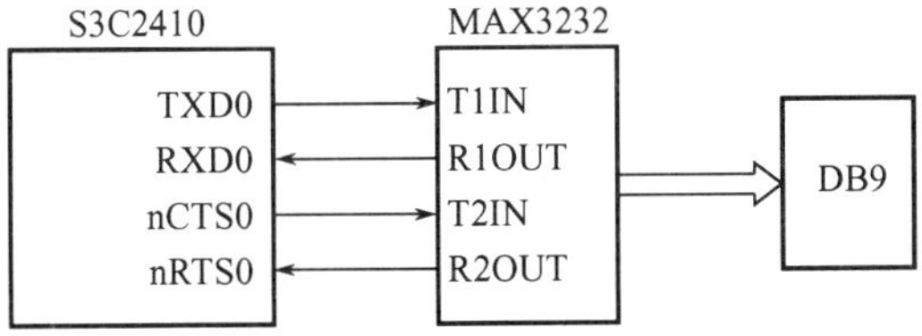

图 8.41 串口接口

(3) 网络接口设计

本系统设计了处理器与网口芯片 CS8900 的接口，CS8900 挂接在 S3C2410 的 bank3 上，其硬件连接如图 8.42 所示。

CS8900 是 Cirrus Logic 公司的 10 M 网口芯片，其应用非常广泛。它与 S3C2410 的硬件连接主要是地址线、数据线、片选、中断以及读/写信号线。考虑到信号的驱动能力，在处理器和网口芯片间加入了 74LVTH162245，增加总线驱动能力。在本设计中，网口主要用来进行程序的下载和调试，Linux 有强大的网络功能，这也为以后功能的扩展作了铺垫。

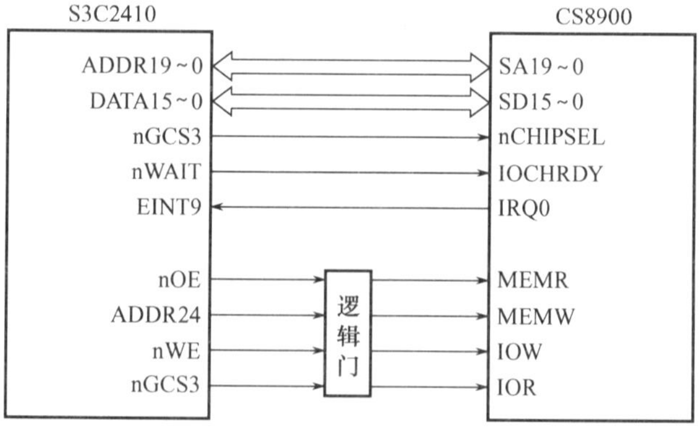

图 8.42 网口接口

(4) USB 接口模块设计

由于 S3C2410 片内集成 2 路 USB Host 和 1 路 USB Device 接口(由 1 路 Host 和 1 路 Device 复用),所以在硬件设计上将这些接口都扩展了出来,非常方便系统数据的记录和拷贝。由于 S3C2410 内部有 USB 控制器,所以硬件上仅需要外接几个电阻 USB 接口就可以工作。

(5) 实时时钟模块设计

S3C2410 片内集成实时时钟 RTC 单元。在系统电源关闭的情况下,RTC 单元可由后备电池供电。该单元的时钟源由外部的 32.768 kHz 晶体振荡器提供。在计时特性上,它以 8 位 BCD 码的形式保存秒、分、时、日、月。另外,RTC 的节拍时间也可用于中断请求。这个 RTC 节拍中断可以用作操作系统内核的时钟节拍。

8.3.3 系统软件设计

1. U-Boot 在 S3C2410 上的移植

在系统中使用的引导程序是应用比较广泛的开源 Bootloader U-Boot-1.1.4,其移植过程主要有以下几个步骤:

(1) 设置从 NAND 启动。在 U-Boot 的/cpu/arm920t/start.s 需加入针对 NAND 启动的汇编代码,同时对 NAND 控制寄存器进行设置;在配置文件/include/configs/smdk2410.h 中定义宏 CONFIG_S3C2410_NAND_BOOT。

(2) 添加 NAND FLASH 读/写函数。在/board/smdk2410/flash.c 及/common/cmd_nand.c 中增加 NAND 的底层读/写函数和命令,同时在/include/configs/smdk2410.h 中添加 NAND 配置并将 CFG_CMD_NAND 使能。

(3) SDRAM 的初始化。修改/board/smdk2410/lowlevel_init.s,根据 SDRAM 芯片 HY57V561620 设置 SDRAM 初始化参数。

(4) 添加网络功能。U-Boot-1.1.4 已经做好了网口芯片 CS8900 的驱动程序，所以仅需要在配置文件/include/configs/smdk2410.h 中定义宏 CONFIG_DRIVER_CS8900、CS8900_BASE 和 CS8900_BUS16 即可。

2. 输入/输出接口驱动程序设计

1）输入接口驱动

在模块化制造系统应用中将处理器的 GPF0-GPF7 用作输入口，驱动程序位于/drivers/char/s3c2410_gpf.c。在驱动程序开始处，需要先定义在/dev 目录下的设备文件 gpf 和主设备号 221（由于该驱动程序只对应一个设备，所以次设备号未显式定义）。

```
#define DEVICE_NAME "gpf"
#define GPF_MAJOR 221
```

接着对结构体 file_operations 进行初始化（输入接口驱动实际上并未用到 write 和 ioctl 函数）。

```
static struct file_operations s3c2410_gpf_fops = {
    owner:THIS_MODULE,
    read:s3c2410_gpf_read,
    write:s3c2410_gpf_write,
    ioctl:s3c2410_gpf_ioctl,
};
```

s3c2410_gpf_read 函数通过调用 copy_to_user 函数完成数据从内核空间到用户空间的拷贝。

```
copy_to_user(buffer,&gpf_data,sizeof(gpf_data));
```

该函数完成将内核空间 gpf_data 中长度为 sizeof(gpf_data)字节的数据传送到用户空间的 buffer 中。然后 s3c2410_gpf_init 函数完成字符设备注册、devfs 注册及输入属性配置。

```
register_chrdev(GPF_MAJOR,DEVICE_NAME,&s3c2410_gpf_fops);
devfs_register(NULL, DEVICE_NAME, DEVFS_FL_DEFAULT, GPF_MAJOR,0,S_
IFCHR|S_IRUSR|S_IWUSR,&s3c2410_gpf_fops,NULL);
set_gpio_ctl(gpf_table[i]|GPIO_PULLUP_DIS|GPIO_MODE_IN);
```

最后，s3c2410_gpf_exit 函数完成字符设备注销、devfs 注销工作。

```
devfs_unregister(dh);
unregister_chrdev(GPF_MAJOR,DEVICE_NAME);
```

2）输出接口驱动

输出接口驱动和输入接口驱动类似，在模块化制造系统的应用中将处理器的

GPE0-GPE7 用作输出口,驱动程序位于/drivers/char/s3c2410_gpe.c。输出接口驱动的设备文件对应为/dev/gpe,主设备号 220,通过 s3c2410_gpe_write 函数调用 copy_from_user 函数将数据从用户空间拷贝到内核空间,s3c2410_gpe_init 函数完成设备注册并将引脚配置为输出口,s3c2410_gpe_exit 完成设备注销工作。

3. SPI 接口驱动程序设计

S3C2410 有两个 SPI 接口,本系统利用 SPI0 与 CC2420 连接,所以采用的接口为 SPIMISO0、SPIMOSI0、SPICLK0,在系统中 S3C2410 用作主设备,CC2420 用作从设备。SPI 接口为复用接口需要配置,同时作为主设备的 S3C2410 需要利用一个 I/O 口作为从设备 nSS 控制信号,系统中采用 GPB4。驱动程序位于/drivers/char/s3c2410_spi.c。驱动程序加载后在/dev 下对应 spi0 文件,其主设备号为 222。

```
#define DEVICE_NAME "spi0"
#define SPI_MAJOR 222
```

考虑到驱动程序的通用性,SPI 接口驱动程序中设计结构体 spi_dev_t。

```
typedef struct __spi_dev{
    volatile char txdata[TR_MAX];          //tx 缓冲区 r
    volatile char rxdata[TR_MAX];          //rx 缓冲区
    volatile u8 txidx;                     //tx 指示
    volatile u8 rxidx;                     //rx 指示
    volatile u8 endtx;                     //tx 结束
    struct semaphore sem;                  //信号量
    devfs_handle_t handle;                 //devfs 句柄
}spi_dev_t;
```

上面结构体中发送和接收缓冲区为 256 字节,但在本系统中实际只用了缓冲区中的第一个字节。在 s3c2410_spi_read 函数中也把 RX 缓冲区中的第一个字节拷贝到用户空间。

```
copy_to_user(buf,(const char *)spi_dev->rxdata,count);
```

s3c2410_spi_write 函数稍复杂一点,首先需要将用户空间 buf 中的数据拷贝到内核空间的 TX 缓冲区中。

```
copy_from_user((char *)spi_dev->txdata,buf,count);
```

然后把几个标志域清零,接着开启 SPI 中断让中断处理程序发送数据,中断处理程序发送完数据后 while 循环退出,并关闭 SPI 中断,程序返回,核心程序如下:

```
spi_dev->rxidx=0;
spi_dev->txidx=0;
```

```
spi_dev->endtx=0;
INTMSK&=~INT_SPI0;
SPCON0=0x38;
while(spi_dev->endtx==0);
SPCON0=0x08;
INTMSK|=INT_SPI0;
```

中断处理程序的设计也比较清晰，在中断处理函数 s3c2410_spi_interrupt 中，先关闭 SPI 中断并清除挂起位，接着通过 while 循环检查 SPI 发送状态，如果数据 TX/RX 准备好，就将数据放入寄存器 SPTDAT0 中发送出去，接着设置标志位，读取接收到的数据，最后再开中断，中断程序执行完毕，核心程序如下：

```
INTMSK|=INT_SPI0;
SRCPND|=INT_SPI0;
INTPND|=INT_SPI0;
while(!(SPSTA0&0x1));
SPTDAT0=spi_dev->txdata[spi_dev->txidx++];
spi_dev->endtx=1;
spi_dev->rxdata[spi_dev->rxidx++]=SPRDAT0;
INTMSK&=~INT_SPI0;
```

SPI 接口驱动中需要有 s3c2410_spi_ioctl 函数以完成对 SPI 接口控制寄存器的设置来选择 SPI 的开启、关闭、主从模式、时钟频率等。s3c2410_spi_init 函数和 s3c2410_spi_exit 函数与输入/输出驱动中的功能类似，但需要添加中断注册函数 request_irq 和中断撤销函数 free_irq。

4. 射频接口驱动程序设计

射频接口驱动实际是结合 SPI 驱动，再包括 CC2420 所需要的一些控制接口。驱动程序位于/drivers/char/s3c2410_rf.c。在硬件设计部分，除了 SPI 的 4 根线外，还需要另外 6 根信号线、2 根电源线。特别注意接口用了 2 根中断线 EINT8 和 EINT18，EINT8 指示接收或发送数据开始，EINT18 指示接收到完整数据。EINT8 的中断处理程序中什么事情也不做，EINT18 的 ISR 中唤醒在等待进程。驱动程序中 s3c2410_rf_read 函数在等待队列 eint18_queue 上等待。

```
interruptible_sleep_on(&eint18_queue);
```

当 CC2420 的 RXFIFO 中的数据超过临界值或收到一个完整的数据帧后 FIFOP 输出高电平，此时在上升沿触发 EINT18 中断，在中断处理程序中唤醒在等待队列 eint18_queue 上等待的任务。

wake_up_interruptible(&eint8_queue);

然后,s3c2410_rf_read 函数被唤醒,它读取 GPB 口数据,并把数据拷贝到用户空间,用户空间获得此信息后读取 CC2420 的 RXFIFO 中的数据。

s3c2410_rf_write 函数主要进行复位和电压使能操作。在 s3c2410_rf_init 函数中需要设置 GPB 的端口属性、初始化等待队列、配置 EINT8 和 EINT18 为上升延触发并注册中断。

通过设备驱动程序被编译到内核,用户空间就可以通过 read/write 系统调用使用驱动程序中设计的读/写函数 read/write。在应用程序中,我们对用户空间的操作进行了封装,提供几个常用的函数,这样用户空间程序在对射频接口操作时就可以通过以下几个函数完成。

1) void SPIInit(void)

函数功能:打开设备文件/dev/spi0 和/dev/gpb,并对 SPI 接口复位。

2) void SPIUninit(void)

函数功能:与 SPIInit 函数功能相反,它是复位 SPI 接口,然后关闭设备文件/dev/spi0 和/dev/gpb。

3) void SPIPut(BYTE v)

函数功能:处理器往 SPI 接口输出一个字节 v 的数据。

4) BYTE SPIGet(void)

函数功能:处理器从 SPI 接口获得一个字节数据,通过返回 BYTE 表示。

5) BYTE FIFOPinTest(void)

函数功能:测试 FIFO 引脚的状态,并返回 BYTE 型数据表示,返回值 1 表示 FIFO 引脚为高电平,即 RXFIFO 中有数据;返回值 0 表示 FIFO 引脚为低电平,即 RXFIFO 中无数据。

6) void PHY_VRegEn(BYTE a)

函数功能:使能或禁止 CC2420 电压源,当 a = 1 时,使能 CC2420 电压;当 a = 0时禁止 CC2420 电压。

7) void PHY_Resetn(BYTE a)

函数功能:当 a = 1 时复位 CC2420。

8) PHY_CSn_1( )

函数功能:通过将 GPB4 置为高电平来取消 CC2420 片选 nCS 信号。

9) PHY_CSn_0( )

函数功能:通过将 GPB4 置为低电平来选择片选使能 nCS 信号。

5. ZigBee 协议栈实现

1) 协议栈源文件

本系统在 ZigBee-1.0 和 IEEE 802.15.4-2003 两个通信协议标准的基础上

设计了 ZigBee 协议栈,它包括物理层、媒体接入控制层、网络层、应用支持层和应用层,并兼容规范中主要部分。目前协议栈主要有以下特性:

(1) 支持 2.4 GHz 射频;

(2) 支持 Coordinator(协调器)、Router(路由)和 End Device(终端设备);

(3) 邻接点和绑定表存储;

(4) 支持星型、树型和网状网络;

(5) 与操作系统独立,只要有 SPI 接口的 ARM 处理器都可使用。

表 8.12 列出了协议栈源程序文件。

表 8.12 协议栈源文件

文件名	描述
Coordinator.c Router.c RFD.c	这三个文件是主应用程序源文件,是 ZigBee 协议栈的入口,它们分别实现 ZigBee Coordinator、ZigBee Router、ZigBee End Device 功能。在一个节点的实现中,代码中只能有这三个文件中的一个
ZigBeedef.h	针对具体应用的头文件
generic.h	通用常量和类型定义文件
ZigBee.h	通用的 ZigBee 协议栈常量文件
zMPSControl.h	模块化制造系统控制应用的 profile 文件
ZigBeeTask.c ZigBeeTask.h	协议栈按顺序执行各层程序的控制程序源文件
SymbolTime.c SymbolTime.h	给整个协议栈提供时间信息的源程序文件
MSPI.c,MSPI.h	SPI 接口源程序文件
zAPL.h	应用层接口的头文件,应用程序需要包含它
zZDO.c,zZDO.h	ZigBee 协议 ZDO 层源程序文件
zAPS.c,zAPS.h	ZigBee 协议 APS 层源程序文件
zNWK.c,zNWK.h	ZigBee 协议 NWK 层源程序文件
zMAC_CC2420.c zMAC_CC2420.h	IEEE 802.15.4 介质访问层与 CC2420 射频芯片相关的源程序文件
zMAC.h	通用 IEEE 802.15.4 介质访问层头文件
zPHY_CC2420.c zPHY_CC2420.h	IEEE 802.15.4 PHY 层与 CC2420 射频芯片相关的源程序文件
zPHY.h	通用的 IEEE 802.15.4 PHY 层头文件
Makefile	编译规则文件

表 8.12 中,协调器的程序是 Coordinator. c,而普通设备节点的入口是 RFD. c。将协调器节点、路由节点及 RFD 节点的入口程序区分开来是由于协议赋予它们的功能不同。每个网络只有一个协调器节点,它需要负责网络的建立,同时对路由节点和 RFD 节点进入或退出网络进行地址分配及链路管理。路由节点需要维护邻节点表,对加入到本地的 RFD 进行管理。而普通的 RFD 节点只需要进行数据的采集、发送和接收。这些功能上的不同可以通过在 ZigBeedef. h 头文件中定义不同的宏来加以区分。协调器节点定义宏:

```
#define I_AM_COORDINATOR
#define I_AM_FFD
```

路由器节点定义宏:

```
#define I_AM_ROUTER
#define I_AM_FFD
```

普通终端设备节点定义宏:

```
#define I_AM_RFD
```

2) 协议栈 API

系统实现的 ZigBee 协议栈由很多模块组成,总体上由两个进程组成,父进程完成各层数据的组织管理和发送,子进程仅完成数据的接收并通知父进程。以下部分分别对各层的 API 以及每层的内部机制进行详细介绍。

(1) PHY 层

PHY 层的作用很明显,就是完成上层传下来的数据的发送和将接收到数据往上层传递的功能。然而,多任务程序的执行具有异步性,无法准确估计某一时刻的执行,需要底层的收发机制严格保证其有效性。在设计中,数据的接收是异步事件,所以分为单独的一个进程进行监视并通过信号机制保证实时响应,当收到数据时就通过 Linux 中的信号(也称为软件中断)通知父进程,父进程立即取出本次收到的数据交由物理层主任务处理。由于 CC2420 是专门针对 IEEE 802.15.4 的射频芯片,物理层数据的发送工作都由芯片直接处理,这可以通过介质访问层来控制数据的发送。物理层的主要 API 如下:

① void PHYInit(void)

函数功能:初始化物理层,启动 CC2420,配置 CC2420 的控制寄存器,注册信号处理函数 sig_usr,在协议栈完全工作之前必须先运行此函数。

② BYTE PHYGet(void)

函数功能:从物理层缓冲区 RxBuffer 指针所指位置获得一个字节数据。

③ ZIGBEE_PRIMITIVE PHYTasks(ZIGBEE_PRIMITIVE inputPrimitive)

函数功能:物理层主任务,完成与介质访问的交互和物理层管理。如将从CC2420收到的数据封装为原语并传递给上层,完成CC2420收发状态的管理工作。

④ void sig_usr(int signo)

函数功能:信号处理函数,该函数属于父进程,将收到的一帧数据从CC2420的RXFIFO中拷贝至物理层的缓冲区RxBuffer。

⑤ void ReceivePacket(void)

函数功能:监视CC2420的接收数据状态,当FIFOP引脚对应外部中断发生,即CC2420的RXFIFO缓存区的数据超过临界值(设置为64 B)或在CC2420接收到一个完整的数据帧后通知父进程有数据需要处理,从而触发软件中断。

(2) 介质访问层

严格地说CC2420芯片兼容到IEEE 802.15.4的介质访问层,所以软件上数据的发送管理工作实际由介质访问层来完成。介质访问层的主要API如下:

① void MACInit(void)

函数功能:初始化介质访问层任务,初始化本层的缓冲区,在协议栈完全工作之前必须先运行此函数。

② BYTE MACGet(void)

函数功能:从物理层上报的indication原语中获得一个字节数据。

③ ZIGBEE_PRIMITIVE MACTasks(ZIGBEE_PRIMITIVE inputPrimitive)

函数功能:介质访问层主任务,完成与NWK、PHY层的交互和介质访问层管理。如信道扫描、管理数据帧重发等。

(3) NWK层

网络层是功能最多,也是最复杂的,它需要维护管理整个网络的运行情况,需要维护路由等,网络层的函数也很多,这里仅列出网络层主要的API:

① void NWKInit(void)

函数功能:网络层数据结构的初始化,在协议栈完全工作之前必须先运行此函数。

② BYTE NWKGet(void)

函数功能:从介质访问层上报的indication原语中获得一个字节数据。

③ ZIGBEE_PRIMITIVE NWKTasks(ZIGBEE_PRIMITIVE inputPrimitive)

函数功能:网络层主任务,它执行指示的原语,完成上下层之间的交互和本层管理工作。

④ BOOL CreateRoutingTableEntries(SHORT_ADDR targetAddr, BYTE * rdIndex, BYTE * rtIndex)

函数功能:创建一个路由表项和路由发现表项,返回 TRUE 表示表项正确创建,FALSE 表示未正确创建。

⑤ void CreateRouteReply(SHORT_ADDR nwkSourceAddress,BYTE rdIndex, ROUTE_REQUEST_COMMAND * rreq)

函数功能:发送路由回复命令帧给触发路由发现的源节点。

⑥ BOOL GetNextHop(SHORT_ADDR destAddr,SHORT_ADDR * nextHop, BYTE * routeStatus)

函数功能:在路由表项中查找到达目的节点的路由表项,并获得下一跳的节点地址。在路由表中找到相应表项时返回 TRUE,否则返回 FLASE。

(4) APL 层

APL 层分为 APS 和 ZDO 两个子层,主要 API 如下:

① void APSInit(void)

函数功能:APS 层数据结构的初始化,在协议栈完全工作之前必须先运行此函数。

② void ZDOInit(void)

函数功能:ZDO 层数据结构的初始化,在协议栈完全工作之前必须先运行此函数。

③ BYTE APSGet(void)

函数功能:从网络层上报的 indication 原语中获得一个字节数据。

④ ZIGBEE_PRIMITIVE APSTasks(ZIGBEE_PRIMITIVE inputPrimitive)

函数功能:APS 层主任务,它执行指示的原语,完成上下层之间的交互和本层管理工作。

⑤ ZIGBEE_PRIMITIVE ZDOTasks(ZIGBEE_PRIMITIVE inputPrimitive)

函数功能:ZDO 层主任务,它执行指示的原语,完成上下层之间的交互和本层管理工作。

⑥ BYTE APSAddBindingInfo (SHORT_ADDR srcAddr, BYTE srcEP, BYTE clusterID,SHORT_ADDR destAddr,BYTE destEP)

函数功能:根据给定的参数添加绑定表项信息。

⑦ ZIGBEE_PRIMITIVE ProcessEndDeviceBind(END_DEVICE_BIND_INFO * pRe -- questInfo)

函数功能:执行绑定的上半部分和下半部分,当收到 END_DEVICE_BIND_req 信息时调用此函数,第一次调用此函数时缓存绑定信息,第二次调用此函数时检查本次的绑定信息和缓存中的绑定信息是否匹配,如果匹配便调用 APSAddBindingInfo 函数完成绑定表的建立。

8.3.4 应用设计

1. ZigBee 应用于模块化制造系统

将 ZigBee 应用于模块化制造系统,需要建立各个节点间的绑定关系,主要修改头文件 zMPSControl. h、ZigBeedef. h 和 RFD. c,这里以第一模块节点 1 和第二模块节点 2 来作为例子讨论,其他节点类似。

1) 修改文件 zMPSControl. h

在 zMPSControl. h 中定义模块化制造系统的 profile 宏:

```
#define MY_PROFILE_ID   0x0000   //MPS,Control
```

接着宏定义节点 1 和节点 2 间的 cluster 关系:

```
#define ONETWO_CLUSTER   0x01
```

然后定义在 cluster ONETWO_CLUSTER 下的 attribute 及其数据类型:

```
#define ONETWO_SIG   0x0000   //Outputs signal
#define ONETWO_SIG_DATATYPE   TRANS_UINT8   //unsigned 8bit
```

2) 修改 ZigBeedef. h

在 ZigBeedef. h 中定义宏:

```
#define EP_ONETWO 8      //节点 1 和节点 2 之间的 endpoint
```

3) 修改 RFD. c

在 RFD. c 的反映状态的结构体 myStatusFlags 中增加位域 bBindingSwitchToggled、bNextBindingSwitchToggled、bMPSControlToggled 分别反映绑定状态和控制状态。将模块化制造系统初始化加入 ZigBee 协议栈父进程:

```
node_init(node);
set_node_default();
m = sizeof(local_input)/sizeof(local_input_t);
for(n = 0;n < m;n + + )
    local_input_add(local_input[n]);
```

然后,打开 gpe,gpf 设备文件:

```
fd_gpf  = open("/dev/gpf",O_RDONLY|O_NONBLOCK);
        fd_gpe = open("/dev/gpe",O_WRONLY|O_NONBLOCK);
```

在 APSDE_DATA_indication 原语的 switch 分支中的 ClusterId 处添加 EP_ONETWO 分支。在 NO_PRIMITIVE 分支中添加模块化制造系统控制程序主体、绑定请求及数据发送请求。

将模块化制造系统控制方法和 ZigBee 整合后，需要删除原来的 wsn. c 文件（将其中内容并入 ZigBee 程序）同时，需要修改 ZigBee 协议栈的 Makefile 文件使其满足新的编译需求。

2. 运行结果

ZigBee 协调器其运行结果如下：

```
****************************************
*          XJTU ZigBee Stack-v0.0.1          *
*             ZigBee Coordinator             *
****************************************
SPIInit OK.
ZigBeeInit Begin.
PHYInit OK.
MACInit OK.
ZigBeeInit OK.
Trying to start network...
MLME_SCAN_request. ScanType = ENERGY_DETECT OK.
MLME_SCAN_request. ScanType = ACTIVE_SCAN OK.
PANID 0x94c network started successfully!
Joining permitted.
Receive A DATA_REQUEST.
Node 0x796f just joined.
Receive A DATA_REQUEST
Node 0x7970 just joined.
Receive an END_DEVICE_BIND_req.
Receive another END_DEVICE_BIND_req.
Begin binding...
Send END_DEVICE_BIND_rsp.
End device bind successful.
Node 0x7970 send message to node 0x796f by KVP.
……
```

当节点 1 加入网络后开始向协调器发送绑定请求，请求帧 APSDE_DATA_request 中标记 profile 为 MY_PROFILE_ID，cluster 为 END_DEVICE_BIND_req，endpoint 为 EP_ZDO，将 EP_ONETWO、ONETWO_CLUSTER（输入）作为本帧数据，并通过 KVP 方式发送出去。协调器收到此帧数据后会暂时保存下来等待下一个绑定节点的数据。当节点 2 加入网络后也开始向协调器发送绑定请求，请求帧 APSDE_DATA_request 中标记 profile 为 MY_PROFILE_ID，cluster 为 END_DEVICE_BIND_req，endpoint 为 EP_ZDO，将 EP_ONETWO、ONETWO_CLUSTER

(输出)作为本帧数据,并通过 KVP 方式发送出去。协调器收到此帧数据后发现缓冲中的绑定请求匹配,记录下节点1、节点2的相关信息,并建立绑定关系,接着通过 cluster 为 END_DEVICE_BIND_rsp 的数据帧通知节点1、节点2绑定关系已经建立,节点1、节点2收到此帧后就知道绑定关系已经建立。在建立绑定关系时定义了节点2为输出,节点1为输入,于是节点2可以通过 cluster 为 ONETWO_CLUSTER、endpoint 为 EP_ONETWO 和 attribute 为 ONETWO_SIG 的数据帧给节点1发送数据。

图8.43给出了节点实现,图8.44为系统实现。

图8.43　节点实现图

图8.44　系统实现图

小结

物联网被视为互联网的应用扩展，与传统的互联网相比，物联网又有着鲜明的特征。首先，物联网是感知技术的综合应用。每个传感器都是一个信息源，获得的数据具有实时性，并不断更新。其次，物联网是一种建立在互联网基础上的网络。其核心仍然是互联网，并通过各种有线和无线网络与互联网融合。此外，物联网不仅提供了传感器的连接，而且其本身还具有智能处理的能力。

本章列举了物联网与无线传感器网络结合的两个典型应用。智能家居是以住宅为平台融合了自动控制系统、计算机网络系统和网络通信技术于一体的网络智能化居住环境。远程测控系统介绍了无线传感器网络测控系统的研究背景，所采用的技术标准规范和工作原理，并在此基础上给出了基于 ARM 的 ZigBee 设计方案，并将系统成功应用于德国 FESTO 公司的模块化制造系统上。

参考文献

[1] Park S H, Won S H, Lee J B, et al. Smart home: digitally engineered domestic life. Personal and Ubiquitous Computing, 2003, 7(3): 189-196

[2] Ricquebourg V, Menga D, Durand D, et al. The smart home concept: our immediate future. Proceedings of the 1th IEEE International Conference on E-Learning in Industrial Electronics, 2006, 23-28

[3] Jiang L, Liu D Y, Yang B, et al. Smart home research. Proceedings of IEEE international conference on Machine learning and cybernetics, 2004, 659-663

[4] Tsou Y P, Hsieh J W, Lin C T, et al. Building a remote supervisory control network system for smart home applications. Proceedings of IEEE International Conference on Systems, Man and Cybernetics, 2006, 1826-1830

[5] Osipov M. Home automation with ZigBee. Next Generation Teletraffic and Wired/Wireless Advanced Networking, 2008, 263-270

[6] Huang L F U, Hua-song FMIN. Research of Smart Home based on ZigBee Technology. Microcomputer Information, 14, 2009

[7] Egan D. The emergence of ZigBee in building automation and industrial control. Computing & Control Engineering Journal, 2005, 16(2): 14-19

[8] Gill K, Yang S H, Yao F, et al. A ZigBee-based home automation system. Consumer Electronics, 2009, 55(2): 422-430

[9] Liang L, Huang L, Jiang X, et al. Design and implementation of wireless Smart-home sensor network based on ZigBee protocol. Proceedings of IEEE International Conference on Communications, Circuits and Systems. 2008, 434-438

[10] 李文仲,段朝玉. ZigBee2007/PRO 协议栈实验与实践. 北京:北京航空航天大学出版社,2009,3:185-206

[11] Akkaya K, Younis M. A survey on routing protocols for wireless sensor networks. Ad hoc networks,2005,3(3):325-349

[12] Davidoff S, Lee M, Yiu C, et al. Principles of smart home control. UbiComp 2006: Ubiquitous Computing,2006,19-34

[13] Jin J, Wang Y, Zhao K, et al. Development of Remote-Controlled Home Automation System with Wireless Sensor Network. Proceedings of 5th IEEE International Symposium on Embedded Computing,2008,169-173

[14] Gill K, Yang S H, Yao F, et al. A ZigBee-based home automation system. Consumer Electronics,2009,55(2):422-430

[15] Bai Y W, Hung C H. Remote power On/Off control and current measurement for home electric outlets based on a low-power embedded board and ZigBee communication. Proceedings of IEEE International Symposium on Consumer Electronics,2008,1-4

[16] Lin Y J, Latchman H A, Lee M, et al. A power line communication network infrastructure for the smart home[J]. Wireless Communications,2002,9(6):104-111

[17] Kovaevi D, Raki A, Muratovi D, et al. Smart metering: Implementation strategy and example of practical application. Nikola Tesla,2010,165-178

[18] International Electrotechnical Commission. IEC62056-21 FDIS part21: Direct local data exchange. www.iec.ch

[19] 中华人民共和国国家发展和改革委员会. DL/T 645-2007. 多功能电能表通信协议. 北京:中国标准出版社,2007.12

[20] Berezowski A G, Bohanon M H, Hawkinson DC. Infrared communication system and method: US,7859399. 2010. http://www.google.com/patents

[21] Valtchev D, Frankov I. Service gateway architecture for a smart home. Communications Magazine,2002,40(4):126-132

[22] Ember corporation. 120-0082-000_EM250_Datasheet. www.ember.com

[23] Alliance ZB. ZigBee cluster library specification. http://www.ZigBee.org.

[24] Ember corporation. 120-3016-000_EmberZNet_API_EM250. www.ember.com

[25] Alliance Z B. ZigBee Over-the-Air Upgrading Cluster. http://www.ZigBee.org

[26] Idigi corporation. Connectport X2 for smart energy: User's Manul. www.idigi.com

[27] Zheng L. ZigBee Wireless Sensor Network in Industrial Applications. IEEE ICASE 2006

[28] Baker N. ZigBee and Bluetooth Strengths and Weaknesses for Industrial applications. IEEE Computing & Control Engineering, April/May 2005.

[29] ShuaibK K, Boulmalf M, Sallabi F, et al. Co-existence of ZigBee and WLAN, A Performance Study. IEEE Communications Magazine, May 2006.

[30] SAMSUNG S3C2410A 32-Bit RISC Microprocessor User Manual Revision1.2,2003

[31] Chipcon AS SmartRF CC2420 Preliminary Datasheet rev1.2,2004

[32] 王秀梅,刘乃安. 利用2.4 GHz射频芯片CC2420实现ZigBee无线通信设计. 国外电子

元器件,2005,(3):59-62

[33] 陈玉兰,聂军. 面向无线传感器网络的 CC2420 接口设计. 电子工程师,2005,31(12):36-38

[34] 魏全瑞,韩九强. 基于 ZigBee 的工业控制网络模型. 数学的实践与认识,2008,15

[35] 黄昌明,韩九强,郑芸. 基于无线通信的远程测控系统的研究. 计算机自动测量与控制,2001,6

名词术语英汉对照

A

AARS = Army-Amateur Radio System　军用无线通信网

ACK frame　确认帧

ACOUC = Ant Colony Optimization based Uneven Clustering　蚁群优化的非均匀分簇

ADDA = Application Dependent Data Aggregation　依赖于应用的数据融合

AIDA = Application Independent Data Aggregation　独立于应用的数据融合

AOA = Angle Of Arrival　到达角度

API = Application Program Interface　应用程序接口

ARAWSN = Ant colony optimization based Routing Algorithm for Wireless Sensor Networks　基于蚁群优化的路由算法

ARP = Address Resolution Protocol　地址解析协议

ATIM = Announcement Traffic Indication Message　通信量指示消息

ATS = Average Time Synchronization　平均时间同步协议

AWACS = Airborne Warning and Control System　机载报警控制系统

B

BE = Backoff Exponent　重传指数

beacon frame　信标帧

beacon node　信标节点

beacon order　信标阶数

beacon-enabled mode　信标使能

Bluetooth　蓝牙

BPSK = Binary Phase Shift Keying　双相移相键控

BTS = Base Transceiver Station　基站收发器

C

CAP = Contention Access Period　竞争访问时段

CDF = Cumulative Distribution Function　积累分布函数

CDMA = Code Division Multiple Access　码分多址接入

CFP = Contention Free Period　非竞争访问时段

channel　信道

component-based　基于元件

CPU = Central Processing Unit　中央处理单元

CSMA = Carrier Sense Multiple Access　载波侦听多路访问

D

DAA = Data Aware Anycast　数据意识任意组播

DARPA = Defense Advanced Research Projects Agency 美国国防部高级研究计划局
data frame 数据帧
data fusion 数据融合
DCA = Dynamic Channel Assignment 动态信道分配
DCF = Distributed Coordination Function 分布式协调功能
DD = Directed Diffusion 定向扩散
DE-MAC = Distributed Energy-aware MAC 分布式能量唤醒介质访问控制
DES-CBC = Data Encryption Standard-Cipher Block Chaining 数据加密标准-加密块链模式
DSN = Distributed Sensor Networks 分布式传感器网络
DSSS = Direct Sequence Spread Spectrum 直接序列扩频
DYN = DYNamic feedback aggregation 动态反馈融合

E

EEUC = Energy-Efficient Uneven Clustering 能量高效的非均匀簇路由协议
EM = Energy Management 能量管理
EPC = Electronic Product Code 电子产品编码
estimate cost 估计代价
EWMA = Exponentially-Weighted Moving Average 指数加权移动平均值

F

FCA = Fixed Channel Assignment 固定信道分配
FDMA = Frequency Division Multiple Access 频分多址接入
FFD = Full Functional Device 完整功能设备
fine-grained timeouts 超时间隔
FIR = Fast InfraRed 高速红外
Flash Memory 闪存
Flooding 洪泛
FTSP = Flooding Time Synchronization Protocol 洪泛时间同步协议

G

GEAR = Geographical and Energy Aware Routing 地理和能量感知
GEM = Graph Embedding 图嵌入
geo-routing 基于地理位置的路由
Gossiping 闲聊
GPS = Global Positioning System 全球定位系统
GPSR = Greedy Perimeter Stateless Routing 贪心法周边无状态路由
GTS = Guaranteed Time Slot 保障时槽

H

HA = Home Automation 家庭自动化
hop count 跳数
hop distance 跳段距离
HREE = High Reliability and Energy-Efficient cross-layer protocol 高可靠性能量均衡跨层通信协议

I

ICMP = Internet Control Message Protocol 控制报文协议
ID = Identification Code 识别码
IDS = Intrusion Detection System 入侵检测系统
IGMP = Internet Group Management Protocol Internet 组管理协议
Implosion 内爆
infrastructure 基础设施
INSENS = Intrusion-Tolerant Routing in Wirless Sensor Networks 无线传感器

网络容侵路由

interface queue 接口队列

IP = Internet Protocol 网际协议

IrDA = Infrared Data Association 红外数据组织

ISO = International Orgnization for Standardization 国际标准化组织

L

learned cost 学习代价

link layer 链路层

LOS = Line Of Sight 视线关系

LR－WPAN = Low-rate Wireless Personal Area Network 低速无线个域网

LTS = Lightweight Tree-based Synchronization 基于生成树的轻量时间同步算法

M

M2M = Machine-to-Machine/Man 机器终端智能交互

MAC command frame 命令帧

MAC = Medium Access Control 介质访问控制层

MAC = Message Authentication Code 消息认证码

MD = Mediation Device 仲裁设备

MDP = Markov Decision Process 马尔可夫判定过程

MECN = Minimum Energy Communication Network 最小能量通信网络

MEMS = Micro-Electro Mechanical System 微机电系统

MFR = MAC Footer 介质访问层尾信息

MHR = MAC Header 介质访问层头信息

micro Timed Efficient Streaming Loss-tolerant Authentication protocol μTESLA 协议

MIR = Medium InfraRed 中速红外

MMAC = Muti-channel MAC 多信道协议包括多信道介质访问层协议

MMSN = Multi-frequency Mac for wireless Sensor Networks 多频段介质访问层协议

MOEMS = Micro-Optical-Electro Mechanical System 微光机电系统

MPS = Modular Production System 模块化制造系统

MRAM = Magnetic Random Access Memory 磁性随机存储器

N

NB = Number of Backoff 重传次数

neighbor nodes 邻居节点

network interface 节点物理接口

non beacon-enabled mode 信标不使能

NTP = Network Time Protoclo 网络时间协议

O

O－QPSK = Offset-Quadrature Phase Shift Keying 偏移四相相移键控

OSI = Open System Interconnect 开放式系统互连

OTK = One-Time Keys 一次密钥

Overlap 交叠

P

PDA = Personal Digital Assistant 个人数字处理

PHR = Physical Header 物理帧头

PML = Physical Makeup Language 实体标记语言

PN = Pseudo random Noise 伪随机噪声

PAN = Personal Area Network 个人局域网

PRR = Packet Reception Rate 接包率

PSDU = PHY Service Data Unit 物理服务数据单元

pulse coupled integrate and fire model 脉冲耦合集成发送模型

Q

QoS = Quality of Service 服务质量

QPSK = Quadrature Phase Shift Keying 正交相移键控

R

radio propagation 无线传播模型

RAM = Random Access Memory 随机存取存储器

RBS = Reference Broadcast Synchronization 参考广播同步

reach-back 后方联系

REUC = Reliable Efficient Uneven Cluster routing protocol 非均匀簇路由协议

RFD = Reduced Function Device 精简功能设备

RFID = Radio Frequency IDentification 射频识别

RISC = Reduced Instruction Set CPU 精简指令集

ROM = Read-Only Memory 只读存储器

RR = Rumor Route 谣传路由

RSSI = Received Signal Strength Indication 接收信号强度指示

RW = Randomized Waiting 随机等待

S

SAR = Sequential Assignment Routing 有序分配路由

SDSI = Simple Distributed System Infrastructure 简明分布式系统体系

SFD = Start of Frame Delimiter 帧起始分隔符

SHA = Secure Hash Algorithm 安全散列算法

SHR = Synchronization Header 同步信息

SIM = Subscriber Identity Module 客户识别模块

SIMC = Single Interface based Multi-Channel mac protocol 基于单接口的多信道介质访问层协议

SIR = Serial InfraRed 串行红外

SMACS/EAR = Self-Organizing Medium Access Control for Sensor networks/ Eavesdrop and Register 自组织无线传感器网络介质访问控制/监听与登录

SMP = Sensor Management Protocol 传感器管理协议

SNEP = Secure Network Encryption Protocol 安全网络加密协议

SOSUS = Sound Surveillance System 声学监视系统

SPI = Serial Peripheral Interface 串行外设接口

SPIN = Security Protocols for Sensor Networks 传感器网络安全协议

SPIN = Sensor Protocol for Information via Negotiation 基于协商的传感器路由协议

SPKI = Simple Public Key Infrastructure 简明公钥体系

superframe order 超帧阶数

Superframe 超帧

symbol time 符号时间

T

TBF = Temporary Block Flow 临时数据块流

TCP/IP = Transmission Control Protocol/ Internet Protocol 传输控制协议/ Internet 协议

TDM – FDM = Time Division Multiplexing – Frequency Division Multiplexing 时分复用–频分复用

TDMA = Time Division Multiple Access 时分多址接入

TDOA = Time Difference Of Arrival 到达时间差

TKIP = Temporal Key Integrity Protocol 临时密钥完整性协议

TOA = Time Of Arrival 到达时间

TPSN = Timing-sync Protocol for Sensor Networks 传感器网络时间同步协议

TRAMA = Traffic-Adaptive Medium Access 流量自适应介质访问

trilateration 三边测量法

U

UART = Universal Asynchronous Transmitter 通用异步收发器

USB = Universal Serial Bus 通用串行总线

UTC = Universal Time Coordinated 世界标准时间

UWB = Ultra Wide Band 超宽带

V

VFIR = Very Fast InfraRed 甚高速红外

W

WLAN = Wireless Local Area Networks 无线局域网

WPAN = Wireless Personal Area Network 无线个人区域网

WSN = Wireless Sensor Network 无线传感器网络